高等职业教育食品类课程系列规划教材

食品安全监督管理

微课视频

主　编　张冬梅　黎海红

大连理工大学出版社

图书在版编目(CIP)数据

食品安全监督管理 / 张冬梅，黎海红主编． -- 大连：大连理工大学出版社，2024.11
高等职业教育食品类课程系列规划教材
ISBN 978-7-5685-4666-9

Ⅰ．①食… Ⅱ．①张… ②黎… Ⅲ．①食品安全－安全管理－高等职业教育－教材 Ⅳ．①TS201.6

中国国家版本馆 CIP 数据核字(2023)第 198004 号

大连理工大学出版社出版
地址：大连市软件园路 80 号 邮政编码：116023
营销中心：0411-84708842 邮购及零售：0411-84708943
E-mail：dutp@dutp.cn URL：https://www.dutp.cn
大连永盛印业有限公司印刷 大连理工大学出版社发行

幅面尺寸：185mm×260mm	印张：15.25	字数：352 千字
2024 年 11 月第 1 版		2024 年 11 月第 1 次印刷

责任编辑：李 红 责任校对：马 双
封面设计：张 莹

ISBN 978-7-5685-4666-9 定 价：51.80 元

本书如有印装质量问题，请与我社营销中心联系更换。

编写委员会

主　编　张冬梅（山东商务职业学院）

　　　　　黎海红（山东商务职业学院）

副主编　杨　潇（吉林省经济管理干部学院）

　　　　　袁丽雪（山东商务职业学院）

　　　　　刘凤会（吉林省经济管理干部学院）

　　　　　杨　爽（山东药品食品职业学院）

　　　　　袁秋梅（南通科技职业学院）

　　　　　王志勇（黑龙江农业工程职业学院）

　　　　　顾晓慧（威海海洋职业学院）

　　　　　冷　雪（黑龙江农垦职业学院）

参　编　陈　晨（江苏农牧科技职业学院）

　　　　　王　珺（河南轻工职业学院）

　　　　　周志强（河南农业职业学院）

　　　　　曲　艺（黑龙江职业学院）

　　　　　周建征（烟台市食品药品检验检测中心）

　　　　　申立玉（烟台帝斯曼安德利果胶股份有限公司）

前言

"食品安全监督管理"课程是食品质量与安全专业的专业核心课程。通过本课程学习,学生将掌握食品安全监督管理的程序、食品安全的行政许可和证后监管、特殊食品安全监管、食品标签监管、食品安全监督抽检等基本理论和方法。同时,学生将强化程序规范、公平公正、认真负责的食品安全监督管理观念;养成高度的社会责任感和专业使命感。

本书按照项目化教学体系编写,内容涵盖食品安全监督管理概述、食品安全监督基础、食品安全法律法规、食品安全标准、食品标签监管、食品安全的行政许可、许可的证后监管、特殊食品安全监管、食品安全监督抽检、食品溯源与召回管理。具体包括食品安全监督的内容、依据、手段和程序;食品安全监督管理相关法律法规与标准;普通食品标签、营养标签、特殊膳食用食品标签、进出口食品标签等各类食品标签的要求;食品经营、食品生产、食品添加剂生产等相关行政许可;食品生产、食品销售、餐饮服务的监督检查;保健食品、婴幼儿食品、特殊医学用途配方食品、新食品原料、转基因食品的监督管理;食品安全监督抽检的方法;食品安全风险预警、食品溯源关键技术、食品召回管理和食品安全事故处置。

在编写过程中,以学生为中心优化教材结构、创新编写形式,精心设计课前、课中和课后教学环节。每个项目按照学习目标、预习导图、基础知识、实践训练、项目测试和拓展资源的体例编写。在基础知识中灵活设计多个思考与梳理,实践训练配有实训工单,思考与梳理和实训工单可写可评,学习成果动态生成。本教材将教学重点等微课资源以二维码形式呈现,方便学生自主学习,提高理论水平和实践技能。

本教材由张冬梅设计教材体例，张冬梅、陈晨、袁丽雪编写了项目一、项目二，王志勇、黎海红编写了项目三、项目四，王珺、刘凤会编写了项目五，冷雪编写了项目六，杨爽、张冬梅、周志强编写了项目七，袁秋梅、杨潇编写了项目八，曲艺、周建征编写了项目九，顾晓慧、申立玉编写了项目十。

本书编写过程中得到了多位专家的指导，并参考了部分相关书籍及资料，在此对这些作者和专家一并表示感谢。本书如有错漏之处，敬请读者不吝指出，以便再版时修改。

编　者
2024 年 6 月

所有意见和建议请发往：dutpgz@163.com
欢迎访问职教数字化服务平台：https://www.dutp.cn/sve/
联系电话：0411-84707492　84706671

目录

项目一 食品安全监督管理概述 ... 1

基础知识 ... 2
  一、食品安全监督管理的概念和内容 ... 2
  二、我国现行的食品安全监管体制 ... 5
实践训练 市场监督管理局职能职责调研 ... 7
项目测试 ... 7

项目二 食品安全监督基础 ... 9

基础知识 ... 10
  一、食品安全监督的依据 ... 10
  二、食品安全监督的手段 ... 14
  三、食品安全监督的程序 ... 17
实践训练 食品企业现场检查笔录填写 ... 27
项目测试 ... 28

项目三 食品安全法律法规 ... 30

基础知识 ... 31
  一、食品法律法规概述 ... 31
  二、食品法律法规的效力 ... 34
  三、食品安全法律法规体系 ... 36
实践训练 鲜奶掺假案案情分析 ... 42
项目测试 ... 43

项目四 食品安全标准 ... 45

基础知识 ... 46
  一、食品安全标准的概念和主要内容 ... 46

二、食品安全标准的制定 47
　　三、食品安全标准体系 51
　　四、食品安全标准的跟踪评价 55
　实践训练　食品添加剂的合规使用查询 56
　项目测试 57

项目五　食品标签监管 59

　基础知识 60
　　一、各类食品标签的要求 60
　　二、我国食品标签法律法规 70
　实践训练　食品标签与营养标签合规判断 75
　项目测试 77

项目六　食品安全行政许可 78

　基础知识 79
　　一、食品经营许可 79
　　二、食品生产许可 93
　　三、食品添加剂生产许可 104
　　四、其他自愿性认证许可 108
　实践训练　肉制品生产许可的申请书填写 116
　项目测试 120

项目七　许可证后监管 122

　基础知识 123
　　一、食品生产监督检查 123
　　二、食品销售监督检查 140
　　三、餐饮服务监督检查 148
　　四、食品生产经营监督管理相关法规 152
　实践训练　食品生产和经营监督检查结果记录表填写 168
　项目测试 171

项目八　特殊食品安全监管 173

　基础知识 174
　　一、保健食品 174
　　二、婴幼儿食品 179
　　三、特殊医学用途配方食品 181

四、进出口食品 ………………………………………………………… 184
　　五、新食品原料 ………………………………………………………… 187
　　六、转基因食品 ………………………………………………………… 189
实践训练　婴幼儿配方乳粉产品注册申请资料填写 ……………………… 191
项目测试 ………………………………………………………………………… 196

项目九　食品安全监督抽检　198

基础知识 ………………………………………………………………………… 199
　　一、食品安全监督抽检概述 …………………………………………… 199
　　二、食品安全监督抽检的方法 ………………………………………… 199
　　三、食品安全监督抽检的相关法规 …………………………………… 208
实践训练　食品安全抽样检验相关单据填写 ……………………………… 213
项目测试 ………………………………………………………………………… 215

项目十　食品溯源与召回管理　216

基础知识 ………………………………………………………………………… 217
　　一、食品安全风险预警 ………………………………………………… 217
　　二、食品溯源关键技术 ………………………………………………… 222
　　三、食品召回管理 ……………………………………………………… 225
　　四、食品安全事故处置 ………………………………………………… 228
实践训练　食品召回计划书制定 …………………………………………… 231
项目测试 ………………………………………………………………………… 233

参考文献　234

微课列表

序号	名称	位置
1	食品安全监督检查	14
2	行政强制执行程序	25
3	食品安全法律法规调整的法律关系	32
4	法律位阶与冲突适用原则	35
5	食品安全标准的制定依据与技术指标	47
6	食品安全标准的跟踪评价	55
7	普通食品标签的要求	60
8	食品营养标签的要求	63
9	食品经营许可的申请	81
10	食品经营许可的受理	82
11	食品添加剂的生产监管	106
12	进货查验的监管	126
13	贮存及交付控制的监管	134
14	食品生产经营监督检查要点	153
15	保健食品的注册	175
16	婴幼儿食品的监管措施	179
17	特殊医学用途配方食品的注册申请和审批	182
18	食品安全抽检的检验规范	203
19	食品安全抽检的复检	204
20	食品召回程序	227

项目一
食品安全监督管理概述

知识与技能目标

1. 了解食品安全监督管理的基本概念。
2. 熟悉食品安全监督管理的主要内容。
3. 熟悉我国现行的食品安全监管体制。
4. 能够捋顺市场监督管理局等体制部门的职能职责。

素养目标

1. 树立学生自觉遵守国家标准与法规的意识。
2. 培育学生食品执法者的基本素质和职业操守。

学习目标

预习导图

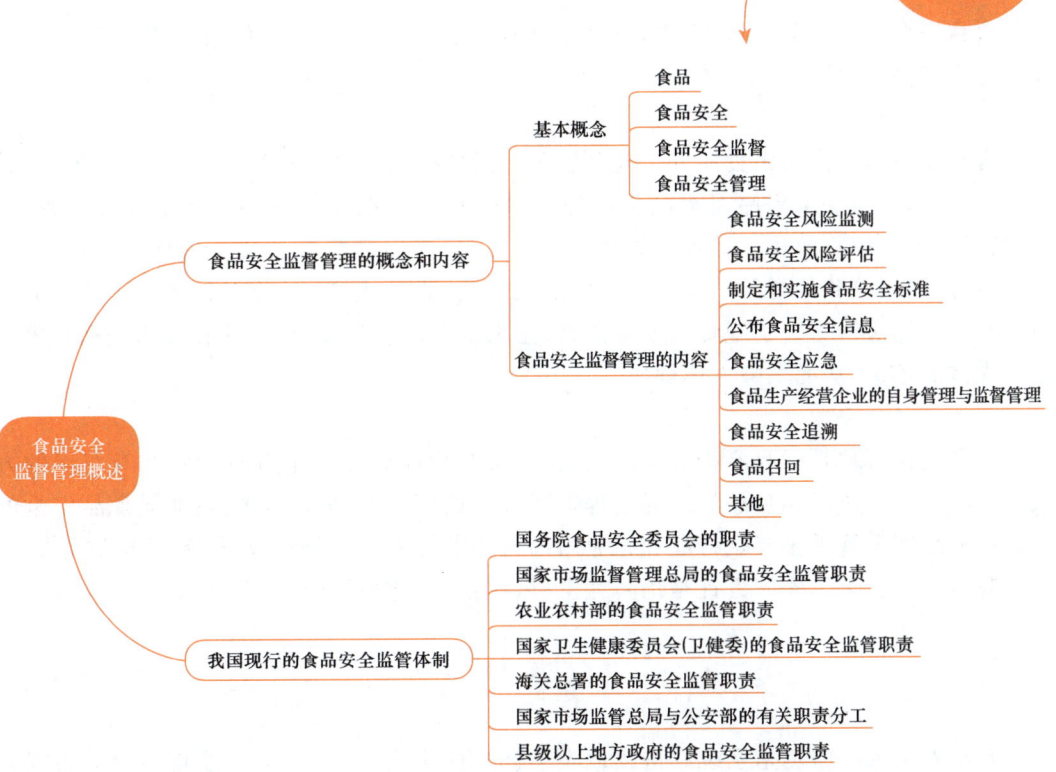

基础知识

一、食品安全监督管理的概念和内容

食品安全监督管理包括食品生产加工、流通和餐饮环节食品安全的日常监管；食品安全标准的制定、修订与实施；生产许可和强制检验等食品质量安全市场准入制度；良好生产规范（Good Manufacture Practice，GMP）、危害分析与关键控制点（Hazard Analysis and Critical Control Point，HACCP）等食品生产经营过程的质量保证体系；食品行业和企业的自律及其相关食品安全管理活动等。它是政府行使行政管理职能和生产经营者履行职责和义务以保障食品安全的重要措施。开展食品安全监督管理工作要以《中华人民共和国食品安全法》（以下简称《食品安全法》）为法律依据，按相关法规、规章、标准和文件指导监督管理工作，确保食品安全。

（一）基本概念

1. 食品

食品是指各种供人食用或者饮用的成品和原料以及按照传统既是食品又是中药材的物质，但是不包括以治疗为目的的物质。

2. 食品安全

食品安全是指食品无毒、无害，符合应当有的营养要求，对人体健康不造成任何急性、亚急性或者慢性危害。

3. 食品安全监督

食品安全监督是指由食品安全监督管理部门依据法律、法规、标准、技术规范等，在其管辖范围内，按照法定程序对食品生产经营单位和个人在食品链全过程中进行检查、监测、监督和处罚的行政执法过程。如食品生产加工、流通环节食品安全的日常监管；实施生产许可、强制检验等食品质量安全市场准入制度；查处生产、制造不合格食品及其他质量不合格等违法行为。实施食品安全监督，是为了保障食品安全，防止食品污染和有害因素对人体的危害，从而保障人体健康。

4. 食品安全管理

食品安全管理是指政府相关部门、行业协会和食品企业等采取有计划和有组织的方式，对食品生产、流通和食品消费等过程进行有效的管理和协调，以达到确保食品安全的目的。食品安全管理主要是行业和企业内部的自发行为，其管理活动可采用多种方式。

我国食品安全工作的方针是预防为主、风险管理、全程控制、社会共治。

（二）食品安全监督管理的内容

1. 食品安全风险监测

食品安全风险监测是系统和持续地收集食源性疾病、食品污染以及食品中有害因素的监测数据及相关信息,并进行综合分析和及时通报的活动,即对食源性疾病、食品污染及食品中的有害因素进行监测,包括制定国家和地方的食品安全风险监测计划并组织实施,分析监测发现的问题并及时进行处理和整改。食品安全监测和评价结果对于掌握食品安全动态、及时开展有针对性的食品安全监督有重要意义。《食品安全法》规定,国家食品安全风险监测计划由国务院卫生行政部门会同国务院食品安全监督管理部门共同制定、实施。

我国早在20世纪80年代就加入了由世界卫生组织(WHO)、联合国粮农组织(FAO)与联合国环境规划署(UNEP)共同成立的全球污染物监测规划/食品项目(Global Environmental Monitoring System/Food,GEMS/Food),并于2000年正式启动全国食品污染物监测网。2009年,在原有食品化学污染物监测网的基础上进一步发展为全国食品安全风险监测(包括化学污染物和有害因素监测)网,已覆盖全国32个省、自治区和直辖市,监测的食品类别和污染物项目也在不断增加。

2. 食品安全风险评估

《食品安全法》规定,我国建立食品安全风险评估制度,运用科学方法,根据食品安全风险监测信息、科学数据及有关信息,对食品、食品添加剂、食品相关产品中生物性、化学性和物理性危害因素进行风险评估。国务院卫生行政部门负责组织食品安全风险评估工作,成立由医学、农业、食品、营养、生物、环境等方面的专家组成的食品安全风险评估专家委员会进行食品安全风险评估。食品安全风险评估的结果是制定、修订食品安全标准和实施食品安全监督管理的科学依据。

3. 制定和实施食品安全标准

制定食品安全国家标准和地方标准,并保证其切实执行,是食品安全监督的重要内容。制定食品安全标准应当依据食品安全风险评估结果和食用农产品安全风险评估结果,并参照相关的国际标准和国际食品安全风险评估结果。在制定过程中和正式发布前,还需广泛听取食品生产经营者、消费者、有关部门等方面的意见。食品生产企业可制定严于食品安全国家标准或地方标准的企业标准。

4. 公布食品安全信息

《食品安全法》规定,国家建立统一的食品安全信息平台,实行食品安全信息统一公布制度。国家食品安全总体情况、食品安全风险警示信息、重大食品安全事故及其调查处理信息和国务院确定需要统一公布的其他信息由国务院食品安全监督管理部门统一公布。食品安全风险警示信息和重大食品安全事故及其调查处理信息的影响限于特定区域的,也可以由有关省、自治区、直辖市人民政府食品安全监督管理部门公布。未经授权不得发布上述信息。县级以上人民政府食品安全监督管理、农业行政部门依据各自职责公布食品安全日常监督管理信息。

5. 食品安全应急

《食品安全法》规定,国务院负责组织制定国家食品安全事故应急预案。县级以上地方人民政府负责制定本行政区域的食品安全事故应急预案,食品生产经营企业也应当制定食品安全事故应急处置方案,定期检查和落实,及时消除事故隐患。县级以上人民政府食品安全监督管理部门接到食品安全事故的报告后,应当立即会同同级卫生行政、农业行政等部门进行调查处理,并采取相应的措施,防止或者减轻社会危害。

6. 食品生产经营企业的自身管理与监督管理

《食品安全法》规定,国家对食品生产经营实行许可制度。从事食品生产、食品销售、餐饮服务,应当依法取得许可。食品生产经营企业应当建立健全食品安全管理制度,对职工进行食品安全知识培训,加强食品检验工作,依法从事生产经营活动。食品生产经营企业应当配备食品安全管理人员,加强对其培训和考核,考核不合格者不得上岗。食品安全监管部门应当对企业食品安全管理人员随机进行抽查考核并公布考核情况。食品生产经营者应当建立食品安全自查制度和从业人员健康管理制度。食品生产经营企业应努力达到良好生产规范要求,实施危害分析与关键控制点体系,提高自身的食品安全管理水平。

7. 食品安全追溯

《食品安全法》规定,国家建立食品安全全程追溯制度。食品生产经营者应建立食品安全追溯体系,保证食品可追溯。鼓励食品生产经营者采用信息化手段采集、留存生产经营信息,建立食品安全追溯体系。食品安全监管部门会同农业行政等有关部门建立食品安全全程追溯协作机制。

8. 食品召回

《食品安全法》规定,国家建立食品召回制度。食品生产者发现其生产的食品不符合食品安全标准或有证据证明可能危害人体健康的,应当立即停止生产,并召回已经上市销售的食品。食品经营者发现其经营的食品不符合食品安全标准或有可能危害人体健康的,应当立即停止经营,并通知相关生产经营者和消费者。食品生产者认为应当召回的,应当立即召回。若是由食品经营者造成的食品安全问题,食品经营者应当召回。食品生产经营者应当对召回的食品采取相应的无害化处理、销毁或补救等措施。食品生产经营者应当将食品召回和处理情况向所在地县级人民政府食品安全监督管理部门报告,食品安全监督管理部门认为必要的,可以实施现场监督。食品生产经营者未依照相关规定召回或者停止经营的,食品安全监管部门可以责令其召回或者停止经营。

9. 其他

相关部门应协助培训食品生产经营人员,并监督其进行健康检查;采用各种形式向消费者和食品生产经营者宣传食品安全和营养知识,提高消费者对伪劣食品和"问题食品"的识别能力,提高生产经营者的守法意识;对食品生产经营企业的新建、扩建、改建工程的选址和设计进行预防性卫生监督和审查;对重大食品安全问题和热点问题进行专项检查和巡回监督检查;对违反《食品安全法》的行为依法进行行政处罚,对情节严重者依法追究其法律责任;食品行业协会应加强行业自律,引导食品生产经营者依法生产经营,推动行业诚信建设等。

> **思考与梳理**
>
> 食品安全监督管理包含哪些内容?
> _____
> _____
> _____

二、我国现行的食品安全监管体制

1. 国务院食品安全委员会的职责

2010 年,国务院决定设立国务院食品安全委员会,作为国务院食品安全工作的高层次议事协调机构。根据 2018 年《国务院办公厅关于调整国务院食品安全委员会组成人员的通知》,国务院食品安全委员会办公室设在国家市场监督管理总局,承担国务院食品安全委员会日常工作。其职责:①分析食品安全形势,研究部署、统筹指导食品安全工作;②提出食品安全监管的重大政策措施;③督促落实食品安全监管责任。县级以上地方人民政府食品安全委员会按照本级人民政府规定的职责开展工作。

2. 国家市场监督管理总局的食品安全监管职责

(1)负责食品安全综合监督管理。国家市场监督管理总局起草食品安全监督管理有关法律法规草案,制定有关规章、政策、标准,组织实施质量强国战略、食品安全战略和标准化战略,拟定并组织实施有关规划,规范和维护市场秩序,营造诚实守信、公平竞争的市场环境。

(2)负责产品质量安全监督管理。国家市场监督管理总局管理产品质量安全风险监控、国家监督抽查工作;建立并组织实施质量分级制度、质量安全追溯制度,指导工业产品生产许可管理。

(3)负责食品安全监督管理综合协调。国家市场监督管理总局组织制定食品安全重大政策并组织实施;负责食品安全应急体系建设,组织指导重大食品安全事件应急处置和调查处理工作;建立健全食品安全重要信息直报制度。

(4)负责食品安全监督管理。国家市场监督管理总局建立覆盖食品生产、流通、消费全过程的监督检查制度和隐患排查治理机制并组织实施,防范区域性、系统性食品安全风险;推动建立食品生产经营者落实主体责任的机制,健全食品安全追溯体系;组织开展食品安全监督抽检、风险监测、核查处置和风险预警、风险交流工作;组织实施特殊食品注册、备案和监督管理。

(5)负责统一管理标准化工作。国家市场监督管理总局依法承担食品安全国家标准的立项、编号、对外通报和授权批准发布工作;制定推荐性食品国家标准;依法协调指导和监督行业标准、地方标准、团体标准制定工作;组织开展标准化国际合作和参与制定、采用国际标准工作。

(6) 负责统一管理检验检测工作。

(7) 负责统一管理、监督和综合协调全国认证认可工作。国家市场监督管理总局建立并组织实施国家统一的认证认可和合格评定监督管理制度。

3. 农业农村部的食品安全监管职责

农业农村部负责农产品质量安全监督管理有关工作：①组织开展农产品质量安全监测、追溯、风险评估等相关工作；②参与制定农产品质量安全国家标准并会同有关部门组织实施；③指导农产品质量安全监管体系、检验检测体系和信用体系建设；④负责有关农业生产资料和农业投入品的监督管理；⑤制定兽药质量、兽药残留限量和残留检测方法国家标准并按规定发布；⑥负责畜禽屠宰行业管理，监督管理畜禽屠宰、饲料及其添加剂、生鲜乳生产收购环节质量安全。

农业农村部负责食用农产品从种植、养殖环节到进入批发、零售市场或者生产加工企业前的质量安全监督管理。食用农产品进入批发、零售市场或者生产加工企业后，由国家市场监管总局监督管理。农业农村部负责动植物疫病防控、畜禽屠宰环节、生鲜乳收购环节质量安全的监督管理。

4. 国家卫生健康委员会(卫健委)的食品安全监管职责

国家卫健委负责组织开展食品安全风险评估工作，并会同国家市场监管总局等部门制定、实施食品安全风险监测计划，依法组织制定并公布食品安全标准，承担新食品原料、食品添加剂新品种、食品相关产品新品种的安全性审查。

5. 海关总署的食品安全监管职责

海关总署负责进出口食品安全监督管理，拟订进出口食品安全和检验检疫的工作制度，依法承担进口食品企业备案注册和进口食品的检验检疫、监督管理工作，按分工组织实施风险分析和紧急预防措施工作。依据多、双边协议承担出口食品相关工作。

6. 国家市场监管总局与公安部的有关职责分工

国家市场监管总局与公安部建立行政执法和刑事司法工作衔接机制。市场监管部门发现违法行为涉嫌犯罪的，应当按照有关规定及时移送公安机关，公安机关应当迅速进行审查，并依法作出立案或者不予立案的决定。公安机关依法提请市场监管部门作出检验、鉴定、认定等协助的，市场监管部门应当予以协助。

7. 县级以上地方政府的食品安全监管职责

县级以上地方政府对本行政区域的食品安全监督管理工作负责，统一领导、组织、协调本行政区域的食品安全监督管理工作以及食品安全突发事件应对工作，建立健全食品安全全程监督管理工作机制和信息共享机制。实行食品安全监督管理责任制，上级政府对下一级政府进行评议考核，地方各级政府对本级各监管部门进行评议考核。《食品安全法实施条例》要求县级以上人民政府建立统一权威的监管体制，加强监管能力建设。县级以上食品安全监管部门和其他有关部门依法履行职责加强协调配合，做好食品安全监管工作。乡镇人民政府和街道办事处有支持、协助开展食品安全监管工作的义务。

思考与梳理

食品安全监督管理的体制部门有哪些，分别负责哪些监管工作？

_____

_____

_____

实践训练

市场监督管理局职能职责调研

调研你所在城市的市场监督管理局，明确其职能职责，并填写表1-1。

表1-1　　　　　　市场监督管理局职能职责调研实训工单

序号	职责职能	具体工作

项目测试

一、单选题

❶（　　）负责种植、养殖和屠宰环节的初级农产品监管。

A. 农业农村部　　　　　　　　B. 食品药品监督管理部门

C. 卫生计生部门　　　　　　　D. 质检部门

❷ 国家市场监督管理总局的食品安全监管职责是（　　）。

A. 负责统一管理标准化工作

B. 负责统一管理检验检测工作

C. 负责统一管理、监督和综合协调全国认证认可工作

D. 以上都是

二、多选题

❶《食品安全法》规定,我国建立食品安全风险评估制度,运用科学方法,根据食品安全风险监测信息、科学数据及有关信息,对食品、食品添加剂、食品相关产品中的(　　)危害因素进行风险评估。

A. 生物性　　　　B. 化学性　　　　C. 物理性　　　　D. 农药性

❷ 国家卫生健康委员会(卫健委)的食品安全监管职责包括(　　)。

A. 组织开展食品安全风险评估工作

B. 会同国家市场监管总局等部门制定、实施食品安全风险监测计划

C. 组织制定并公布食品安全标准

D. 承担新食品原料、食品添加剂新品种、食品相关产品新品种的安全性审查

三、判断题

❶ 食品是指各种供人食用或者饮用的成品和原料以及按照传统既是食品又是中药材的物质,但是不包括以治疗为目的的物品。（　　）

❷ 食品安全是指食品只要符合应当有的营养要求,对人体健康不造成危害即可。（　　）

❸ 食品安全监督是指国家职能部门依法对食品生产、流通企业和餐饮业的食品安全相关行为行使法律范围内的强制监查活动。（　　）

项目二
食品安全监督基础

知识与技能目标

1. 熟悉食品安全监督的依据。
2. 熟悉食品安全监督的手段。
3. 掌握食品安全监督的程序。
4. 能够正确填写食品企业现场检查笔录。

素养目标

1. 树立食品安全法治责任意识。
2. 强化客观公正、实事求是的工作态度。

预习导图

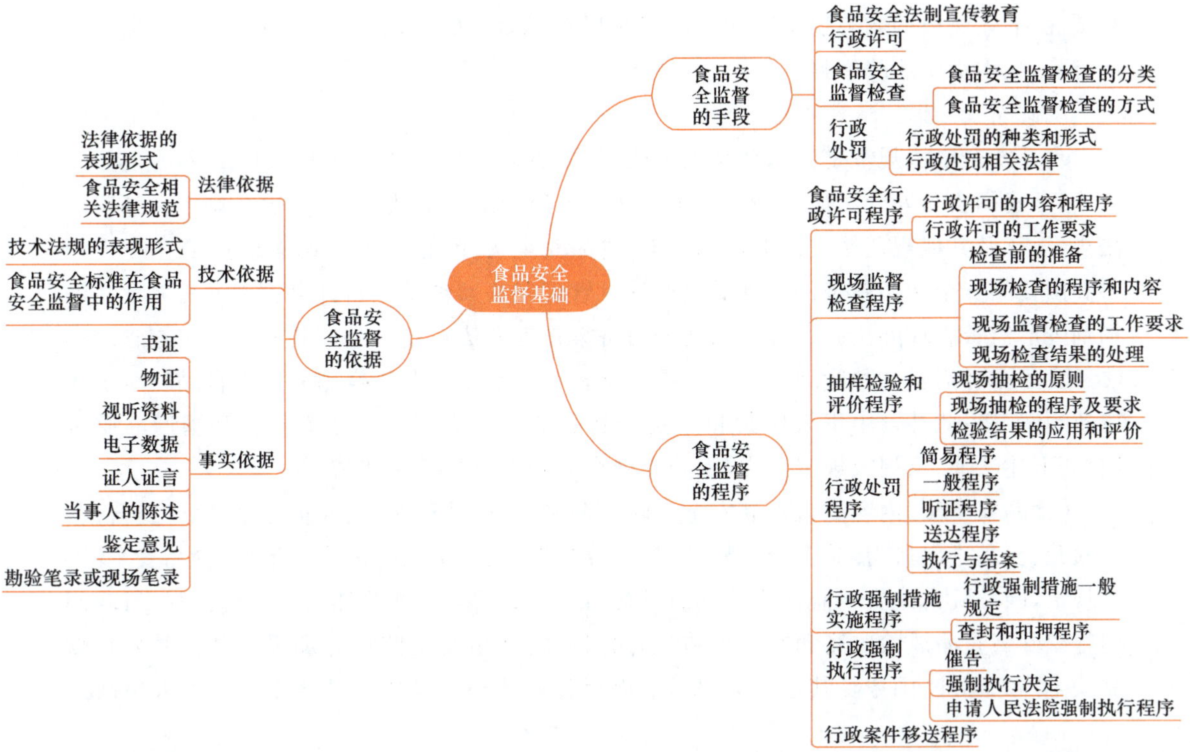

食品安全监督基础
- 食品安全监督的依据
  - 法律依据
    - 法律依据的表现形式
    - 食品安全相关法律规范
  - 技术依据
    - 技术法规的表现形式
    - 食品安全标准在食品安全监督中的作用
  - 事实依据
    - 书证
    - 物证
    - 视听资料
    - 电子数据
    - 证人证言
    - 当事人的陈述
    - 鉴定意见
    - 勘验笔录或现场笔录
- 食品安全监督的手段
  - 食品安全法制宣传教育
  - 行政许可
  - 食品安全监督检查
    - 食品安全监督检查的分类
    - 食品安全监督检查的方式
  - 行政处罚
    - 行政处罚的种类和形式
    - 行政处罚相关法律
- 食品安全监督的程序
  - 食品安全行政许可程序
    - 行政许可的内容和程序
    - 行政许可的工作要求
  - 现场监督检查程序
    - 检查前的准备
    - 现场检查的程序和内容
    - 现场监督检查的工作要求
    - 现场检查结果的处理
  - 抽样检验和评价程序
    - 现场抽检的原则
    - 现场抽检的程序及要求
    - 检验结果的应用和评价
  - 行政处罚程序
    - 简易程序
    - 一般程序
    - 听证程序
    - 送达程序
    - 执行与结案
  - 行政强制措施实施程序
    - 行政强制措施一般规定
    - 查封和扣押程序
  - 行政强制执行程序
    - 催告
    - 强制执行决定
    - 申请人民法院强制执行程序
  - 行政案件移送程序

基础知识

一、食品安全监督的依据

食品安全监督的依据是食品安全监督行为借以成立的根据。从某种意义上讲就是食品安全监督主体把食品安全法律规范用于食品安全相关领域，依法处理具体行政事务的行政执法行为。食品安全监督行为具有科学性的特点，必须以事实为依据，以法律为准绳，食品安全监督主体在监督时必须遵循相应的技术规范。

（一）法律依据

食品安全监督的法律依据是指食品安全监督主体的食品安全监督行为成立的法律根据。食品安全监督主体在食品安全监督过程中，应当遵循我国颁布的所有食品安全法律规范。

1. 法律依据的表现形式

我国食品安全监督的法律依据有具体的表现形式。不同的表现形式由国家不同等级的主体制定，在食品安全法律体系中的地位、法律效力也不同。等级高的主体制定的法律法规自然高于等级低的主体制定的法律法规。在食品安全法律体系中，法律效力层次从高到低依次为食品安全法律、食品安全法规、食品安全规章、食品安全标准、规范性文件等。当下级法律法规同上级相抵触时，则适用上级法律法规。由于食品安全法律法规的复杂性，上述法律的效力层次存在一些特殊规则，如特别法效力优于一般法、新法优于旧法、法律文本优于法律解释。

2. 食品安全相关法律规范

食品安全法律规范是我国食品安全法律体系的基础，其中，《中华人民共和国食品安全法》是我国食品安全法律法规体系中法律效力层级最高的法律文件，也是制定食品安全法规、规章及其他规范性文件的依据。与《食品安全法》配套的法规或规定包括《中华人民共和国食品安全法实施条例》《食品生产许可管理办法》《食品经营许可管理办法》《食品添加剂生产监督管理办法》《保健食品注册与备案管理办法》《新食品原料安全性审查管理办法》《食品添加剂新品种管理办法》《食品安全国家标准管理办法》《国家重大食品安全事故应急预案》等；此外，《中华人民共和国农产品质量安全法》及《中华人民共和国产品质量法》同上述法律、法规或规定一样，也是开展食品安全监督的法律依据。

《食品安全法》内容涵盖食品安全风险监测和评估、食品安全标准、食品生产经营、食品检验、食品进出口、食品安全事故处置、监督管理、法律责任等内容。依照《食品安全法》的规定，国务院食品安全监督管理部门对食品生产经营活动实施监管；国务院卫生行政部门组织开展食品风险监测和风险评估，会同国务院食品安全监督管理部门制定并公布食品安全国家标准；国务院其他有关部门承担相关食品安全工作。县级以上地方人民政府依照《食品安全法》和国务院规定,将食品安全工作纳入本级国民经济和社会发展规划,将食品安全工作经费列入本级政府财政预算,对本行政区域的食品安全监管工作负责;实行食品安全监管责任制,确定本级食品安全监管、卫生行政部门和其他有关部门的职责,并进行评议、考核;统一领导、组织、协调本行政区域的食品安全监管工作以及食品安全突发事件应对工作,建立健全食品安全全程监督工作机制和信息共享机制。

(二)技术依据

食品安全监督的技术依据是指食品安全监督主体在实施食品安全监督中遵照执行的技术法规。技术法规指规定强制执行的产品特性或其相关工艺和生产方法(包括适用的管理规定)的文件以及规定适用于产品、工艺或生产方法的专门术语、符号、包装、标志或标签要求的文件。这些文件可以是国家法律、法规、规章,也可以是其他的规范性文件,还可以是经政府授权由非政府组织制定的技术规范、指南、准则等。通常包括国内技术法规和国外技术法规两种类别。

1. 技术法规的表现形式

我国技术法规的最主要表现形式有两种:一是法律体系中与产品有关的法律、法规和规章;二是与产品有关的强制性标准、规程和技术规范。

(1)标准

根据《标准化基本术语》的定义,标准是指对重复性事物和概念所作的统一规定。它以科学、技术和实践经验的综合结果为基础,经有关方面协商一致,由主管机关批准,以特定的形式发布,作为共同遵守的准则和依据。

(2)技术规范

技术规范是规定产品、过程或服务应满足的技术要求的文件。技术规范可以是标准、标准的一个部分或与标准无关的文件。

(3)规程

规程是指为设备、构件或产品的设计、制造、安装、维修或使用而推荐的惯例和程序的文件。规程可以是标准、标准的一个部分或与标准无关的文件。

由此可见,技术规范和规程可以是标准或是标准的一部分,因此标准在技术依据中占重要地位,食品安全标准在食品安全技术法规中也不例外。

2. 食品安全标准在食品安全监督中的作用

食品安全标准是国家一项重要的技术法规,是食品安全监督主体进行食品安全监督的法定依据,具有政策法规性、科学技术性和强制性。通过食品安全标准可以准确及时地发现食品是否存在安全问题,能公平、公正地判定监督相对人的行为。

食品安全标准在食品安全监督中的作用主要体现在:①是食品安全监督检测检验的技术规范;②是食品安全监督评价的技术依据;③是实施食品安全监督执法的技术依据;④是行政诉讼的举证依据;对食品安全监管相对人具有约束规范作用。

(三)事实依据

食品安全监督的事实依据即证据是指用以证明食品安全违法案件真实情况的一切材料和事实。食品安全监督证据的特征包括客观性、关联性和合法性。根据《中华人民共和国行政诉讼法》第三十三条的规定,行政诉讼的证据有8种,即书证、物证、视听资料、电子数据、证人证言、当事人的陈述、鉴定意见、勘验笔录或现场笔录。

1. 书证

书证是指以文字、图画或符号记载的内容来证明食品安全违法案件真实情况的物品。常见的书证有当事人的许可证照、合格证、证明书、各类票据、记录、食品销售清单等及行政机关出具的文件、文书、函件、处理决定等。书证的主要特征:一是书证以文字、符号、图案的方式来反映人的思想和行为;二是书证能将有关的内容固定于纸面或其他有形物品上。在食品安全监督中,书证一般在案件发生之前形成,在案件发生之后被发现、提取而作为证据。

2. 物证

物证是指用其外形及其他固有的外部特征和物质属性来证明食品安全违法案件事实真相的物品。比如不符合标准的食品原料、食品以及工具等。伴随案件的过程形成的物证客观真实性很强,不像人证那样受主观因素的影响较多,容易变化或伪造。对物证必须妥善地加以保管,以保持物证的原有形态。如果不能保持原来形态或者物证有可能灭失的,食品安全监管主体必须采取措施予以保全。

3. 视听资料

视听资料是指利用录音、录像、计算机技术以及其他高科技设备等方式所反映出的声音、影像、文字或其他信息证明案件事实的证据,它包括录像、录音、传真资料、电话录音、电脑储存数据和资料等,视听资料是随着现代科学技术的进步而发展起来的一种独立的证据种类,它具有不同于其他证据的特征,能够形象、直观生动、真实地反映案件事实及法律行为。视听资料的形成和证明,要经过制作和播放显示这两个过程,其真实性受制于人的制作和播放行为,因此视听资料也存在被篡改、伪造的可能。由此可见,视听资料要作为食品安全监督证据使用,应附有制作人、案由、时间、地点、视听资料的规格等说明,并有制作人签名、贴封。同时食品安全监督主体对于这种证据,应辨别其真伪,并结合其他相关证据,确定其证据的效力。

4. 电子数据

电子数据是借助于现代数字化电子信息技术及其设备存储、处理、传输、输出的能够用来证明案件事实的一切证据。比如通过网页、朋友圈、贴吧、网盘等网络平台发布的信息;反映相关生产、经营、使用情况的手机短信、电子邮件、即时通信、通信群组等网络应用服务的通信信息;相关生产、经营、使用过程中形成的记录生产、购销、仓储、运输、使用等情况的电子文档(包括文字、图片、音频、视频等);相关行政监督执法过程中形成的记录行政许可、产品注册、管理认证、备案管理等具体监督管理活动的电子文档、数字证书、计算机程序及其数据等。

5. 证人证言

证人证言是指当事人以外的了解食品安全违法案件真实情况的人就其所了解的案件事实向食品安全监督主体以口头或书面方式所作的陈述。根据我国法律的规定,凡是了解案件情况的人,都有作证的义务;但是生理上、精神上有缺陷或者年幼,不能辨别是非、不能正确表达的人,不能作为证人。

由于证人证言的形成一般要经历感受阶段、记忆阶段和反映阶段,因此证人证言的形成过程自然会受到客观环境和证人的主观感受、记忆质量以及语言文字表达能力的影响,这就决定了证人证言具有一定的客观性、可塑性、含有非客观叙述的内容等特点。

6. 当事人的陈述

当事人的陈述是指食品安全违法案件的当事人就其了解的案件情况向食品安全监督主体所作的陈述。当事人是案件的直接行为人,对案件情况了解得比较多,当事人的陈述是查明案件事实的重要线索,应当加以重视。由于当事人在案件中是食品安全监督相对人,与案件的处理结果有利害关系。因此,在审查判断当事人的陈述时,应当注意这一特点,对当事人的陈述应客观对待,注意是否有片面和虚假的部分。当事人的陈述只有和其他证据结合起来,综合研究审查,才能确定能否作为认定事实的依据。

7. 鉴定意见

鉴定意见是指鉴定机构或者具有专门知识技能的人对食品安全违法案件中出现的专门性问题,通过分析、检验、鉴别等方式作出的书面意见。比如第三方机构出具的食品检验报告,或是本行业专家提供的意见等。鉴定意见是根据科学技术作出的分析和判断,作为一种证据,具有特殊价值,但有时由于受到主、客观条件和科学水平的限制,也不一定准确。审判人员应当结合案件的全部证据,加以综合审查判断,从而正确认定案件事实,作出正确判决。

8. 勘验笔录或现场笔录

勘验笔录是指食品安全监督人员对能够证明食品安全违法案件事实的现场或者不能、不便拿到监督机关的物证,就地进行分析、检验、勘查后所作的记录。现场笔录是指食品安全监督人员在现场当场实施行政处罚或者其他处理决定时所作的现场情况的笔录。勘验笔录或现场笔录是客观事物的书面反映,也是保全原始数据的一种证据形式,一般来说是客观的,但是基于各种因素,有时也可能失实。所以,勘验笔录和现场笔录也必须在审查核实后才能使用。

> **思考与梳理**
>
> 食品安全监督的事实依据有哪些?

二、食品安全监督的手段

食品安全监督的手段是指食品安全监督主体贯彻食品安全法律规范,实施食品安全监督过程中所采取的措施和方法。食品安全监督的手段主要包括食品安全法治宣传教育、行政许可、食品安全监督检查、行政处罚等方面。

(一)食品安全法治宣传教育

食品安全法制宣传教育是指食品安全监督主体将食品安全法律规范的基本原则和内容向社会做广泛的传播,使人们能够充分地理解、认识和受到教育,从而自觉地遵守食品安全法律规范的一种活动。食品安全监督主体依法进行食品安全监督,也是一个实施食品安全法律规范的过程。其根本目的是保护人民的健康,维护公民、法人和其他组织的合法权益。为了防止侵犯公民健康权益的违法行为的发生,应当以预防为主,对公民、法人和其他组织实施食品安全法制宣传教育,使广大人民知法、守法。因此,食品安全法制宣传教育已成为食品安全监督主体的食品安全监督人员在日常食品安全监督活动中普遍采用的手段之一。

食品安全法制宣传教育根据所针对的对象不同,有一般性的宣传教育和具体的宣传教育两种形式。一般性宣传教育是通过电视、报纸、标语、图画等多种形式的宣传工具,经常性地针对所有的人进行食品安全法治宣传,普及食品安全知识,使人们受到教育;对新颁布和新修订的与食品安全相关的法律法规,要及时开展专题宣传活动以保证法律法规的顺利贯彻实施。具体的宣传教育是指食品安全监督主体或者食品安全监督人员在具体的监督活动中,通过纠正和处理相对人的违法行为,针对某特定的公民、法人或者其他组织进行食品安全法制宣传教育。不同形式的食品安全法制宣传教育,无论对消费者、食品安全监督主体还是相对人都具有重要的意义。

(二)行政许可

行政许可是指行政机关依据法定的职权,应行政相对方的申请,通过颁发许可证等形式,依法赋予行政相对方从事某种活动的法律资格或实施某种行为的法律权利的具体行政行为。《食品安全法》规定,国家对食品生产经营实行许可制度。从事食品生产、食品销售、餐饮服务,应当依法取得许可。但是,销售食用农产品不需要取得许可。县级以上地方人民政府食品安全监督管理部门应当依照《中华人民共和国行政许可法》的规定,审核申请人提交的相关资料,必要时对申请人的生产经营场所进行现场核查;对符合规定条件的,准予许可;对不符合规定条件的,不予许可并书面说明理由。许可证制度已经越来越广泛地应用于国家卫生管理的领域中,成为食品安全监督的重要手段。

(三)食品安全监督检查

食品安全监督检查是指食品安全监督主体依法对管理相对人遵守食品安全法律法规和具体行政决定所进行的了解和调查,并依法处理的行政执

食品安全监督检查

法活动。食品安全法律、规范、规章颁布实施后和行政决定、命令生效后,食品安全监督主体必须对遵守情况进行检查监督。

食品安全监督检查具有如下特征:这是一种单方面的依职权实施的具体行政行为;食品安全监督检查可以影响但不直接处理和改变相对人的法律地位;食品安全监督检查是一种给相对人设定程序性义务和限制其权利的行为。

1. 食品安全监督检查的分类

(1)定期与不定期食品安全监督检查

定期食品安全监督检查是指食品安全监督主体按照食品安全监督工作计划和要求,在一定时期内(如一个月、半年、一年等)有规律地对管理相对人进行若干次监督检查。定期监督检查对相对人会产生稳定的警戒作用,促使其事先做好准备。不定期食品安全监督检查是指没有固定时间间隔的监督检查。不定期监督检查时,相对人无法有准备地应付检查,更有利于客观、真实地发现问题,以便纠正违法错误。

(2)一般与特定食品安全监督检查

这是根据监督检查对象是否为特定相对人所作的分类。

一般食品安全监督检查是指食品安全监督主体对不特定的管理相对人遵守食品安全法律、法规、规章的情况进行普遍的监督检查。这种监督检查可以使食品安全监督主体从宏观上把握相对人的守法情况,起到宏观控制的作用。

特定食品安全监督检查是指食品安全监督主体对特定的管理相对人遵守食品安全法律、法规、规章的情况进行的监督检查。这种监督检查可以使食品安全监督主体从微观上把握相对人的守法情况,制止和纠正具体的违法行为。

(3)全面与重点食品安全监督检查

全面食品安全监督检查是指食品安全监督主体对管理相对人进行食品安全法律规范要求的全部内容的监督检查。重点食品安全监督检查是指食品安全监督主体对部分相对人或食品安全法律规范的部分要求,或针对部分相对人对法律规范的部分要求进行的食品安全监督检查。

此外,食品安全监督检查还可以从其他不同的角度进行分类,如根据食品安全监督检查的时间阶段进行分类,可分为事前食品安全监督检查、事中食品安全监督检查、事后食品安全监督检查;根据食品安全监督检查与监督主体的职权关系进行分类,又可分为依职权食品安全监督检查与依授权食品安全监督检查。

2. 食品安全监督检查的方式

食品安全监督检查的方式是指食品安全监督的主体为了达到食品安全监督检查的目的而采取的手段和措施。根据不同的情况可采用不同的食品安全监督检查方式。

(1)现场核查

现场核查是指食品安全监督主体直接深入现场进行的监督检查,是一种常用的监督检查方式。

(2)查验

查验是指食品安全监督主体对管理相对人的某种证件或物品进行检查、核对。通过查验可以发现问题、消除隐患。

(3) 查阅资料

查阅资料是指食品安全监督主体通过查阅书面材料对管理相对人进行的一种监督检查方式,是食品安全监督检查的一种常用方式。

(4) 统计

统计是指食品安全监督主体通过统计数据了解相对人守法情况的一种监督检查方法。

(四) 行政处罚

行政处罚是指食品安全监督主体为维护公民健康,保护公民、法人或其他组织的合法权益,依法对相对人违反食品安全法律规范、尚未构成犯罪的行为给予的惩戒或制裁。行政处罚是食品安全监督的重要手段。

行政处罚具有如下特征:①行政处罚的主体是具有法定职权的监督主体;②行政处罚的对象是违反食品安全法律规范的管理相对人;③行政处罚的前提是管理相对人实施了违反食品安全法律规范且未构成犯罪的行为;④行政处罚的目的是行政惩戒制裁。

行政处罚必须遵循处罚法定原则,处罚公正、公开原则,处罚与教育相结合原则,作出罚款决定的机构与收缴罚款的机构相分离的原则,一事不再罚原则,处罚救济原则。

1. 行政处罚的种类和形式

根据行政处罚的内容对相对人所产生的影响,可分为申诫罚、财产罚、行为罚。

申诫罚(精神罚或声誉罚)是食品安全监督主体以一定的方式对违反食品安全法律规范的相对人在声誉上或名誉上进行惩戒,包括警告和通报批评。若管理相对人受到申诫罚后不纠正违法行为就采取更严厉的处罚方式。

财产罚是影响相对人财产权利的处罚,即强制违反食品安全法律规范的相对人缴纳一定数额的金钱或剥夺其一定的财产权利,包括罚款,没收违法所得、没收非法所得。这是应用最广泛的一类以经济手段进行的处罚。

行为罚(能力罚)是食品安全监督主体对违反食品安全法律规范的行政相对方所采取的限制或剥夺其特定行为能力或资格的一种处罚措施,包括责令停产停业、暂扣许可证、吊销许可证。

2. 行政处罚相关法律

《食品安全法》是规范食品生产经营活动及其监督管理的基本法律,《中华人民共和国行政处罚法》是规范行政处罚的种类、设定及实施的基本法律。各级食品药品监督管理部门在食品安全具体执法实践中,应当综合运用《食品安全法》和《行政处罚法》的相关规定,规范行政处罚自由裁量制度,进一步统一执法尺度,避免畸轻畸重。切实做到处罚法定、过罚相当、处罚与教育相结合。

根据《食品安全法》的规定,食品安全监管部门或机关可对违反食品安全法律规范的食品生产经营者追究以下行政法律责任:给予警告;责令改正、责令停产停业;处以罚款;没收违法所得;没收违法生产经营的食品、食品添加剂和用于违法生产经营的工具、设备、原料等物品;吊销许可证。被吊销食品生产、流通或者餐饮服务许可证的单位,其直接负责的主管人员自处罚决定作出之日起五年内不得从事食品生产经营管理工作。

> **思考与梳理**
>
> 食品安全监督手段包括哪些方面？
>
> _____
>
> _____
>
> _____
>
> 食品安全监督检查方式有哪些？
>
> _____
>
> _____
>
> _____

三、食品安全监督的程序

食品安全监督的程序是指食品安全监督主体实施食品安全监督活动的方式、步骤以及实现这些方式、步骤的顺序和时间所构成的行为过程。作为政府行为或行政行为的食品安全监督，必须通过一定的监督程序来实施，从而避免在食品安全监督过程中可能出现的随意性和盲目性，以保证食品安全监督的法定性和规范性。

(一)食品安全行政许可程序

1. 行政许可的内容和程序

食品安全监督管理部门应当根据《食品安全法》及其实施条例的要求，依照本部门制定的行政许可内容和程序实施行政许可。

2. 行政许可的工作要求

(1)遵守行政许可程序、时效

监督人员在行使行政许可职权时，应依照相关法律、法规、规章等规定的行政许可程序进行。掌握行政许可时效，在法律、法规、规章等规定的期限内作出行政许可决定。

(2)认真核对资料

对申请人提供的申请材料应仔细核对、审查，申请材料可以当场更正错误的，应当允许申请人当场更正。申请材料不齐全或者不符合法定形式的，应当当场或者在5日内一次告知申请人需要补充的全部内容。

(3)依法办事

熟练掌握和运用与行政许可有关的各项国家法律、法规、规章、国家标准、技术规范和工作程序等；同时必须按照法律、法规的内容，在法定范围内行使行政许可职权，严格依法行政；不得超越权限、滥用职权。

(二)现场监督检查程序

《食品安全法》第一百一十条规定,县级以上人民政府食品安全监督管理部门履行食品安全监督管理职责,有权采取下列措施,对生产经营者遵守本法的情况进行监督检查:①进入生产经营场所实施现场检查;②对生产经营的食品、食品添加剂、食品相关产品进行抽样检验;③查阅、复制有关合同、票据、账簿及其他有关资料;④查封、扣押有证据证明不符合食品安全标准或者有证据证明存在安全隐患以及用于违法生产经营的食品、食品添加剂、食品相关产品;⑤查封违法从事生产经营活动的场所。

1. 检查前的准备

(1)日常巡回监督检查

日常巡回监督检查是根据相关法律、法规、规章的规定,对管理相对人遵守相关法律法规的情况进行的检查。在检查前应当做好下列准备:①了解现场检查所涉及的法律、法规、规章及技术规范;②熟悉被检查人的有关情况和现场检查的有关内容;③备好现场监督检查所需的检验、测试、采样及取证工具;④备好现场监督检查所需的文件。

(2)专项监督检查

专项监督检查应该做到:明确专项检查的目的及要求;了解被检查单位的一般生产加工工艺和使用的原料;明确检查的重点内容或检查中应重点注意的事项。

(3)对举报投诉的检查

对举报投诉内容进行分析讨论,必要时可成立专案组;应讨论制定详细调查方案,掌握对被举报人进行检查的重点内容或检查中应重点注意的事项;根据需要,对举报投诉内容进行暗访摸底,或就举报内容对被举报人进行外围调查。

(4)食品安全事故调查

调查人员应熟悉事故调查处理的原则、步骤、方法,接到有关信息后应尽快进入现场。

2. 现场检查的程序和内容

(1)现场检查的程序

一般现场监督检查时应不少于两人,除特殊需要外应穿戴整齐,进行检查前应出示监督证件,并说明检查来意及依据,告知被检查人所享有的权利和义务。

①根据检查的目的,听取被检查人根据监督检查内容所作的介绍,了解相关事项进展和处理情况。

②依据检查工作要求和技术手段,对被检查人的生产、加工、经营、执业等现场进行实地检查、勘验。

③根据需要查阅被检查人的有关制度、检验记录、技术资料、产品配方和必要的财务账目及其他书面文件。

④根据需要进行采样、检测。

⑤根据需要向有关人员了解情况。

(2)现场监督检查的重点内容

①资质和条件:食品生产经营单位应当具有相应的许可证件;生产条件与许可的条件相比,是否发生变化。

②自身管理制度制定及实施情况:主要包括自身管理制度制定情况,食品安全管理工作的部门和人员配备情况,相关规章制度和规定执行情况等。

③检验:执行索证索票和送检情况,检验和实验室利用情况,检验记录和报告登记情况。

④仓储:食品及原料等物品贮存的条件和环境,台账记录情况,食品保护情况,物品符合相关食品安全标准和要求的情况。

⑤环境设施:食品生产经营场所应当符合相应的要求。

⑥人员:食品从业人员是否经过培训并取得健康合格证明。

⑦产品:产品生产过程控制应符合相关要求;存放环境和条件应符合相关要求;标识和说明书应符合要求;具有产品批准证书或批件等。

⑧根据任务安排和现场需要决定抽样。

3. 现场监督检查的工作要求

现场检查须进入洁净区域时,应穿戴洁净衣帽、口罩及一次性手套,并遵守被检查人的管理规定。现场检查应当场制作《现场检查笔录》,被检查人核对无误后,监管人员和被检查人应当在笔录上签名。

检查时,能够当场对当事人或有关证人进行询问的,监管人员应当场询问,并制作《询问笔录》,被询问人核对无误后,监管人员和被询问人应当在笔录上签名。被检查人或被询问人对笔录内容有异议时,可在笔录上说明理由并签名,监管人员应在其后签名。被检查人或被询问人拒绝签名的,两名以上监管人员在笔录上签名并注明被检查人拒绝签名情况,也可请在场的其他人员签名作证。监管人员进行现场采样或检测的,应当制作采样记录和检测记录或在现场笔录上记录检测结果,并由当事人书面确认。

现场检查所取证物尽可能是原件、原物,调查取证原件、原物确有困难的,可由提交证据的单位或个人在复制品、照片等物上签章,并注明"与原件(物)相同"字样或用文字说明。在证据可能灭失或以后难以取得时,经行政机关负责人批准后,可先行登记保存,并出具由监管部门负责人签发的"证据保存通知书",在7日内对所保存的证据作出处理决定。对在现场检查中发现的违法行为,监管人员应当场书面责令其改正,并留存书面证据。

4. 现场检查结果的处理

现场检查结果按如下方式处理:①现场检查中,相对人虽有违法行为,但情节轻微,且尚未造成危害后果的,监管人员在发出责令改正通知书后,可不予立案处罚;②现场检查发现相对人的违法行为较严重或已造成危害后果,依法应予以行政处罚的,检查人员除当场责令其改正外,应对其进行立案;③现场检查中,对违法事实清楚、证据确凿,适用简易程序的,可当场作出行政处罚决定;④对在现场检查中发现涉嫌违法的行为尚需进一步调查核实的,检查人员可根据需要发出"谈话通知书";⑤对在现场检查中发现的不属于本部门管辖的违法行为,应当移送有权管辖的部门处理。

(三)抽样检验和评价程序

1. 现场抽检的原则

(1)合法性原则

抽检的机构和人员、抽检的方法和频率、检测项目和操作规程以及出具报告的形式必须符合有关法律、法规、规章、标准和技术规范的要求。

（2）客观性原则

监督抽检的样品应客观反映实际情况。

（3）代表性原则

监督抽检的样品，能真正反映被抽检对象的整体水平，即通过对具有代表性样品的监督抽检能客观推断全部被测产品、场所和环境的质量安全状况。

（4）典型性原则

监督抽检的样品，能充分、有效地说明被测产品、场所和环境是否受到污染或者产品是否存在掺假掺杂。

（5）适时性原则

检测结果能正确反映抽样当时的实际情况。在突发事件调查中应在第一时间采集样品；在日常监督中，应在正常生产经营和服务时采集样品，并在采样后及时送检。

2. 现场抽检的程序及要求

（1）现场抽样的准备

抽检人员应了解抽检目的，并备好抽检文书、抽样工具、容器、仪器设备、材料和试剂等。抽样工具与容器应保持清洁干燥，需要做微生物检验的，应预先经灭菌消毒处理。熟悉采样仪器设备、材料和试剂的性能、适用范围和使用方法。

（2）现场样品采集要求

监督抽检必须由两名以上监管人员执行。抽样前应出示证件，表明身份，说明来意及监督抽检依据，告知被监督抽检人所享有的权利和义务，在被监督抽检者的陪同下进行样品的采集。

抽取样品时应避免受到污染，并遵守被监督抽检者的卫生、安全规定。对需进行微生物指标检测的样品，采样时应注意进行无菌操作。为取得良好的总体代表性，采样应当遵循随机原则。

采样时，必须现场制作样品采集记录单，经两名以上执法人员签名后，交由被采样者核对签名，并留置一联。

（3）常规采样方法

根据采样目的，抽检样品应当保证是同批次，每份样品采集量应满足监测项目和留样的需要，也可根据需要抽取同批次的另一份样品备查。执法人员不得随意扩大采样量。

样品应进行统一编号，执法人员必须当场制作现场检查笔录，按产品样品和非产品样品如实填写相应的采样记录单，并经被采样人签字确认。

在流通市场抽取样品时，应当以《产品样品确认告知书》的形式告知被抽产品标签所标注的生产或进口代理单位，要求其确认被抽样品的真实性。《产品样品确认告知书》可要求该产品的经营单位代为送达。

不同样品的采样方法如下所示：

①散装样品采样

液体或半液体：先充分搅拌均匀，再采样；难以搅拌均匀的，按容器高度（深度）等距离分为上、中、下三层，在三层的四角和中间各取等量的样品，混合后，再取检验所需样品；对流动的样品,应定时定量从输出口取样,混合后,再取检验所需样品。

固体(颗粒或粉末):采用分区、分层、分点采样法。首先根据一个检验单位的物料面积大小划分若干个方块,每块为一区,每区面积不超过 $50\ cm^2$。每区按上、中、下分三层,每层设中心四角共五个点。按区按点、先上后下用取样器各取少量样品;将取得的检样混合在一起,得到原始样品。混合后得到的原始样品按"四分法"对角取样,缩减至样品量不少于所有检测项目所需样品量总和的 2 倍,即得到平均样品。

②大包装样品

液体或半液体:混合均匀的按比例从大包装中采样;混合不均匀的,按比例从大包装的不同层中采样,经混合后,取样。

固体(颗粒或粉末):按比例从大包装的不同层中采样,采用"四分法"分取平均样品。

③小包装样品

按照生产日期、班次或批号,按比例随机取样。

④物体表面

用涂抹法、纸片法或洗涤法取样。

(4)样品的保存及送检

样品应尽快送达检验机构,并填写样品送检单,被查样品应按样品规定的条件保存。

尽可能使样品保持原有的状态,水果、蔬菜等还应避免水分的散失,易腐败变质的样品要冷藏或冷冻。

仲裁用的样品,运送前要密封,加贴封条,写明日期并盖公章,或用石蜡封口,以防运送途中样品被更换。特殊样品要在现场做相应处理后送检,避免样品之间交叉污染;易碎、易损样品包装应作特殊保护。

(5)检验指标的选择

根据抽检任务和目的,结合产品特性选择检验指标,一般应首选食品安全国家标准中规定的指标,其次也可以选择地方标准、企业标准、相关技术规范规定的指标以及与产品标识或广告宣传内容有关的指标等。

3.检验结果的应用和评价

执法行为应使用具有认证认可标志的检验室出具的正式检验报告。为了确认检验结果的客观性和科学性,使用检验结果时应注意考虑以下可能的因素。

当检测结果为阴性时应考虑样品是否具有代表性,数量是否足够;检测方法是否具有灵敏度;是否存在不恰当的样品保存条件;实验室检验或操作过程是否存在错误等。

当检测结果为阳性时应考虑所用检验方法是否有特异性、检验过程是否存在干扰因素;样品采集、保存、运输及实验室操作过程是否存在污染;实验室操作过程是否存在错误等。

(四)行政处罚程序

行政处罚程序是指监督机构对相对人实施行政处罚的方式、步骤以及实现这些方式、步骤的时间和顺序的行为过程。行政处罚程序在监督程序中占有极为重要的地位,它是行政处罚得以正确实施的基本保障,它使监督机构能正确行使行政处罚职权,它能保护公民、法人和其他组织的合法权益,维护公共利益和社会秩序。

2019年,国家市场监督管理总局发布了《市场监督管理行政处罚程序暂行规定》,该规定共分七章七十九条。行政处罚必须在管辖权范围内并且按照法定的程序进行,根据不同的处罚内容,可按简易程序或一般程序进行。

1. 简易程序

违法事实清楚、证据确凿并符合以下情形之一的,可采取简易程序,当场作出行政处罚决定:①予以警告的行政处罚;②对公民处以50元以下罚款的行政处罚;③对法人或者其他组织处以1 000元以下罚款的行政处罚。

简易程序的具体内容包括:①表明身份;②说明理由和依据;③告知当事人依法享有的权利;④制作当场行政处罚决定书;⑤交付与告知;⑥行政处罚决定应当在7日内报所属行政部门备案。

根据行政处罚法规定,有下列情形之一的,执法人员可以当场收缴罚款:①罚款数额在20元以下的;②不当场收缴事后难以执行的;③在边远、水上、交通不便地区,当事人向指定银行缴纳罚款确有困难并请求当场缴纳的。当场收缴罚款,必须向当事人出具由省、自治区、直辖市财政部门统一制发的收据。执法人员当场收缴的罚款,应当自收缴罚款之日起2日内交至其所在的行政机关;在水上当场收缴的罚款,应当自抵岸之日起2日内交至其所在的行政机关;行政机关应当在2日内将罚款交付指定的银行。

2. 一般程序

一般程序(普通程序)是指行政机关实施行政处罚的基本程序,行政主体在实施行政处罚过程中,除法律、法规有特别规定或者依法可以适用简易程序的案件外,实施行政处罚应当依照一般程序。一般程序包括受理、立案、调查取证、合议、告知、陈述申辩、处罚决定等步骤。

(1)受理

行政机关对下列案件应当及时受理并做好记录:①在监督管理中发现的;②检测机构报告的;③社会举报的;④上级行政机关交办、下级行政机关报请的或者有关部门移送的。

(2)立案

立案是指行政机关认为公民、法人或者其他组织的检举、控告或者本机关在执法检查过程中发现的违法行为或重大嫌疑问题需要进一步调查而采取的专项查处的活动。监督机构受理的案件符合下列条件的,应当在7日内立案:①有明确的违法行为人或者危害后果;②有来源可靠的事实依据;③属于行政处罚的范围;④属于本机关管辖,违法行为在2年内发生。

对决定立案的应当制作立案报告,由部门领导批准,并确定立案日期和2名以上监管人员为承办人。监管人员是案件当事人的近亲属或者监管人员与案件或案件当事人有利害关系可能影响案件公正处理的,监管人员应当自行回避。

(3)调查取证

调查取证指通过调查询问当事人、调取相关资料、现场检查、抽样检验、证据先行登记保存等方式获取的书证、物证、证人证言、电子数据、当事人陈述、视听资料、鉴定结论、勘验笔录或现场笔录等证据。

对于依法给予行政处罚的违法行为,监督机构应当调查取证,查明违法事实。案件的调查取证,必须有 2 名以上监督人员参加,并出示有关证件。对涉及国家机密、商业秘密和个人隐私的,应当保守秘密。

调查终结后,承办人应当写出调查报告。其内容应当包括案由、案情、违法事实、违反法律、法规或规章的具体款项等。

(4)合议

调查终结后,监督机构应当对违法行为的事实、性质、情节以及社会危害程度进行合议并做好记录。合议应由 3 人以上(单数)参加,应当根据认定的违法事实,依照有关法律、法规和规章的规定分别提出处理意见:①确有应当受行政处罚的违法行为的,依法提出行政处罚的意见;②违法行为轻微的,依法提出不予行政处罚的意见;③违法事实不能成立的,依法提出不予行政处罚的意见;④违法行为不属于本机关管辖的,应当移送有管辖权的机关处理;⑤违法行为构成犯罪需要追究刑事责任的,应当移送司法机关。同时应当予以行政处罚的,还应当依法提出行政处罚的意见。

合议中有争议的,应根据少数服从多数的原则确定最终意见,而少数不同意见也应一并写入合议记录中。对于经合议决定要移送或不处罚的案件,应制作结案报告,并经负责人批准后结案。

(5)告知

合议后拟对当事人进行行政处罚的,应制作"行政处罚事先告知书",并送达当事人;如拟作出的是吊销许可证、责令停产停业、较大数额罚款的处罚,则应制作"行政处罚听证告知书"。

告知的方式有口头和书面两种。一般在处罚决定书中明确告知相对人应该享有的申请行政复议、提起行政诉讼的权利及时效。如果处罚决定书中没有诉讼权的内容,应当遵守口头告知的程序。

(6)陈述申辩

当事人接到行政处罚事先告知书后,可进行陈述和申辩,此时应制作"陈述申辩笔录"。当事人提出新的证据或理由的,应进行复核,如成立的,应当采纳;不得因当事人申辩而加重处罚。

(7)作出行政处罚决定

对当事人违法事实已查清,依法应予以行政处罚的,应起草行政处罚决定书文稿,报行政机关负责人审批。从立案到作出处罚决定的时间应在 3 个月内,如遇特殊原因需延长的,应当报请上级行政机关批准。

3. 听证程序

听证程序是指行政机关在作出行政处罚决定之前,由行政机关指派专人主持听取案件调查人员和当事人就案件事实、处罚理由及适用依据进行的陈述、质证和辩论的法定程序。听证程序在行政处罚程序中不是一个单独的程序,它只是一般程序中的一个环节。它发生在行政机关事先告知违法事实、处罚理由、依据和相关权利之后,且在正式作出处罚决定之前这一阶段。但并不是任何行政处罚案件都可以适用听证程序,听证程序只适用于实施较大金额罚款、吊销许可证件、停产停业的案件。听证是一般程序中对特定行政处罚案件的特殊调查取证方式,必须严格按照程序执行。

听证应遵循公正、公开的原则,并实行告知、回避制度,依法保障当事人的陈述权和申辩权。

4. 送达程序

行政处罚决定书应当在宣告后当场交付当事人并取得送达回执。当事人不在场的,监督机构应当在7日内依照规定,将行政处罚决定书送达当事人。有些处罚决定书,除了向被处罚人送达外,还要送交有关单位或个人。

送达包括直接送达、留置送达、邮寄送达和委托送达。

5. 执行与结案

(1)当场收缴

依据前述的"行政处罚程序"中的"简易程序"处理。当事人在法定期限内不申请行政复议或者不提起行政诉讼又不履行的,行政机关可以采取下列措施:①到期不缴纳罚款的每日按罚款数额的3%增加处罚款;②申请人民法院强制执行。

(2)结案

行政处罚决定履行或者执行后,承办人应当制作结案报告,并将有关案件材料进行整理装订,加盖案件承办人印章,归档保存。

(五)行政强制措施实施程序

《中华人民共和国行政强制法》第二条规定,行政强制措施,是指行政机关在行政管理过程中,为制止违法行为、防止证据损毁、避免危害发生、控制危险扩大等,依法对公民的人身自由实施暂时性限制,或者对公民、法人或者其他组织的财物实施暂时性控制的行为。

《食品安全法》第一百一十条规定,县级以上人民政府食品安全监督管理部门履行食品安全监督管理职责,有权采取下列措施,对生产经营者遵守本法的情况进行监督检查:查封、扣押有证据证明不符合食品安全标准或者有证据证明存在安全隐患以及用于违法生产经营的食品、食品添加剂、食品相关产品;查封违法从事生产经营活动的场所。因此,食品安全监督部门在执法时有权采用"查封"和"扣押"两种行政强制措施。

1. 实施行政强制措施的主体

行政强制措施由法律、法规规定的行政机关在法定职权范围内实施,不得委托。行政强制措施应当由行政机关具备资格的行政执法人员实施,其他人员不得实施。

行政机关实施行政强制措施应当遵守下列规定:①实施前须向行政机关负责人报告并经批准;②由两名以上行政执法人员实施;③出示执法身份证件;④通知当事人到场;⑤当场告知当事人采取行政强制措施的理由、依据以及当事人依法享有的权利、救济途径;⑥听取当事人的陈述和申辩;⑦制作现场笔录;⑧现场笔录由当事人和行政执法人员签名或者盖章,当事人拒绝的,在笔录中予以注明;⑨当事人不到场的,邀请见证人到场,由见证人和行政执法人员在现场笔录上签名或者盖章;⑩法律、法规规定的其他程序。

情况紧急,需要当场实施行政强制措施的,行政执法人员应当在24小时内向行政机关负责人报告,并补办批准手续。行政机关负责人认为不应当采取行政强制措施的,应当立即解除。

2. 查封和扣押程序

(1)查封和扣押的主体

查封、扣押应当由法律、法规规定的行政机关实施,其他任何行政机关或者组织不得实施。行政机关采取查封、扣押措施后,应当及时查清事实,在规定的期限内作出处理决定。对违法事实清楚、依法应当没收的非法财物予以没收;法律、行政法规规定应当销毁的,依法销毁;应当解除查封、扣押的,作出解除查封、扣押的决定。

(2)查封和扣押的范围

查封、扣押限于涉案的场所、设施或者财物,不得查封、扣押与违法行为无关的场所、设施或者财物;不得查封、扣押公民个人及其所抚养家属的生活必需品。当事人的场所、设施或者财物已被其他国家机关依法查封的,不得重复查封。

(3)查封和扣押决定书

行政机关决定实施查封、扣押的,应当履行行政强制措施的一般程序,制作并当场交付查封、扣押决定书和清单。查封、扣押决定书应当载明下列事项:①当事人的姓名或者名称、地址;②查封、扣押的理由、依据和期限;③查封、扣押场所、设施或者财物的名称、数量等;④申请行政复议或者提起行政诉讼的途径和期限;⑤行政机关的名称、印章和日期。查封、扣押清单一式两份,由当事人和行政机关分别保存。

(4)查封和扣押的期限

查封和扣押的期限不得超过30日;情况复杂的,经行政机关负责人批准,可以延长,但是延长期限不得超过30日。法律、行政法规另有规定的除外。

延长查封、扣押的决定应当及时书面告知当事人,并说明理由。

对物品需要进行检测、检验、检疫或者技术鉴定的,查封、扣押的时间不包括检测、检验、检疫或者技术鉴定的时间。检测、检验、检疫或者技术鉴定的时间应当明确,并书面告知当事人。检测、检验、检疫或者技术鉴定的费用由行政机关承担。

(5)查封和扣押的解除

有下列情形之一的,行政机关应当及时作出解除查封、扣押决定:①当事人没有违法行为;②查封、扣押的场所、设施或者财物与违法行为无关;③行政机关对违法行为已经作出处理决定,不再需要查封、扣押;④查封、扣押期限已经届满;⑤其他不再需要采取查封、扣押措施的情形。

解除查封、扣押应当立即退还财物;已将鲜活物品或者其他不易保管的财物拍卖或者变卖的,退还拍卖或者变卖所得款项。变卖价格明显低于市场价格,对当事人造成损失的,应当给予补偿。

(六)行政强制执行程序

《中华人民共和国行政强制法》第二条规定,行政强制执行是指行政机关或者行政机关申请人民法院,对不履行行政决定的公民、法人或者其他组织,依法强制履行义务的行为。

行政强制执行程序

1. 催告

行政机关作出强制执行决定前,应当事先催告当事人履行义务。催告应当以书面形式作出,并载明下列事项:①履行义务的期限;②履行义务的方式;③涉及金钱给付的,应当有明确的金额和给付方式;④当事人依法享有的陈述权和申辩权。

当事人收到催告书后有权进行陈述和申辩。行政机关应当充分听取当事人的意见,对当事人提出的事实、理由和证据,应当进行记录、复核。当事人提出的事实、理由或者证据成立的,行政机关应当采纳。

2. 强制执行决定

经催告,当事人逾期仍不履行行政决定,且无正当理由的,行政机关可以作出强制执行决定。强制执行决定应当以书面形式作出,并载明下列事项:①当事人的姓名或者名称、地址;②强制执行的理由和依据;③强制执行的方式和时间;④申请行政复议或者提起行政诉讼的途径和期限;⑤行政机关的名称、印章和日期。

在催告期间,对有证据证明有转移或者隐匿财物迹象的,行政机关可以作出立即强制执行决定。催告书、行政强制执行决定书应当直接送达当事人。当事人拒绝接收或者无法直接送达当事人的,应当依照《中华人民共和国民事诉讼法》的有关规定送达。强制执行中出现特殊情形的,强制执行可以中止或终结。

3. 申请人民法院强制执行程序

当事人在法定期限内不申请行政复议或者提起行政诉讼,又不履行行政决定的,没有行政强制执行权的行政机关可以自期限届满之日起3个月内,依照法律规定申请人民法院强制执行。

行政机关向人民法院申请强制执行,应当提供下列材料:①强制执行申请书;②行政决定书及作出决定的事实、理由和依据;③当事人的意见及行政机关催告情况;④申请强制执行标的情况;⑤法律、行政法规规定的其他材料。

人民法院接到行政机关强制执行的申请,应当在5日内受理。行政机关对人民法院不予受理的裁定有异议的,可以在15日内向上一级人民法院申请复议,上一级人民法院应当自收到复议申请之日起15日内作出是否受理的裁定。人民法院对行政机关强制执行的申请进行书面审查,对符合规定且行政决定具备法定执行效力的,人民法院应当自受理之日起7日内作出执行裁定。

(七)行政案件移送程序

行政案件移送是指行政执法机关发现受理的行政处罚案件不属于自己管辖的或者认为所管辖的案件中的违法行为已经构成犯罪,依法将案件移送给其他有管辖权的行政执法机关或处理犯罪案件的司法机关处理的制度。行政案件移送的主要依据有《行政处罚法》第二十二条、国务院《行政执法机关移送涉嫌犯罪案件的规定》第三条中规定的法规条文。

根据《行政执法机关移送涉嫌犯罪案件的规定》,行政部门对涉嫌犯罪案件的移送需遵守以下程序和要求:①行政部门在查处违法行为过程中,必须妥善保存所收集的与违法行为有关的证据;②调查核实;③移送材料;④移交,即行政执法机关对公安机关决定立案

项目二　食品安全监督基础

的案件,应当自接到立案通知书之日起 3 日内将涉案物品以及与案件有关的其他材料移交公安机关,并办理交接手续;⑤法律、行政法规另有规定的,依照其规定。

> **思考与梳理**
>
> 现场监督检查的程序有哪些?
> _____
> _____
> _____
>
> 行政处罚的程序有哪些?
> _____
> _____
> _____

实践训练

食品企业现场检查笔录填写

《现场笔录》是市场监督管理部门的执法人员对有违法嫌疑的物品或场所进行检查,记录现场检查过程、收集现场证据的文书。假如你是市场监督管理部门的执法人员,要对某食品企业进行现场检查,请模拟现场检查,填写笔录。

现场笔录

时间:____年____月____日____时____分至____年____月____日____时____分
地点:_____
检查人员:_____执法证号:_____
检查人员:_____执法证号:_____
当事人:_____
主体资格证照名称:_____
统一社会信用代码(注册号):_____
身份证(其他有效证件)号码:_____
联系电话:_____其他联系方式:_____
联系地址:_____
通知当事人到场情况:_____
_____

检查人员：我们是_____的执法人员。现向你出示我们的执法证件，你是否看清楚？
当事人：_____
（如实施行政强制措施，当场告知当事人采取行政强制措施的理由、依据以及依法享有的权利、救济途径情况）：
_____
_____
_____

当事人的陈述和申辩：_____
_____
_____
_____

现场情况：
_____
_____
_____

检查人员：以上是本次现场检查的情况记录，请核对/已向你宣读，如果事实属实请签名。
当事人（签名或者盖章）：_____ ____年____月____日
见证人（签名或者盖章）：_____ ____年____月____日
检查人员：_____ ____年____月____日

拓展资源

1.《中华人民共和国行政处罚法》。
2.《中华人民共和国行政强制法》。

项目测试

一、单选题

❶ 根据抽检任务和目的，结合产品特性选择检验指标，一般应首选（   ）中规定的指标。
  A. 食品安全国家标准　　　　　　B. 地方标准
  C. 企业标准　　　　　　　　　　D. 操作规程

❷ 一般现场监督检查时应不少于（   ）人。
  A. 2　　　　B. 3　　　　C. 4　　　　D. 5

二、多选题

❶ 食品监管部门履行食品安全监管职责，有权采取下列（　　　）措施。
A. 进入生产经营场所实施现场检查
B. 对生产经营的食品进行抽样检验
C. 查阅、复制有关合同、票据、账簿以及其他有关资料
D. 查封、扣押有证据证明不符合食品安全标准的食品，违法使用的食品原料、食品添加剂、食品相关产品，以及用于违法生产经营或者被污染的工具、设备
E. 查封违法从事食品生产经营活动的场所
F. 将违法嫌疑人拘留

❷ 食品安全监督主体在实施食品安全监督中遵照执行的技术依据包括（　　　）。
A. 标准　　　　B. 法律　　　　C. 法规　　　　D. 技术规范

❸ 食品安全监督证据的特征包括（　　　）。
A. 客观性　　　B. 关联性　　　C. 合法性　　　D. 合理性

❹ 食品安全监督手段主要包括（　　　）。
A. 食品安全法治宣传教育　　　B. 行政许可
C. 食品安全监督检查　　　　　D. 行政处罚

三、判断题

❶ 《中华人民共和国食品安全法》是我国食品安全法律法规体系中法律效力层级最高的法律文件。（　　　）

❷ 行政强制措施由法律、法规规定的行政机关在法定职权范围内实施，不得委托。（　　　）

❸ 行政主体在实施行政处罚过程中，优先适用简易程序。（　　　）

❹ 销售食用农产品不需要取得许可。（　　　）

项目三
食品安全法律法规

知识与技能目标

1. 了解食品安全法律法规调整的法律关系。
2. 熟悉法律法规的渊源与效力范围。
3. 熟悉法律位阶与冲突适用原则。
4. 掌握食品安全法律体系的构成。
5. 能够运用食品法律法规对相关案件作出正确判罚。

素养目标

1. 树立法律意识和法治思维。
2. 增强责任意识和诚信意识。

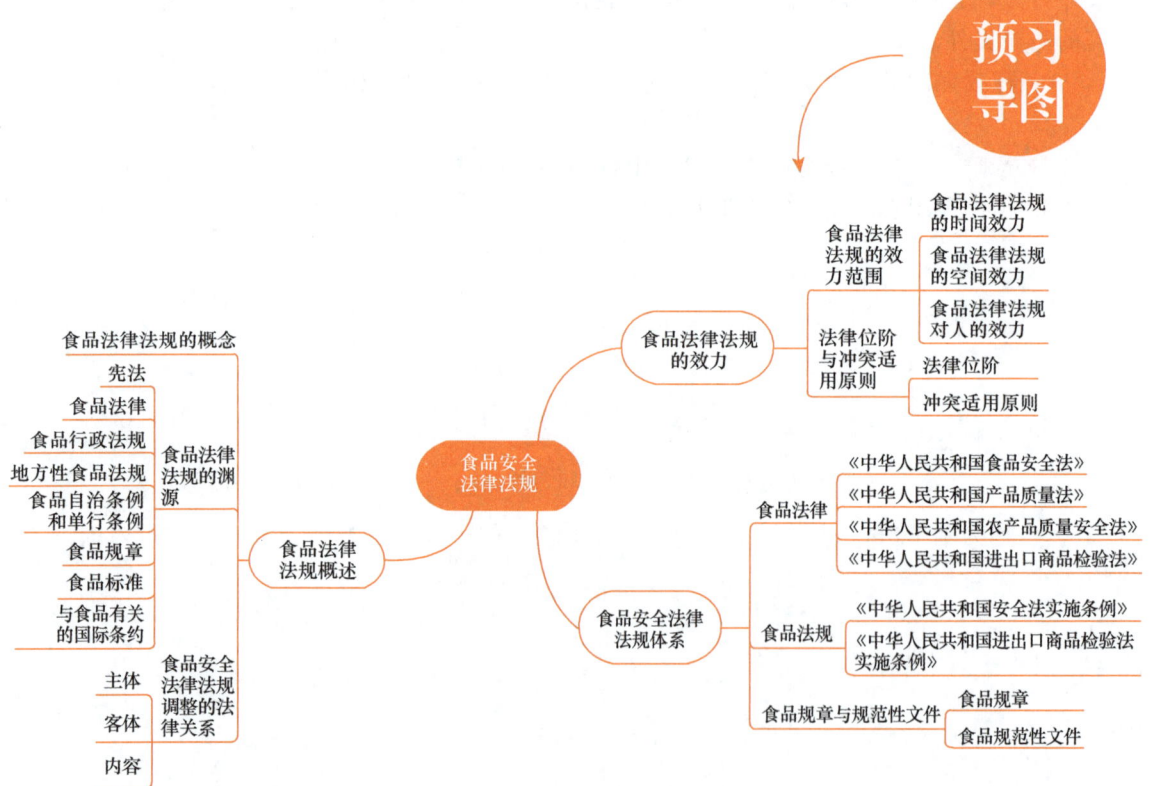

基础知识

一、食品法律法规概述

(一)食品法律法规的概念

食品法律法规是指由国家制定的适用于食品从农田到餐桌各个环节的一整套法律规定,从事食品生产经营、检验及进出口的相关单位必须执行。食品法律法规是国家对食品进行有效监督管理的基础。我国目前已基本形成了由国家基本法律、行政法规和部门规章构成的食品法律法规体系。

自20世纪80年代以来,我国以宪法为依据,制定了一系列与食品质量和安全有关的法规以及国际条约,目前已形成了以《食品安全法》《中华人民共和国产品质量法》《中华人民共和国农产品质量安全法》(简称《农产品质量安全法》)、《中华人民共和国标准化法》(简称《标准化法》)等法律为基础,以《食品生产加工企业质量安全监督管理办法》《食品添加剂卫生管理办法》《保健食品管理办法》及涉及食品质量与安全要求等的法规及大量技术标准为主体,以各省及地方政府关于食品质量与安全的规章为补充的食品质量与安全法律法规体系。

(二)食品法律法规的渊源

食品法律法规的渊源主要有宪法、食品法律、食品行政法规、地方性食品法规、食品自治条例和单行条例、食品规章、食品标准、与食品有关的国际条约。

1. 宪法

《中华人民共和国宪法》(简称《宪法》)是我国的根本大法,是国家最高权力机关通过法定程序制定的具有最高法律效力的规范性法律文件。它规定了国家的社会制度和国家制度、公民的基本权利和义务等最根本的全局性问题,是制定食品法律、法规的来源和基本依据。

2. 食品法律

食品法律是由全国人民代表大会及其常务委员会经过特定的立法程序制定的规范性法律文件。它的地位和效力仅次于宪法。它有两种:一是由全国人民代表大会制定的食品法律,称为基本法;二是由全国人民代表大会常务委员会制定的食品基本法律以外的食品法律。

3. 食品行政法规

食品行政法规是国务院根据宪法和法律的规定,在其职权范围内制定的有关国家食品行政管理活动的规范性文件。它的法律效力仅次于法律。行政法规的名称为条例、规定和办法。对某一方面的行政工作作出比较全面、系统的规定,称为"条例";对某一方面的行政工作作出部分的规定,称为"规定";对某一项行政工作作出比较具体的规定,称为"办法",如《食品安全法实施条例》《保健食品监督管理条例》。

4. 地方性食品法规

地方性食品法规是指各省、自治区、直辖市和较大的市人民代表大会及其常务委员会,根据本行政区域的具体情况和实际需要制定的适用于本地方的有关食品行政管理活动的规范文件的总称。地方性食品法规仅在本地区内有效,不得与宪法、法律和行政法规等相抵触,且须报全国人民代表大会常务委员会备案,才可生效。如《广东省食品安全条例》《山东省食品安全条例》等。

5. 食品自治条例和单行条例

食品自治条例和单行条例是民族自治区、自治州、自治县的人民代表大会依照当地民族的政治、经济和文化的特点制定的食品规范性文件的总称。自治条例和单行条例可以依照当地民族的特点,对法律和行政法规的规定作出变通规定,但不得违背法律或者行政法规的基本原则,不得对宪法和民族区域自治法的规定及其他有关法律、行政法规专门就民族自治地方所作的规定作出变通规定。

6. 食品规章

食品规章有两类:一是由国务院行政部门依法在其职权范围内制定的食品行政管理规章制度文件,在全国范围内具有法律效力;二是由各省、自治区、直辖市和较大的市的人民政府,根据食品法律、食品行政法规和本省、自治区的地方性法规制定和发布的有关本地方食品管理方面的规范性文件的总称,仅在本地区内有效。

7. 食品标准

由于食品法律法规具有技术控制和法律控制的双重性,食品标准、食品技术规范和食品操作规程也成为食品法律渊源的重要组成部分。食品标准、食品技术规范和食品操作规程可分为国家和地方两级,其法律效力虽不及法律法规,但在具体的执法过程中具有相当重要的地位,是对某种行为的具体控制。

8. 与食品有关的国际条约

与食品有关的国际条约是指我国与外国缔结的,或者我国加入并生效的国际法规规范性文件,它可由国务院按职权范围同外国缔结相应的条约和协定。这种与食品有关的国际条约,虽然不属于我国国内法的范畴,但其一旦生效,除国家声明保留的条款外,就与我国国内法一样对我国国家机关和公民具有约束力。

食品安全法律法规调整的法律关系

(三)食品安全法律法规调整的法律关系

任何法律均有其各自调整的法律关系。食品安全法调整的法律关系是各级政府卫生行政部门和其他授权部门在食品安全监督管理活动中与行政管理相对人产生的权利和义务关系,由食品安全法律关系的主体、客体和内容三个要素构成。

1. 主体

法律关系的主体即法律关系的参加者或当事人,它是指在行政法律关系中一定权利的享有者和相应义务的承担者,一般由法律、法规授权处于管理地位的机构作为执法主体,处于被管理地位的守法者作为管理相对人或守法主体。根据《食品安全法》规定:食品安全法律关系中执法主体是食品安全监督管理部门(监督管理食品的生产经营活动)和农业行政主管部门(负责农产品质量安全),而管理相对人作为守法主体,是在中华人民共和国境内从事食品、食品添加剂、食品相关产品的生产经营,食品生产经营者使用食品添加剂、食品相关产品以及对食品、食品添加剂和食品相关产品的安全管理等活动的法人、公民和其他组织。管理相对人在食品生产经营活动中,如违反食品安全法律法规,应承担相应的法律责任。执法主体和守法主体双方在食品安全法律关系中是一种监督与被监督的关系,监督主体单方面作出行政行为,不需要征得管理相对人的同意。

2. 客体

法律关系的客体是指法律关系主体的权利和义务所指向的标的或对象,包括物质、行为和精神等,即一定利益的法律形式。法律关系建立的目的是保护、获取、分配或转移某种利益,法律关系客体所承载的利益本身就是法律关系权利和义务的中介。食品安全法制定与实施的目的是保证食品安全,保障公众身体健康和生命安全,因此,公众的生命健康权利是食品安全法律关系最高层次的客体,其次才是行为和物,其中行为是最普遍的客体。作为食品安全法律关系客体的物和行为,包括一切食品、食品添加剂、食品容器和包装材料、容器、洗涤剂、消毒剂和用于食品生产经营的工具、设备及食品的生产经营场所、设施、有关环境以及食品生产经营者为保证食品安全而履行的行为。

3. 内容

任何法律关系都是在法律关系主体间形成的权利和义务的对应关系,亦即法律关系的内容。食品安全法律关系的内容是食品安全法律关系主体依法享有的权利和应承担的义务。《食品安全法》规定:"国务院食品安全监督管理部门依照本法和国务院规定的职责,对食品生产经营活动实施监督管理。""县级以上人民政府对食品安全监督管理部门和其他有关部门应当加强沟通、密切配合,按照各自职责分工,依法行使职权,承担责任。""食品生产经营者对其生产经营食品的安全负责,应当依照法律、法规和食品安全标准从事生产经营活动,保证食品安全,诚信自律,对社会和公众负责,接受社会监督,承担社会责任。""任何组织或个人有权举报食品安全违法行为,依法向有关部门了解食品安全信息,对食品安全监督管理工作提出意见和建议。"由此可见,食品安全法律关系中执法主体与守法主体的双方均享有一定的权利,也负有相应的义务,体现出权利与义务的相对性和统一性。

> **思考与梳理**
>
> 对照食品法律的概念,上网查阅资料,搜索食品法律的制定主体及适用范围,并制作简明易懂的思维导图。

二、食品法律法规的效力

（一）食品法律法规的效力范围

食品法律法规的效力范围是指食品法律法规的生效范围或适用范围，即食品法律法规在什么时间、什么地方和对什么人适用，包括食品法律法规的时间、空间和对人的效力三个方面。

1. 食品法律法规的时间效力

食品法律法规的时间效力是指食品法律法规何时生效、何时失效以及对食品法律法规生效前所发生的行为和事件是否具有溯及力。

（1）生效时间

食品法律法规的生效时间通常有下列情况：

①在食品法律法规文件中明确规定自法律法规文件颁布之日起施行。

②在食品法律法规文件中明确规定在颁布后的某一具体时间生效。例如，《农产品质量安全法》于2006年4月29日由第十届全国人民代表大会常务委员会第二十一次会议通过，自2006年11月1日起施行。

③食品法律法规公布后先予以试行或者暂行，而后由立法机关加以补充修改，再通过为正式法律法规，公布施行，在试行期间也具有法律效力。

④在食品法律法规中没有规定其生效时间，在实践中均以该法律法规公布的时间为其生效的时间。

（2）失效时间

食品法律法规的失效时间通常有下列情况：

①从新法颁布施行之日起，相应的旧法即自行废止。

②新法代替内容基本相同的旧法，在新法中明文宣布旧法废止。例如，2009年2月28日第十一届全国人民代表大会常务委员会第七次会议通过的《食品安全法》自2009年6月1日起施行，《中华人民共和国食品卫生法》同时废止。

③由于形势发展变化，原来的某项法律法规已因调整的社会关系不复存在或完成了历史任务而失去了存在的条件，则自行失效。

④有的法律法规规定了生效期限，期满即终止效力。

（3）溯及力

溯及力是指新的法律法规颁布施行后，对它生效以前所发生的事件和行为具有的效力。如果适用，该法律法规就有溯及力，如果不适用，该法律法规就不具有溯及力。我国食品法律法规一般不溯及既往，但为了更好地保护公民、法人和其他组织的权利和利益而作的特别规定除外。

2. 食品法律法规的空间效力

食品法律法规的空间效力是指食品法律法规生效的地域范围，即食品法律法规在哪些地方具有约束力。

食品法律法规的空间效力有以下几种情况：

(1)全国人民代表大会及其常务委员会制定的食品法律,国务院及其各部门发布的食品行政法规、规章等规范性文件,在全国范围内有效。

(2)地方人民代表大会及其常务委员会、民族自治机关颁布的地方性食品法规、自治条例、单行条例以及地方人民政府制定的政府食品规章,只在其行政管辖区域范围内有效。

(3)中央国家机关制定的食品法规,明确规定了特定的适用范围的,在其规定的范围内有效;某些食品法律、法规还有域外效力。

例如,《食品安全法》第二条规定:"在中华人民共和国境内从事下列活动,应当遵守本法:①食品生产和加工(以下称"食品生产"),食品销售和餐饮服务(以下称"食品经营");②食品添加剂的生产经营;③用于食品的包装材料、容器、洗涤剂、消毒剂和用于食品生产经营的工具、设备(以下称"食品相关产品")的生产经营;④食品生产经营者使用食品添加剂、食品相关产品;⑤食品的贮存和运输;⑥对食品、食品添加剂、食品相关产品的安全管理。"

3. 食品法律法规对人的效力

食品法律法规对人的效力有以下几种情况:

(1)我国公民在我国领域内,一律适用我国食品法律法规。

(2)外国人、无国籍人在我国领域内,也都适用我国食品法律法规,一律不享有特权或豁免权。

(3)我国公民在我国领域以外,原则上适用我国食品法律法规;法律有特别规定的按法律规定。

(4)外国人、无国籍人在我国领域外,如果侵害了我国国家或公民、法人的权益,或者与我国公民、法人发生食品法律关系,也适用我国食品法律法规。

(二)法律位阶与冲突适用原则

1. 法律位阶

法律法规因制定主体、程序、时间、适用范围等因素不同而具有不同的等级,法律体系是一个由不同等级诸多规范组成的统一体,整个法律体系呈阶梯状。法律位阶,是指不同国家机关制定的法律规范在法律体系中所处的效力位置和等级。在法律体系中处于不同位置和等级的法律,其效力也是不同的。因此,法律位阶表明的是在一个法律体系内部一个法律规范同其他法律规范之间的联系,是从法律体系的角度说明法律法规的等级地位。

根据位阶的不同,可以将法律分为上位法、下位法和同位法。上位法是指相对于其他规范性文件,在法的位阶中处于较高效力位置和等级的规范性文件。下位法是指相对于其他规范性文件,在法的位阶中处于较低效力位置和等级的规范性文件。同位法是指在法的位阶中处于同一效力位置和等级的规范性文件。

2. 冲突适用原则

对于众多不同位阶与执法主体的法律法规,相互间的冲突或不一致在所难免,根据《中华人民共和国立法法》的规定,不同法律法规发生冲突的,适用以下原则:

(1)上位法优于下位法

宪法具有最高的法律效力,一切法律、行政法规、地方性法规、自治条例和单行条例、规章都不得同宪法相抵触;法律的效力仅次于宪法,高于法规和规章;行政法规的效力高于地方性法规和各类规章;地方性法规的效力高于本级和下级地方政府规章;省、自治区的人民政府制定的规章的效力高于本行政区域内拥有立法权的市级人民政府制定的规章。

(2)同位阶的法律法规具有同等的法律效力

国务院各部门规章之间以及部门规章与省、自治区、直辖市人民政府规章之间具有同等效力,但前提是在各自的权限范围内施行。

(3)特别法优于一般法

同一机关制定的法律、行政法规、地方性法规、自治条例和单行条例、规章,特别规定与一般规定不一致的,适用特别规定。对于由同一机关制定的各种规范性文件,优先适用特别规定而不是一般规定,是因为:一般规定是对普遍的、通常的问题进行规定的,而特别规定是对具体的特定的问题进行规定,有明确的针对性,所以当它们处于同一位阶时,应当优先适用特别法。

(4)新法优于旧法

同一机关制定的法律、行政法规、地方性法规、自治条例和单行条例、规章,新的规定与旧的规定不一致的,适用新的规定。这是因为当同一机关就同一问题进行了新的规定,也就意味着对旧的规定进行了修改或补充,应当适用新法。

(5)不溯及既往

法律的溯及力,即法律溯及既往的效力,是用来判断法律颁布后对它生效以前的行为和时间是否适用。法不溯及既往原则意为任何法律规则不得适用其生效之前的行为,它与确定性原则一样,是得到世界各法系普遍承认的一项法律原则。

> **思考与梳理**
>
> 根据法律位阶的概念和内容,请对《宪法》《行政处罚法》《行政强制法》《民法典》《湖南省行政程序规定》《土地管理法实施条例》这几部法律法规,按照位阶从高到低进行排序。
>
> _____
> _____
> _____
> _____

三、食品安全法律法规体系

我国的食品安全法律法规体系,依据其效力及制定部门,大体分为四个层次,分别为法律、法规(包括行政法规和地方性法规)、规章(包括部门规章和地方政府规章)和规范性文件。法律的效力高于行政法规、地方性法规、规章。行政法规的效力高于地方性法规、规章。地方性法规的效力高于地方政府规章。部门规章之间、部门规章与地方政府规章之间具有同等效力,在各自的权限范围内施行。各个层次的法律法规的发布单位、制定流程、内容范围各有不同。各个层次和类型的食品法律法规既相互区别又相互补充,共同构成了完整的食品法律法规体系。

(一)食品法律

全国人民代表大会和全国人民代表大会常务委员会行使国家立法权。食品法律由全国人民代表大会和全国人民代表大会常务委员会制定和修改,由国家主席签署主席令予以公布。我国食品相关法律主要有《中华人民共和国食品安全法》《中华人民共和国产品质量法》《中华人民共和国农产品质量安全法》等。

1.《中华人民共和国食品安全法》

《中华人民共和国食品安全法》是为了保证食品安全,保障公众身体健康和生命安全制定的法律。

《中华人民共和国食品安全法》共分为十章,分别为总则、食品安全风险监测和评估、食品安全标准、食品生产经营、食品检验、食品进出口、食品安全事故处置、监督管理、法律责任和附则。在中华人民共和国境内从事下列活动,应当遵守该法:食品生产和加工,食品销售和餐饮服务;食品添加剂的生产经营;用于食品的包装材料、容器、洗涤剂、消毒剂和用于食品生产经营的工具、设备的生产经营;食品生产经营者使用食品添加剂、食品相关产品;食品的贮存和运输;对食品、食品添加剂、食品相关产品的安全管理。

该法主要加强了八个方面的制度构建:一是完善统一权威的食品安全监管机构;二是建立最严格的全过程的监管制度,对食品生产、流通、餐饮服务和食用农产品销售等各个环节,食品生产经营过程中涉及的食品添加剂、食品相关产品的监管,网络食品交易等新兴的业态以及生产经营过程中的一些过程控制的管理制度进行了细化和完善,进一步强调食品生产经营者的主体责任和监管部门的监管责任;三是进一步完善食品安全风险监测和风险评估制度,增设责任约谈、风险分级管理等重点制度,重在防患于未然,消除隐患;四是实行食品安全社会共治,充分发挥包括媒体、广大消费者等各个方面在食品安全治理中的作用;五是突出对特殊食品的严格监管,特殊食品包括保健食品、特殊医学用途配方食品、婴幼儿配方食品;六是强调对农药的使用实行严格的监管,加快淘汰剧毒、高毒、高残留农药,推动替代产品的研发应用,鼓励使用高效低毒低残留的农药;七是加强对食用农产品的管理,对批发市场的抽查检验、食用农产品建立进货查验记录制度等进行了完善;八是建立最严格的法律责任制度,进一步加大违法者的违法成本,加大对食品安全违法行为的惩处力度。

2.《中华人民共和国产品质量法》

《中华人民共和国产品质量法》是为了加强对产品质量的监督管理,提高产品质量水平,明确产品质量责任,保护消费者的合法权益,维护社会经济秩序而制定的法律。

该法共分为六章,分别为:总则;产品质量的监督;生产者、销售者的产品质量责任和义务;损害赔偿;罚则和附则。该法明确企业是产品质量管理的主体,生产者、销售者应当建立健全内部产品质量管理制度,严格实施岗位质量规范、质量责任以及相应的考核办法,依法承担产品质量责任。生产者应当对其生产的产品质量负责。该法规定产品质量应当符合下列要求:(一)不存在危及人身、财产安全的不合理的危险,有保障人体健康和人身、财产安全的国家标准、行业标准的,应当符合该标准;(二)具备产品应当具备的使用性能,但是,对产品存在使用性能的瑕疵作出说明的除外;(三)符合在产品或者其包装上注明采用的产品标准,符合以产品说明、实物样品等方式表明的质量状况。销售者应当采取措施,保持销售产品的质量。该法明确禁止伪造或者冒用认证标志等质量标志;禁止伪造产品的产地,伪造或者冒用他人的厂名、厂址;禁止在生产、销售的产品中掺杂、掺假、以假充真、以次充好。国家对产品质量实行以抽查为主要方式的监督检查制度,对可能危及人体健康和人身、财产安全的产品,影响国计民生的重要工业产品以及消费者、有关组织反映有质量问题的产品进行抽查。

3.《中华人民共和国农产品质量安全法》

《中华人民共和国农产品质量安全法》是为了保障农产品质量安全,维护公众健康,促进农业和农村经济发展制定的法律。

该法共分八章涵盖了农产品从产地到市场的全过程。第一章总则,主要对立法目的、调整范围、管理体制、科研与推广、宣传引导等内容进行了规定。第二章农产品质量安全风险管理和标准制定,对农产品质量安全风险监测制度、农产品质量安全风险评估制度、农产品质量安全标准体系的建立、标准制定、修订及组织实施等内容进行了规定。第三章农产品产地,对农产品产地安全管理、基地建设、产地要求及保护等内容进行了规定。第四章农产品生产,对农产品的生产技术规范、生产记录进行规定。第五章农产品销售,主要对农产品的检测、禁止销售的情形、包装标识、无公害农产品和优质农产品质量标志等进行了规定。第六章监督管理,对市场准入、质量安全监测、社会监督、事故责任报告、责任追究等进行了规定。第七章法律责任,对各类违法行为应当如何处理与处罚进行了详细规定。第八章附则,对生猪屠宰管理和本法实施日期进行了规定。

4.《中华人民共和国进出口商品检验法》

《中华人民共和国进出口商品检验法》是为了加强进出口商品的检验工作,规范进出口商品的检验行为,维护社会公共利益和进出口贸易有关各方的合法权益,促进对外经济贸易关系的顺利发展制定的法律。

该法包括总则、进口商品的检验、出口商品的检验、监督管理、法律责任及附则六章内容。该法规定商检机构和依法设立的检验机构,应依法对进出口商品实施检验。列入目录的进出口商品,按照国家技术规范的强制性要求进行检验;尚未制定国家技术规范的强制性要求的,应当依法及时制定,未制定之前,可以参照国家商检部门指定的国外有关标准进行检验。进口商品未经检验合格的,不准销售、使用;出口商品未经检验合格的,不准出口。进出口商品检验中的合格评定程序包括:抽样、检验和检查;评估、验证和合格保证;注册、认可和批准以及各项的组合。

(二)食品法规

食品法规包括行政法规和地方性法规。国务院根据宪法及相关法律,制定行政法规。行政法规由总理签署国务院令公布。行政法规的形式有条例、办法、实施细则、决定等。省、自治区、直辖市的人民代表大会及其常务委员会根据本行政区域的具体情况和实际需要，在不与宪法、法律、行政法规相抵触的前提下，可以制定地方性法规。省、自治区、直辖市的人民代表大会制定的地方性法规由大会主席团发布公告予以公布。省、自治区、直辖市的人民代表大会常务委员会制定的地方性法规由常务委员会发布公告予以公布。

1.《中华人民共和国食品安全法实施条例》

《中华人民共和国食品安全法实施条例》作为行政法规，是对《中华人民共和国食品安全法》条款的细化，为解决我国食品安全问题奠定了良法善治的基石。该条例共分为十章，分别为总则、食品安全风险监测和评估、食品安全标准、食品生产经营、食品检验、食品进出口、食品安全事故处置、监督管理、法律责任和附则。

该条例从五个方面进一步明确职责、强化食品安全监管：一是要求县级以上人民政府建立统一权威的食品安全监管体制，加强监管能力建设。二是强调部门依法履职、加强协调配合，规定有关部门在食品安全风险监测和评估、事故处置、监督管理等方面的会商、协作、配合义务。三是丰富监管手段，规定食品安全监管部门在日常属地管理的基础上，可以采取上级部门随机监督检查、组织异地检查等监督检查方式；对可能掺杂掺假的食品，按照现有食品安全标准等无法检验的，国务院食品安全监管部门可以制定补充检验项目和检验方法。四是完善举报奖励制度，明确奖励资金纳入各级人民政府预算，并加大对违法单位内部举报人的奖励。五是建立黑名单，实施联合惩戒，将食品安全信用状况与准入、融资、信贷、征信等相衔接。

该条例从四个方面对食品安全风险监测、标准制定作了完善性规定：一是强化食品安全风险监测结果的运用，规定风险监测结果表明存在食品安全隐患，监管部门经调查确认有必要的，要及时通知食品生产经营者，由其进行自查、依法实施食品召回。二是规范食品安全地方标准的制定，明确对保健食品等特殊食品不得制定地方标准。三是允许食品生产经营者在食品安全标准规定的实施日期之前实施该标准，以方便企业安排生产经营活动。四是明确企业标准的备案范围，规定食品安全指标严于食品安全国家标准或者地方标准的企业标准应当备案。

该条例从四个方面进一步强调了食品生产经营者的主体责任。一是细化企业主要负责人的责任，规定主要负责人对本企业的食品安全工作全面负责，加强供货者管理、进货查验和出厂检验、生产经营过程控制等工作。二是规范食品的贮存、运输，规定贮存、运输有温度、湿度等特殊要求的食品，应当具备相应的设备设施并保持有效运行，同时规范了委托贮存、运输食品的行为。三是针对实践中存在的虚假宣传和违法发布信息误导消费者等问题，明确禁止利用包括会议、讲座、健康咨询在内的任何方式对食品进行虚假宣传；规定不得发布未经资质认定的检验机构出具的食品检验信息，不得利用上述信息对食品等进行等级评定。四是完善特殊食品管理制度，对特殊食品的出厂检验、销售渠道、广告管理、产品命名等事项作出规范。

2.《中华人民共和国进出口商品检验法实施条例》

《中华人民共和国进出口商品检验法实施条例》是对《中华人民共和国进出口商品检验法》条款的细化。该条例共分为六章，分别为总则、进口商品的检验、出口商品的检验、监督管理、法律责任和附则。该条例规定海关总署主管全国进出口商品检验工作，对列入目录的进出口商品以及法律、行政法规规定须经出入境检验检疫机构检验的其他进出口商品实施检验,对法定检验以外的进出口商品,根据国家规定实施抽查检验,进一步明确了检验检疫机构的职能任务。加强进出口商品的检验管理,强化了对进出口商品的收货人、发货人、代理报检企业等的管理规定;加强对检验检疫机构和工作人员的监督;同时加大了对违法行为的处罚力度,对各违法行为作出了详细具体的处罚规定。

(三)食品规章与规范性文件

1. 食品规章

食品规章包括部门规章和地方政府规章。国务院各部、委员会、具有行政管理职能的直属机构等,可以根据法律和国务院的行政法规、决定、命令,在本部门的权限范围内,制定部门规章。省、自治区、直辖市和设区的市、自治州的人民政府,可以根据法律、行政法规和本省、自治区、直辖市的地方性法规,制定地方政府规章。地方政府规章由省长、自治区主席、市长或者自治州州长签署命令予以公布。

(1)《食品生产许可管理办法》

为规范食品、食品添加剂生产许可活动,加强食品生产监督管理,国家市场监督管理总局于2019年审议通过了《食品生产许可管理办法》,自2020年3月1日起施行。

该办法明确规定,在中华人民共和国境内,从事食品生产活动,应当依法取得食品生产许可。食品生产许可实行一企一证原则,即同一个食品生产者从事食品生产活动,应当取得一个食品生产许可证。市场监督管理部门按照食品的风险程度,结合食品原料、生产工艺等因素,对食品生产实施分类许可。国家市场监督管理总局负责监督指导全国食品生产许可管理工作。食品生产许可的申请、受理、审查、决定及其监督检查,适用该办法。

(2)《食品经营许可和备案管理办法》

为规范食品经营许可和备案活动,加强食品经营监督管理,落实食品安全主体责任,保障食品安全,国家市场监督管理总局发布了《食品经营许可和备案管理办法》,自2023年12月1日起施行。

该办法明确规定,在中华人民共和国境内,从事食品销售和餐饮服务活动,应当依法取得食品经营许可。食品经营许可实行一地一证原则,即食品经营者在一个经营场所从事食品经营活动,应当取得一个食品经营许可证。市场监督管理部门按照食品经营主体业态和经营项目的风险程度对食品经营实施分类许可。申请食品经营许可,应当先行取得营业执照等合法主体资格。企业法人、合伙企业、个人独资企业、个体工商户等,以营业执照载明的主体作为申请人。申请食品经营许可,应当按照食品经营主体业态和经营项目分类提出。食品经营许可的申请、受理、审查、决定及其监督检查,适用该办法。

(3)《食品召回管理办法》

为加强食品生产经营管理,减少和避免不安全食品的危害,保障公众身体健康和生命安全,原国家食品药品监督管理总局发布了《食品召回管理办法》,自2015年9月1日起实施,2020年10月23日国家市场监督管理总局令第31号修订。在中华人民共和国境内,不安全食品的停止生产经营、召回和处置及其监督管理,适用该办法。

(4)《食品安全抽样检验管理办法》

为规范食品安全抽样检验工作,加强食品安全监督管理,保障公众身体健康和生命安全,国家市场监督管理总局发布了《食品安全抽样检验管理办法》,自2019年10月1日起施行。

该办法规定了国家实施食品安全日常监督抽检及风险监测应遵循的原则、对企业的要求、监管的规范。国家市场监督管理总局负责组织开展全国性食品安全抽样检验工作,监督指导地方市场监督管理部门组织实施食品安全抽样检验工作。县级以上地方市场监督管理部门负责组织开展本级食品安全抽样检验工作,并按照规定实施上级市场监督管理部门组织的食品安全抽样检验工作。

2. 食品规范性文件

食品规范性文件的形式灵活多样,主要包括决定、规定、公告、通告、通知、办法、实施细则、意见、复函批复、指南等。规范性文件规定的内容广泛,涉及食品生产经营监管的方方面面。

规范性文件的数量众多,各食品监管部门均发布了较多的食品相关规范性文件。如原国家食品药品监督管理总局发布的规范性文件有《总局办公厅关于进一步加强食品添加剂生产监管工作的通知》《总局关于印发食品生产许可审查通则的通知》《总局关于印发食品生产经营风险分级管理办法(试行)的通知》等。国家市场监督管理总局发布的规范性文件有《市场监管总局关于仅销售预包装食品备案有关事项的公告》《关于进一步加强婴幼儿谷类辅助食品监管的规定》《特殊食品注册现场核查工作规程(暂行)》等。国家卫生健康委员会发布的规范性文件有《按照传统既是食品又是中药材的物质目录管理规定》《食品安全风险评估管理规定》《食品安全风险监测管理规定》等。海关总署发布的规范性文件有《出口食品生产企业申请境外注册管理办法》等。国家认证认可监督管理委员会发布的规范性文件有《食品安全管理体系认证实施规则》等。

> **思考与梳理**
>
> 依据《食品安全法》分析案情:销售无中文标签及标识的食品
> 2021年7月5日,原告邹某在被告徐某的商贸公司购买了14瓶进口红酒及3瓶进口蜂蜜,共计7 796元。当晚原告邹某饮用红酒一瓶,次日凌晨发生头疼、恶心呕吐、腹痛等现象。后经查看该食品没有任何中文标签且无任何中文标识,无法获取该食品的配料表、原产地以及境内代理商的名称、地址、联系方式等任何相关信息。原告邹某认为被告销售的食品不符合《食品安全法》相关法律规定,属于不合格产品,遂将徐某的商贸公司告上法院,要求其退货退款,并支付10倍的赔偿。
>
> 此案应如何判决?

实践训练

鲜奶掺假案案情分析

（一）案情直击

某县质量技术监督局执法人员对辖区内一奶牛养殖场进行检查，该奶牛养殖场饲养奶牛15头，每天实际生产鲜奶350 kg。经调查，该养殖场按照1∶1∶2∶20在这些鲜奶中掺入乳清粉、植脂末、麦芽糊精和水后，卖到当地的一个鲜奶收购站。执法人员现场检查时，当场查获该养殖场工人往鲜奶里勾兑这些非乳物质，并查获以上添加物各15 kg，勾兑用塑料桶、搅拌棒各一个，过滤布一块。该县质量技术监督局经调查确认，该养殖场一天实际生产鲜奶350 kg，每天却向当地鲜奶收购站销售掺过非乳物质的鲜奶460 g，其鲜奶掺假行为已持续32 d，鲜奶销售价格为2.2元/kg。

（二）分歧意见

针对以上违法事实，该县质量技术监督局在讨论对该奶牛养殖场如何进行处罚时，产生了以下三种不同意见。

第一种意见认为：该养殖场生产鲜奶所使用的原料不符合强制性标准要求，该行为违反了《国务院关于加强食品等产品安全监督管理的特别规定》第四条第一款"生产者生产产品所使用的原料、辅料、添加剂、农业投入品，应当符合法律、行政法规的规定和国家强制性标准"的规定，应依照《国务院关于加强食品等产品安全监督管理的特别规定》第四条第二款"违反前款规定，违法使用原料、辅料、添加剂、农业投入品的，由农业、卫生、质检、商务、药品等监督管理部门依据各自职责没收违法所得，货值金额不足5 000元的，并处2万元罚款；货值金额在5 000元以上不足1万元的，并处5万元罚款；货值金额在1万元以上的，并处货值金额5倍以上10倍以下的罚款；造成严重后果的，由原发证部门吊销许可证照；构成生产、销售伪劣商品罪的，依法追究刑事责任"的规定予以处罚。

第二种意见认为：鲜奶来源于农业初级产品，即在农业活动中获得的动物产品，鲜奶掺假行为不属于《产品质量法》的调整范畴，而应由《农产品质量安全法》调整，因此，本案应移送农业部门处理。

第三种意见认为：该养殖场的行为属于典型的掺假行为，违反了《产品质量法》第三十三条"生产者生产产品，不得掺杂、掺假，不得以假充真，以次充好，不得以不合格产品冒充合格产品"的规定，应依据《产品质量法》第五十条"在产品中掺杂、掺假，以假充真，以次充好，或者以不合格产品冒充合格产品的，责令停止生产、销售，没收违法生产、销售的产品，并处违法生产、销售产品货值金额百分之五十以上三倍以下的罚款；有违法所得的，并处没收违法所得；情节严重的，吊销营业执照；构成犯罪的，依法追究刑事责任"的规定予以处罚。

上述哪一种意见是正确的？本案应该如何处理？填表3-1。

表 3-1　　　　　　　　　鲜奶掺假案案情分析实训工单

处理意见	是否正确	判决理由
第一种意见		
第二种意见		
第三种意见		

拓展资源

1. 《中华人民共和国产品质量法》。
2. 《中华人民共和国食品安全法实施条例》。

项目测试

一、单选题

❶《食品安全法》于（　　）第十一届全国人民代表大会常务委员会第七次会议通过并颁布。
　　A. 2008 年 3 月 28 日　　　　　　B. 2009 年 2 月 28 日
　　C. 2009 年 4 月 28 日　　　　　　D. 2010 年 2 月 28 日

❷《食品安全法》中规定，（　　）是食品安全的第一责任人。
　　A. 食品生产经营者　　　　　　B. 食品流通
　　C. 食品管理者　　　　　　　　D. 政府部门

二、多选题

❶ 我国食品安全法律体系的主要特点包括（　　）。
　　A. 法律渊源与效力层次丰富、多样
　　B. 主次分明，结构较为合理
　　C. 涉及多个法律部门
　　D. 完善度高

❷ 食品安全法调整的法律关系由食品安全法律关系的(　　)三个要素构成。
A. 个体　　　　　B. 主体　　　　　C. 客体　　　　　D. 内容
❸《农产品质量安全法》涉及农产品调整的范围包括(　　)三个方面的内涵。
A. 产品范围　　　　　　　　　　B. 产品流通
C. 行为主体　　　　　　　　　　D. 调整的管理环节问题
❹ 法律冲突适用原则包括(　　)。
A. 上位法优于下位法
B. 同位阶的法律法规具有同等的法律效力
C. 特别法优于一般法
D. 新法优于旧法
E. 不溯及既往

三、判断题

❶ 食品法律法规的渊源主要有宪法、食品法律、食品行政法规、地方性食品法规、食品自治条例和单行条例、食品规章、食品标准、与食品有关的国际条约。（　　）

❷ 地方性法规是指由地方(省、自治区、直辖市、省会城市和"计划单列市")人民代表大会及其常务委员会根据国家法律法规并结合当地实际制定的地方性食品安全法规。
（　　）

❸ 溯及力，是指新的法律法规颁布施行后，对它生效以前所发生的事件和行为是否适用。（　　）

项目四
食品安全标准

知识与技能目标

1. 了解食品安全标准的制定。
2. 熟悉食品安全标准的主要内容。
3. 掌握有毒有害物质限量等通用的食品安全国家标准。
4. 熟悉食品安全标准的跟踪评价。
5. 能够依据食品安全国家标准进行合规判别。

素养目标

1. 培养学生严谨求实、精益求精的职业素养。
2. 强化学生的合规管理观念,提升职业责任感和使命感。

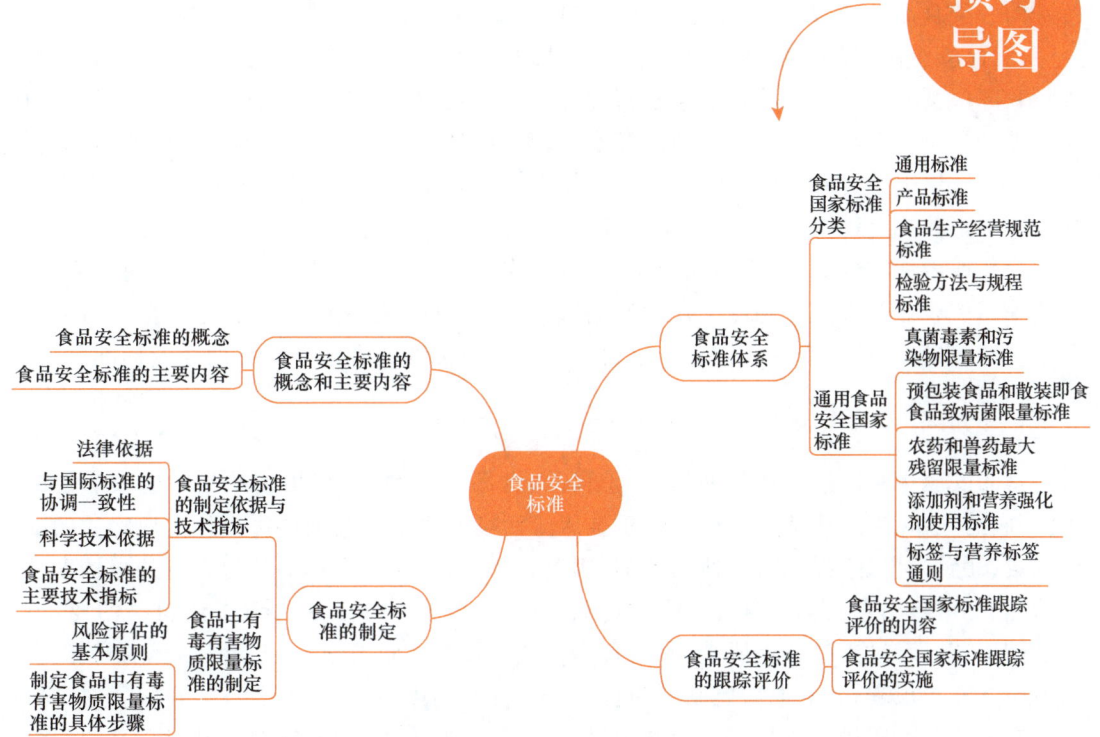

基础知识

一、食品安全标准的概念和主要内容

《食品安全法》规定，制定食品安全标准，应当以保障公众身体健康为宗旨，做到科学合理、安全可靠。食品安全标准应当依据食品安全风险评估结果并充分考虑食用农产品安全风险评估结果，参照相关国际标准和国际食品安全风险评估结果制定。除食品安全标准外，不得制定其他的食品强制性标准。该规定既确立了食品安全标准的强制性，又体现了食品安全标准在食品相关标准中的唯一性，即食品安全标准一旦确立，所有与之相关的食品生产经营活动都必须遵守。

（一）食品安全标准的概念

食品安全标准是指对食品中具有与人类健康相关的质量要素和技术要求及其检验方法、评价程序等所作的规定。这些规定通过技术研究，形成特殊形式的文件，经与食品有关部门进行协商和严格的技术审查后，由国务院卫生行政部门或省级卫生行政部门发布，作为共同遵守的准则和依据。食品安全标准是判定食品是否符合安全卫生要求的重要技术依据，对食品安全监督管理有重要意义。主要包括食品工业基础标准、食品产品标准、检验方法标准、包装材料及容器标准等，强制性标准代号为"GB"。食品安全标准是比较特殊的一类食品标准，其主要特点包括适应性、先进性、相对性、滞后性、可修订性等。

《食品安全法》规定，食品安全标准分三种情形：一是食品安全国家标准，由国务院卫生行政部门会同国务院食品药品监督管理部门制定、公布，国务院标准化行政部门提供国家标准编号。二是没有食品安全国家标准的，可以制定食品安全地方标准；省、自治区、直辖市人民政府卫生行政部门组织制定食品安全地方标准，应当参照执行有关食品安全国家标准制定的规定，并报国务院卫生行政部门备案。三是企业生产的食品没有食品安全国家标准或者地方标准的，应当制定企业标准，作为组织生产的依据，在本企业内部适用；企业采用的企业标准不允许低于强制性国家标准的要求，且应在省级卫生行政部门进行备案；国家鼓励食品生产企业制定严于食品安全国家标准或者地方标准的企业标准。

（二）食品安全标准的主要内容

食品安全标准应当包括下列内容：①食品、食品添加剂、食品相关产品中的致病性微生物，农药残留、兽药残留、生物毒素、重金属等污染物质以及其他危害人体健康物质的限量规定；②食品添加剂的品种、使用范围、用量；③专供婴幼儿和其他特定人群的主辅食品的营养成分要求；④对与卫生、营养等食品安全要求有关的标签、标志、说明书的要求；⑤食品生产经营过程的卫生要求；⑥与食品安全有关的质量要求；⑦与食品安全有关的食品检验方法与规程；⑧其他需要制定为食品安全标准的内容。

在影响食品质量安全的诸多因素中，标准是质量的依据，食品安全标准对食品的质量安全起着重要的基础作用。食品安全标准的水平决定了食品质量安全水平。当今世界，谁掌握了标准的制定权，谁就在一定程度上掌握了技术和经济竞争的主动权。谁掌握了标准的制定权，谁的技术成为标准，谁就掌握了市场的主动权。谁制定的标准为世界所认可，谁就会从中获得巨大的市场和经济利益。标准影响一个产业，甚至影响一个国家的竞争力。标准已成为国家经济竞争的重要组成部分。

> **思考与梳理**
>
> 请依据食品安全标准应当包括的内容对标准进行列举。

二、食品安全标准的制定

食品安全国家标准由国务院卫生行政部门会同国务院食品安全监督管理部门制定、公布，国务院标准化行政部门提供国家标准编号，强制性国家标准一般以"GB"开头。食品中农药残留、兽药残留的限量规定及其检验方法与规程由国务院卫生行政部门、国务院农业行政部门制定。屠宰畜、禽的检验规程由国务院有关主管部门会同国务院卫生行政部门制定。

制定食品安全国家标准，应当依据食品安全风险评估结果并充分考虑食用农产品安全风险评估结果，参照相关的国际标准和国际食品安全风险评估结果，并将食品安全国家标准草案向社会公布，广泛听取食品生产经营者、消费者、有关部门等方面的意见。

食品安全国家标准应当经国务院卫生行政部门组织的食品安全国家标准审评委员会审查通过。食品安全国家标准审评委员会由医学、农业、食品、营养、生物、环境等方面的专家以及国务院有关部门、食品行业协会、消费者协会的代表组成，对食品安全国家标准草案的科学性和实用性等进行审查。

（一）食品安全标准的制定依据与技术指标

1. 法律依据

食品安全标准的制定依据与技术指标

《食品安全法》和《中华人民共和国标准化法》（简称《标准化法》）是制定食品安全标准的主要法律依据。《标准化法》规定："所有工业产品都应制定标准。"

（1）国家食品安全标准与地方食品安全标准的制定与批准

《食品安全法》对食品安全标准的制定与批准作出了明确规定。《食品安全法》第三十二条规定，省级以上人民政府卫生行政部门应当会同同级食品药品监督管理、质量监督、农业行政等部门，分别对食品安全国家标准和地方标准的执行情况进行跟踪评价，并根据评价结果及时修订食品安全标准；应当对食品安全标准执行中存在的问题进行收集、汇总,并及时向同级卫生行政部门通报。此外,食品生产经营者、食品行业协会发现食品安全标准在执行中存在问题的,应当立即向卫生行政部门报告。

(2)食品安全标准的适用

《食品安全法》第二十六条规定,食品安全标准内容包括的食品及其相关产品和行为必须制定安全标准。

(3)食品安全标准的技术内容

《食品安全法》定义"食品安全"为食品无毒、无害,符合应当有的营养要求,对人体健康不造成任何急性、亚急性或者慢性危害。因此,食品安全标准的技术内容包括安全和营养相关的所有质量技术要求。

2. 与国际标准的协调一致性

世界贸易组织(WTO)在其"卫生和植物卫生措施协定"(SPS)中规定:其成员国应按照两种形式制定国家食品标准,一是按照食品国际法典委员会(Codex Alimentarius Commission,CAC)的法典标准、导则、卫生规范和推荐指标,制定食品标准或等同采用进口国标准。二是出于对本国国民实施特殊的健康保护的目的,需自行制定本国食品标准时,要求必须首先对以下两种危害进行评价:①某种疾病在本国的流行及其可能造成的健康和经济危害;②食品、饮料或饲料中的添加剂、污染物、毒素、致病菌对人或动物健康的潜在危害。WTO认为只有在上述评价的基础上才能制定既能保护本国国民身体健康又不致对食品国际贸易产生技术壁垒作用的食品标准。

3. 科学技术依据

在标准的制定过程中,应当尊重科学,遵循客观规律,保证标准的科学性。《食品安全法》明确规定,制定食品安全标准,应当依据食品安全风险评估结果。同时,制定标准还应合理利用现有科技成果,与时俱进,使标准具有较强的技术可行性和先进性。

4. 食品安全标准的主要技术指标

(1)严重危害人体健康的指标

严重危害人体健康的指标包括致病性微生物与毒素,如沙门氏菌、金黄色葡萄球菌及其产生的毒素、真菌毒素等;有毒有害化学物质,如砷、铅、汞、镉、多环芳烃类化合物等;放射性污染物等。

(2)反映食品可能被污染及污染程度的指标

反映食品可能被污染及污染程度的指标如菌落总数、大肠菌群等。

(3)间接反映食品安全质量发生变化的指标

间接反映食品安全质量发生变化的指标包括水分、含氮化合物、挥发性盐基总氮等。

(4)营养指标

营养指标包括碳水化合物、脂肪、蛋白质、矿物质、维生素等营养素和能量、膳食纤维等指标。专供婴幼儿和其他特定人群的主辅食品的营养成分要求尤其重要。

(5)商品质量指标

有些食品的质量规格指标与食品安全质量无直接关系,但又往往难以截然分开。例如,酒类中的乙醇含量、汽水中的二氧化碳含量、食盐中的氯化钠含量、味精中的谷氨酸钠含量等,这些指标不仅反映了食品的纯度、质量,还能说明其卫生状况和杂质含量等。如乙醇含量、二氧化碳含量可协助评价防腐作用;氯化钠含量、谷氨酸钠含量可以协助判断食品有无掺假、掺杂,对保证食品安全也有重要作用。

(二)食品中有毒有害物质限量标准的制定

食物中可能存在多种多样的污染物和天然有毒有害成分,如重金属、农药兽药残留、持久性有机污染物、动植物毒素等。为保障消费者健康,这些有毒有害物质须控制在一定的水平。这类控制限量标准即称为食品中有毒有害物质的限量标准,其制定应基于风险评估的基本原则。

1. 风险评估的基本原则

《食品安全法》明确指出,制定食品安全标准应以食品安全风险评估的结果为依据。食品安全风险分析包括风险评估、风险管理和风险交流三部分。风险评估是风险分析的基础,其目的是判定食品中有害物质对人群健康危害的风险程度。风险评估包括危害识别、危害特征描述、暴露评估和风险特征描述四个步骤。

2. 制定食品中有毒有害物质限量标准的具体步骤

(1)确定动物最大无作用剂量(Maximal Non-effect Level,MNL)

MNL 也称无明显作用水平(NOEL)或无明显有害效应水平(NOAEL),系指某一物质在试验时间内,对受试动物不显示任何毒性损害的剂量水平。在确定 MNL 时,应采用动物最敏感的指标或最易受到毒性损害的指标;除观测一般毒性指标外,还应考虑受试物的特殊毒性指标,如致癌、致畸、致突变、迟发性神经毒性等,对具有这些特殊毒性的物质,在制定食品中最大限量标准时应慎重。FAO/WHO 食品添加剂与污染物联合专家委员会(JECFA)提出,对经流行病学确认的已知致癌物,在制定食品中最大限量标准时不必考虑 MNL,而是容许限量越小越安全,最好含量为零。

(2)确定人体每日容许摄入量(Acceptable Daily Intake,ADI)

ADI 是指人类终生每日摄入该物质而对机体不产生任何已知不良效应的剂量,以相对于人体每千克体重的该物质摄入量(mg/kg 体重)表示。ADI 一般不可能在人体实际测定,主要是根据动物长期毒性试验所得到的最大无作用剂量,按体重(kg)换算而来。为安全起见,在从动物的 MNL 外推到人体 ADI 值时,必须考虑下列两个重要因素:①动物与人的种间差异,即动物与整个人群的差异;②人群个体之间的差异,即必须考虑到在整个人群中可能存在着某些敏感个体,他们更易受到该有毒物质的损害。因此,从动物实验所得的 MNL 外推到人体的 ADI 时应有一定的"安全系数",此安全系数一般规定为100,即种间差异与个体差异各为10倍。但此系数并非固定不变的,它可根据有毒有害物质的性质与毒性反应强度、暴露人群的种类等的不同而有所不同,如有特殊毒性或可能是婴幼儿等生理特殊人群经常接触的物质,其安全系数还应扩大。

$$ADI(mg/kg 体重)=MNL(mg/kg 体重)\times 1/100$$

在不考虑对儿童的安全问题时,人群(成人)的平均体重通常以 60 kg 计,故:

$$ADI[毫克/(人 \cdot 日)]=MNL(mg/kg 体重)\times 1/100 \times 体重(kg)$$

例如，某物质的动物 MNL 为 10 mg/kg 体重，则此物质的 ADI 为 10（mg/kg）×1/100×60（kg）=6 毫克/（人·日）[0.1 mg/（kg·d）]。

(3) 确定每日总膳食中的容许含量

每日总膳食中的容许含量即组成人体每日膳食的所有食品中容许含有该物质的总量。由于人体每日接触的有毒物质不仅来源于食品，还可能来源于空气、饮水或职业性皮肤接触和呼吸道暴露等，所以当按 ADI 计算该物质在食品中的最高容许量时，须先确定在人体摄入该物质的总量中来源于食品的部分所占的比例。一般对于非职业性接触者，食品仍然是有毒物质的主要来源，大致占总量的 80%～85%，而来自饮水、空气及其他途径者，一般不超过 20%。如已知某物质的人体 ADI 为 0.1 mg/（kg·d）（每人每日 6 mg），且根据调查，此物质进入人体总量的 80% 来自食品，则每日摄入的各种食品中含该物质的总量不应超过 6 mg×80%=4.8 mg，此即该物质在食品中的总最高容许含量。

(4) 确定每种食物中的最大容许量

为确定某物质分别在各种食物中的最大容许量，必须通过膳食调查，了解含有该物质的食品种类与人群每日膳食量。以上述物质为例，如只有一种食物含有该物质，这种食物的每日摄入量为 500 g，那么，此种食物中该物质的最大容许量（限量）为：4.8 mg×1 000/500=9.6 mg/kg 食物。如还有另外一种食物中含有该物质，此食物的摄入量为 250 g，那么，这两种食物中该物质的平均最大容许量为：4.8 mg×1 000/（500+250）=6.4 mg/kg 食物。如果还有第三种或更多种食物含有该物质，其平均最大容许量的计算依此类推。

(5) 制定食品中有毒有害物质的限量标准

一般而言，根据上述方法计算出的各种食品中某有毒物质的最大容许量即是其限量标准。但实际上常需要在保障人体健康的前提下，根据具体情况进行适当调整。原则上，限量标准不能超过最大容许量。但在具体制定容许限量标准的界限数值时，往往需考虑较为严格或稍加放宽，这主要应根据该物质的毒性特点和人类实际摄入情况而定。例如，该物质在人体内是否易于排泄解毒或是蓄积性很强或在代谢过程中可能形成毒性更强的物质；该物质仅具有一般易于控制的毒性或是可特异性地损害重要器官、系统或具有致癌、致畸和致突变作用。凡属于前者可略予放宽，属后者应严加控制。再如，含有该物质的食品属于季节性食品，是偶尔食用还是常年大量食用；是供一般成人食用还是专供儿童、患者等特殊人群食用；该物质在烹调加工中易于挥发破坏还是性质极为稳定；该物质是生产、贮存中必需的还是必要性不大等，凡属前者可略予放宽，属后者则应从严掌握。

另外，还应对污染或残留该有毒物质的食品进行符合统计学样本量的抽样检测，如在原料和工艺稳定的情况下，食品中有毒物质实际污染或残留量小于前述研究获得的最大容许量，那么以实际污染或残留量制定限量标准既安全，也符合实际。在最大限量标准的制定过程中，还应收集和参考有关权威机构的分析和评价结果，如 JECFA 和 JMPR（FAO/WHO 农药残留联合专家组）等认可的各种毒理学评价结果、暴露评估结论、ADI 值等。标准制定之后，也还需进行验证，包括人群调查和重复必要的动物试验等。

> **思考与梳理**
>
> 1. 食品安全标准的制定与修订依据包含哪些项目？
>
> _____
>
> _____
>
> _____
>
> 2. 制定食品中有毒有害物质限量标准的具体步骤是怎样的？请绘制简明易懂的流程图。

三、食品安全标准体系

（一）食品安全国家标准分类

食品安全标准包括食品安全国家标准、食品安全地方标准。其中，食品安全国家标准是我国食品安全标准的主体，我国食品安全国家标准包括通用标准、产品标准、生产经营规范标准以及检验方法与规程标准，食品安全地方标准的分类与食品安全国家标准相似。

1. 通用标准

通用标准也称基础标准，在食品安全国家标准体系中，食品安全通用标准涉及各个食品类别，覆盖各类食品安全健康危害物质，对具有一般性和普遍性的食品安全危害和控制措施进行了规定。因涉及的食品类别多、范围广，标准的通用性强，通用标准构成了标准体系的网底。通用标准是从健康影响因素出发，按照健康影响因素的类别，制定出各种食品、食品相关产品的限量要求、使用要求或者标识要求。

2. 产品标准

产品标准是从食品、食品添加剂、食品相关产品出发，按照产品的类别，制定出各种健康影响因素的限量要求、使用要求或者标识要求，规定了各大类食品的定义、感官、理化和微生物等要求。

3. 食品生产经营规范标准

食品生产经营规范标准规定了食品生产经营过程控制和风险防控要求，具体包括对食品原料、生产过程、运输和贮存、卫生管理等生产经营过程安全的要求。

4. 检验方法与规程标准

检验方法与规程标准规定了理化检验、微生物学检验和毒理学检验规程的内容，其中理化检验方法和微生物学检验方法主要与通用标准、产品标准的各项指标相配套，服务于食品安全监管和食品生产经营者的管理需要。检验方法与规程标准一般包括各项限量指标检验所使用的方法及其基本原理、仪器和设备以及相应的规格要求、操作步骤、结果判定和报告内容等方面。

食品安全国家标准体系如图 4-1 所示。

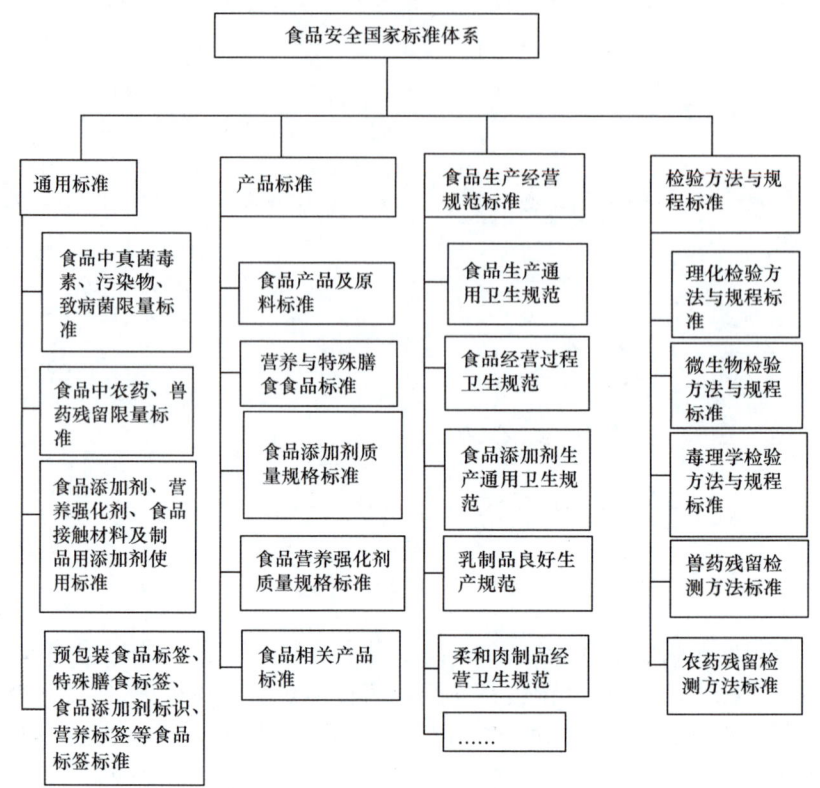

图 4-1　食品安全国家标准体系

(二)通用食品安全国家标准

1.《食品安全国家标准　食品中真菌毒素限量》(GB 2761—2017)和《食品安全国家标准　食品中污染物限量》(GB 2762—2022)

真菌毒素是指真菌在生长繁殖过程中产生的次生有毒代谢产物。《食品安全国家标准　食品中真菌毒素限量》(GB 2761—2017)规定了食品中黄曲霉毒素 B1、黄曲霉毒素 M1、脱氧雪腐镰刀菌烯醇、展青霉素、赭曲霉毒素 A 及玉米赤霉烯酮的限量指标。标准规定了应用原则及真菌毒素的限量指标要求及检测方法,附录为食品类别(名称)的说明。

污染物是指食品在从生产(包括农作物种植、动物饲养和兽医用药)、加工、包装、贮存、运输、销售,直至食用等过程中产生的或由环境污染带入的、非有意加入的化学性危害物质。《食品安全国家标准　食品中污染物限量》(GB 2762—2022)所规定的污染物是指除农药残留、兽药残留、生物毒素和放射性物质以外的污染物。该标准规定了食品中铅、镉、汞、砷、锡、镍、铬、亚硝酸盐、硝酸盐、苯并[a]芘、N-二甲基亚硝胺、多氯联苯、3-氯-1,2-丙二醇的限量指标。标准规定了应用原则及污染物的限量指标要求及检测方法,附录为食品类别(名称)的说明。

2.《食品安全国家标准　预包装食品中致病菌限量》(GB 29921—2021)和《食品安全国家标准　散装即食食品中致病菌限量》(GB 31607—2021)

食品中致病菌污染是导致食源性疾病的重要原因,预防和控制食品中致病菌污染是食品安全风险管理的重点内容。根据我国行业发展现况,考虑致病菌或其代谢产物对健康造成实际或潜在危害的可能、食品原料中致病菌污染风险、加工过程对致病菌的影响以及贮藏、销售和食用过程中致病菌的变化等因素,《食品安全国家标准　预包装食品中致病菌限量》(GB 29921—2021)和《食品安全国家标准　散装即食食品中致病菌限量》(GB 31607—2021)两项通用标准构成了我国食品中致病菌的限量标准。

《食品安全国家标准　预包装食品中致病菌限量》(GB 29921—2021)适用于乳制品、肉制品、水产制品、即食蛋制品、粮食制品、即食豆制品、巧克力类及可可制品、即食果蔬制品、饮料、冷冻饮品、即食调味品、坚果籽类食品、特殊膳食用食品等类别的预包装食品,不适用于执行商业无菌要求的食品、包装饮用水、饮用天然矿泉水。标准规定了沙门氏菌、金黄色葡萄球菌、致泻大肠埃希氏菌、副溶血性弧菌、单核细胞增生李斯特氏菌、克罗诺杆菌属等6种致病菌指标在对应食品类别中的限量标准。附录为食品类别(名称)说明。

《食品安全国家标准　散装即食食品中致病菌限量》(GB 31607—2021)适用于散装即食食品。不适用于餐饮服务中的食品、执行商业无菌要求的食品、未经加工或处理的初级农产品,标准规定了沙门氏菌、金黄色葡萄球菌、蜡样芽孢杆菌、单核细胞增生李斯特氏菌、副溶血性弧菌的限量。

3.《食品安全国家标准　食品中农药最大残留限量》(GB 2763—2021)和《食品安全国家标准　食品中兽药最大残留限量》(GB 31650—2019)

《食品安全国家标准　食品中农药最大残留限量》(GB 2763—2021)标准规定了2,4-滴丁酸(2,4-DT)等农药在对应食品类别中的最大残留限量,标准的技术要求主要包括农药名称、主要用途、每日允许摄入量(ADI)、残留物和最大残留限量、检测方法。附录为食品类别及测定部位说明及豁免制定食品中最大残留限量标准的农药。

兽药残留是指对食品动物用药后,动物产品的任何可食用部分中所有与药物有关的物质的残留,包括药物原型或/和其代谢产物。《食品安全国家标准　食品中兽药最大残留限量》(GB 31650—2019)为通用标准,适用于与最大残留限量相关的动物性食品。标准规定了动物性食品中阿苯达唑等兽药的最大残留限量;规定了醋酸等允许用于动物性食品,但不需要制定残留限量的兽药;规定了氯丙嗪等允许作治疗用,但不得在动物性食品中检出的兽药。标准的技术要求主要包括兽药名称、兽药分类、每日允许摄入量(ADI)、残留标志物、最大残留限量等。

4.《食品安全国家标准　食品添加剂使用标准》(GB 2760—2024)和《食品安全国家标准　食品营养强化剂使用标准》(GB 14880—2012)

食品添加剂是指为改善食品品质和色、香、味以及为防腐、保鲜和加工工艺的需要而加入食品中的人工合成或者天然物质。食品用香料、胶基糖果中基础剂物质、食品工业用加工助剂也包括在内。《食品安全国家标准　食品添加剂使用标准》(GB 2760—2024)规定了食品添加剂的使用原则、允许使用的食品添加剂品种、使用范围及最大用量,包括正文和附录两个部分:正文主要规定了食品添加剂的含义、使用原则、食品分类系统、食品添加剂的使用规定等;附录规定了食品添加剂、食品用香料、食品工业用加工助剂的使用规定,食品添加剂功能类别和食品分类系统等内容。

食品营养强化剂是指为了增加食品的营养成分(价值)而加入食品的天然或人工合成的营养素和其他营养成分。《食品安全国家标准 食品营养强化剂使用标准》(GB 14880—2012)包括了营养强化的主要目的、使用营养强化剂的要求、可强化食品类别的选择要求、营养强化剂的使用规定、食品类别(名称)说明和营养强化剂质量标准八个部分。四个附录从四个不同方面进行了规定:营养强化剂在食品中的使用范围、使用量应符合附录A的要求;允许使用的化合物来源应符合附录B的规定;特殊膳食用食品中营养素及其他营养成分的含量按相应的食品安全国家标准执行,允许使用的营养强化剂及化合物来源应符合该标准附录C和(或)相应产品标准的要求。附录D食品类别(名称)说明用于界定营养强化剂的使用范围,只适用于该标准。如允许某一营养强化剂应用于某一食品类别(名称)时,则允许其应用于该类别下的所有类别食品,另有规定的除外。

5.《食品安全国家标准 预包装食品标签通则》(GB 7718—2011)和《食品安全国家标准 预包装食品营养标签通则》(GB 28050—2011)

《食品安全国家标准 预包装食品标签通则》(GB 7718—2011)对预包装食品标签标识的内容作出了详细规定,指导和规范了预包装食品标签标识的内容,适用于直接提供给消费者的预包装食品标签和非直接提供给消费者的预包装食品标签。其主要内容包括预包装食品标签的基本要求、直接向消费者提供的预包装食品标签标识内容、非直接提供给消费者的预包装食品标签标识内容、豁免的标识内容、推荐标识的内容及其他要求。附录为包装物或包装容器最大表面面积计算方法、食品添加剂在配料表中的标识形式、部分标签项目的推荐标识形式。

《食品安全国家标准 预包装食品营养标签通则》(GB 28050—2011)规定了预包装食品营养标签的基本要求、强制标识内容、可选择标识内容、营养成分的表达方式、营养声称用语及其条件等内容,适用于预包装食品营养标签上营养信息的描述和说明,不适用于保健食品及预包装特殊膳食用食品的营养标签标识。附录为食品标签营养素参考值(NRV)及其使用方法、营养标签格式、能量和营养成分含量声称和比较声称的要求/条件和同义语以及能量和营养成分功能声称标准用语。

6.《食品安全国家标准 预包装特殊膳食用食品标签》(GB 13432—2013)和《食品安全国家标准 食品添加剂标识通则》(GB 29924—2013)

《食品安全国家标准 预包装特殊膳食用食品标签》(GB 13432—2013)规定了特殊膳食用食品的强制标识内容、可选择标识内容,适用于预包装特殊膳食用食品的标签(含营养标签)。该标准附录规定了特殊膳食用食品的类别。

《食品安全国家标准 食品添加剂标识通则》(GB 29924—2013)规定了食品添加剂标识基本要求、提供给生产经营者的食品添加剂标识内容及要求、提供给消费者直接使用的食品添加剂标识内容及要求,适用于食品添加剂的标识,食品营养强化剂的标识参照使用,不适用于为食品添加剂在贮藏运输过程中提供保护的贮运包装标签的标识。

思考与梳理

查找《食品安全国家标准 食品中农药最大残留限量》(GB 2763—2021),回答下列问题。

①百草枯在橘子、苹果和香蕉中的最大残留限量是多少?

②敌敌畏在菠菜、茄子和马铃薯中的最大残留限量是多少?

四、食品安全标准的跟踪评价

国家标准的颁布不是标准工作的完结,而是一个关键的时间节点,既代表某项标准制定程序的终止,也代表后续管理措施的跟进。标准管理是一个动态、连续的过程,包括标准的研制修订、宣传实施、咨询解释、意见反馈、效果评估等。其中,跟踪评价是标准管理的重要组成部分。

食品安全标准的跟踪评价

为规范食品安全国家标准跟踪评价工作,有效实施食品安全国家标准跟踪评价制度,根据《食品安全法》《食品安全法实施条例》和《食品安全国家标准管理办法》等有关规定,制定了《食品安全国家标准跟踪评价规范(试行)》等规章。其目的是掌握国家标准的贯彻落实和执行情况,推进标准的贯彻实施,调查标准的科学性和实用性,为实施标准和适时组织修订标准提供依据。这就赋予了食品安全标准跟踪评价在食品安全监管体系中全新的地位和作用。

(一)食品安全国家标准跟踪评价的内容

食品安全国家标准跟踪评价是对食品安全国家标准执行情况进行调查,了解标准实施情况并进行分析和研究,提出标准实施和标准修订相关建议的过程。食品安全国家标准跟踪评价工作应当以保障公众健康为宗旨,坚持科学合理、依法高效、客观公正、真实可靠的原则。

跟踪评价的具体工作内容包括:①标准贯彻落实和执行情况;②推进标准实施的措施及成效;③标准指标或技术要求的科学性和实用性;④其他需要跟踪评价的内容。

(二)食品安全国家标准跟踪评价的实施

跟踪评价方法应具有可操作性,以保障所获信息"面"的完整、"量"的充足与"质"的真实,以满足跟踪评价目的为基本要求。跟踪评价信息应当做到真实客观,记录准确,资料完整。

国家卫生行政部门负责制订食品安全国家标准跟踪评价计划,组织落实工作计划。省级卫生行政部门负责食品安全国家标准跟踪评价的组织管理工作。省级卫生监督机构组织开展跟踪评价工作,负责调查、收集、分析相关信息和数据,并提交跟踪评价报告。省级卫生部门应当畅通渠道,便于食品安全监管部门、检验机构、食品生产经营者、行业协会、公民、法人和其他组织反映食品安全国家标准执行中的相关信息,并提供有关资料。根据跟踪评价任务,省级卫生监督机构可以组织相关卫生监督和疾病预防控制等机构听取和收集食品安全监督管理、生产经营、检验检测等单位及食品从业人员执行食品安全国家标准的情况和意见、建议。按照标准类别和跟踪评价内容的需要,可以采用问卷调查、现场调查、指标验证、专家咨询及其他方式开展跟踪评价工作。

食品安全国家标准跟踪评价计划包括:跟踪评价任务;跟踪评价工作范围;承担单位;完成时限;提交跟踪评价报告要求。

此外,省级卫生行政部门应当按照规定及时报送食品安全国家标准跟踪评价报告,报告应当包括:跟踪评价任务来源及方法;标准的跟踪评价情况;数据分析及结论;意见及建议。

如果跟踪评价结果表明某些食品安全国家标准应当修订,卫生部门应当适时制定或修订相应的食品安全国家标准。食品安全国家标准跟踪评价工作经费应当纳入本级食品安全财政预算申请。

思考与梳理

食品安全国家标准跟踪评价的内容有哪些?

实践训练

食品添加剂的合规使用查询

检索《食品安全国家标准 食品添加剂使用标准》(GB 2760—2024),明确面包和碳酸饮料中允许使用的食品添加剂,并填写表4-1。

表 4-1　　　　　　　　食品添加剂的合规使用查询实训工单

面包	允许使用的食品添加剂及限量	
	可以适量使用的食品添加剂	

(续表)

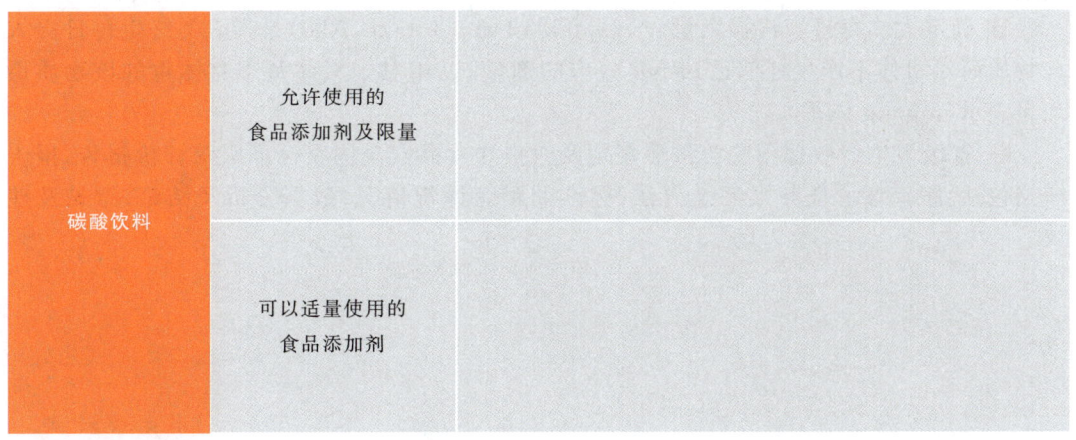

碳酸饮料	允许使用的食品添加剂及限量	
	可以适量使用的食品添加剂	

拓展资源

1.《食品卫生检验方法 理化部分 总则》(GB/T 5009.1—2003)。
2.《油炸小食品卫生标准》(GB 16565—2003)。

项目测试

一、单选题

❶ 食品安全标准中,国家强制性标准代号为( )。
A. QS   B. GB   C. NY   D. DB

❷ International Organization for Standards,简写为 ISO,是( )组织机构的简称。
A. 国际标准化组织   B. 联合国粮农组织
C. 世界卫生组织   D. 世界贸易组织

二、多选题

❶ 根据制定标准的主体进行分类,标准包括( )。
A. 国际标准   B. 国家标准
C. 地方标准   D. 企业标准

❷ 食品安全风险分析包括( )三部分。风险评估是风险分析的基础,其目的是判定食品中有害物质对人群健康危害的风险程度。
A. 风险评估   B. 风险管理
C. 风险交流   D. 风险确定

三、判断题

❶ 确定人体每日容许摄入量(Acceptable Daily Intake,ADI)是指人类终生每日摄入该物质而对机体不产生任何已知不良效应的剂量,以相对于人体每千克体重的该物质摄入量表示(mg/kg 体重)。（　　）

❷ 省级卫生行政部门应当按照规定及时报送食品安全国家标准跟踪评价报告,报告应当包括:跟踪评价任务来源及方法;标准的跟踪评价情况;数据分析及结论;意见及建议。（　　）

项目五
食品标签监管

知识与技能目标

1. 掌握普通食品标签和营养标签的要求。
2. 熟悉特殊膳食食品、进出口食品、转基因食品、保健食品和鲜活农产品食品的标签要求。
3. 熟悉我国食品标签的相关法律法规和标准。
4. 能够判断食品标签标识的规范性,并能根据标签内容选择安全营养健康的食品。

素养目标

1. 培养学生实事求是、严谨认真的职业精神。
2. 强化学生的标签合规观念,提升职业责任感。

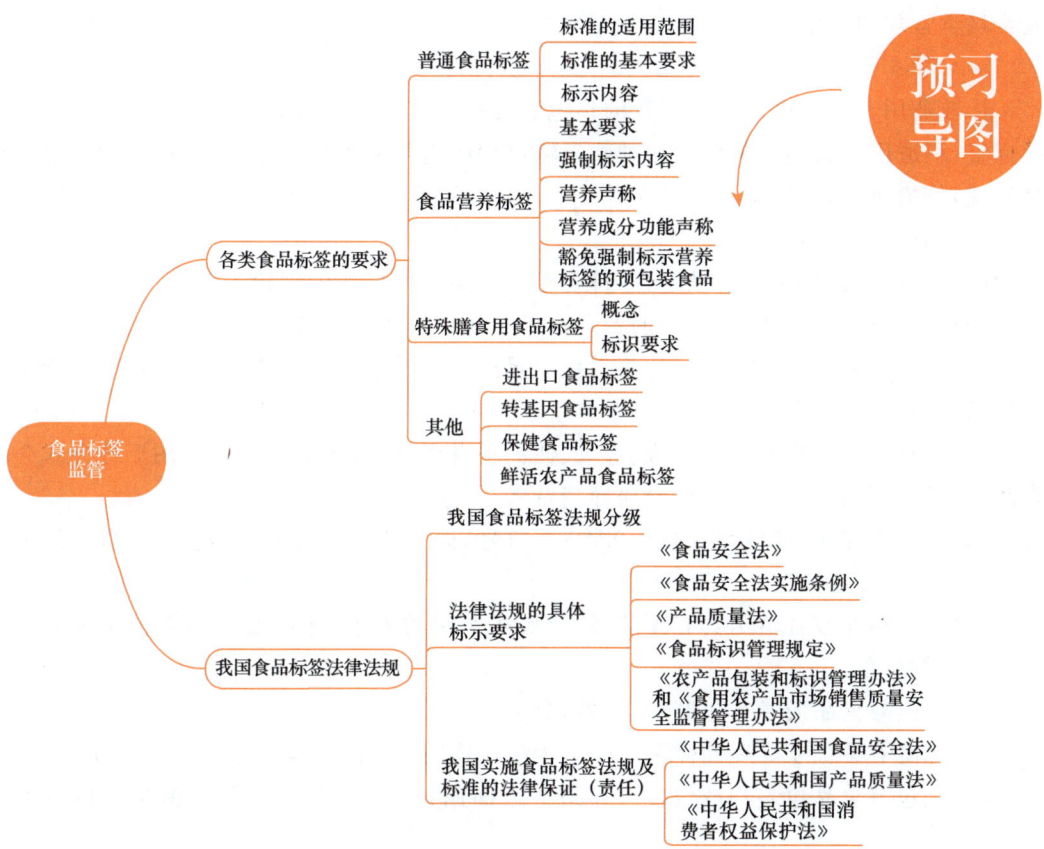

基础知识

一、各类食品标签的要求

随着食品供应链的全球化发展和食品安全事件的频发,各国对食品标签的要求逐渐加强。不同食品标签分类的提出是为了更好地为消费者提供所需的信息,确保其对食品作出更加明智的选择。全面、规范的食品标签分类有助于促进食品市场的良性发展,帮助消费者养成健康的生活方式。

(一)普通食品标签

普通食品标签的要求

2011年,原卫生部发布了新修订的《食品安全国家标准 预包装食品标签通则》(GB 7718—2011),该标准规定了预包装食品标签的通用性要求,是《食品安全法》及其实施条例对食品标签的具体要求的细化。所谓预包装食品是指预先定量包装或者制作在包装材料和容器中的食品,包括预先定量包装以及预先定量制作在包装材料和容器中并且在一定限量范围内具有统一的质量或体积标识的食品。预包装食品首先应当预先包装,此外包装上要有统一的质量或体积的标识。做好预包装食品标签管理,既是维护消费者权益、保障行业健康发展的有效手段,也是实现食品安全科学管理的要求。

1. 标准的适用范围

标准适用于直接提供给消费者的预包装食品标签和非直接提供给消费者的预包装食品标签,不适用于为预包装食品在贮藏运输过程中提供保护的食品贮运包装标签、散装食品和现制现售食品的标识。

2. 标准的基本要求

(1)应符合法律、法规的规定,并符合相应食品安全标准的规定。

(2)应清晰、醒目、持久,应使消费者购买时易于辨认和识读。

(3)应通俗易懂、有科学依据,不得标识封建迷信、色情、贬低其他食品或违背营养科学常识的内容。

(4)应真实、准确,不得以虚假、夸大、使消费者误解或欺骗性的文字、图形等方式介绍食品,也不得利用字号大小或色差误导消费者。

(5)不应直接或以暗示性的语言、图形、符号,误导消费者将购买的食品或食品的某一性质与另一产品混淆。

(6)不应标注或者暗示具有预防、治疗疾病作用的内容,非保健食品不得明示或者暗示具有保健作用。

(7)不应与食品或者其包装物(容器)分离。

(8)应使用规范的汉字(商标除外)。具有装饰作用的各种艺术字应书写正确,易于辨认。

(9)预包装食品包装物或包装容器最大表面面积大于35 cm^{2}时,强制标识内容的文字、符号、数字的高度不得小于 1.8 mm。

(10) 一个销售单元的包装中含有不同品种、多个独立包装可单独销售的食品，每件独立包装的食品标识应当分别标注。

(11) 若外包装易于开启识别或透过外包装物能清晰地识别内包装物(容器)上的所有强制标识内容或部分强制标识内容，可不在外包装物上重复标识相应的内容；否则应在外包装物上按要求标识所有强制标识内容。

3. 标识内容

直接向消费者提供的预包装食品标签标识应包括食品名称、配料表、净含量和规格、生产者和(或)经销者的名称、地址和联系方式、生产日期和保质期、贮存条件、食品生产许可证编号、产品标准代号及其他需要标识的内容。非直接提供给消费者的预包装食品标签应按照要求标识食品名称、规格、净含量、生产日期、保质期和贮存条件，其他内容如未在标签上标注，则应在说明书或合同中注明。

(1) 食品名称

食品名称应标在食品标签的醒目位置，清晰地标识反映食品真实属性的专用名称。当标识"新创名称"、"奇特名称"、"音译名称"、"牌号名称"、"地区俚语名称"或"商标名称"时，应在所示名称的同一展示版面邻近部位使用同一字号标识食品真实属性的专用名称。当食品真实属性的专用名称因字号或字体颜色不同易使人误解食品属性时，也应使用同一字号及同一字体颜色标识食品真实属性的专用名称。为不使消费者误解或混淆食品的真实属性、物理状态或制作方法，可以在食品名称前或食品名称后附加相应的词语或短语。如"干燥的"、"浓缩的"、"复原的"、"熏制的"、"油炸的"、"粉末的"和"粒状的"等。

(2) 配料表

预包装食品的标签上应标识配料表，配料表应以"配料"或"配料表"为引导词。当加工过程中所用的原料已改变为其他成分(如酒、酱油、食醋等发酵产品)时，可用"原料"或"原料与辅料"代替"配料""配料表"，并按要求标识各种原料、辅料和食品添加剂。各种配料应按制造或加工食品时加入量的递减顺序一一排列，加入量不超过2%的配料可以不按递减顺序排列。如果某种配料是由两种或两种以上的其他配料构成的复合配料(不包括复合食品添加剂)，应在配料表中标识复合配料的名称，随后将复合配料的原始配料在括号内按加入量的递减顺序标识。另外，食品添加剂应当标识其在 GB 2760—2024《食品安全国家标准　食品添加剂使用标准》中的食品添加剂通用名称。食品添加剂通用名称可以标识为食品添加剂的具体名称，也可标识为食品添加剂的功能类别名称并同时标识食品添加剂的具体名称或国际编码(INS号)。如果在食品标签或食品说明书上特别强调添加了或含有一种或多种有价值、有特性的配料或成分，应标识所强调的配料或成分的添加量或在成品中的含量。

(3) 净含量和规格

净含量的标识应由净含量、数字和法定计量单位组成。依据法定计量单位，按以下形式标识包装物(容器)中食品的净含量：

液态食品，用体积升(L)、毫升(mL)，或用质量克(g)、千克(kg)；

固态食品，用质量克(g)、千克(kg)；

半固态或黏性食品,用质量克(g)、千克(kg)或体积升(L)、毫升(mL)。

净含量的计量单位应按表5-1标识。净含量字符的最小高度应符合表5-2的规定。

表5-1　　　　　　　　　　　净含量计量单位的标识方式

计量方式	净含量(Q)的范围	计量单位
体积	$Q<1\,000$ mL	毫升(mL)
	$Q\geqslant 1\,000$ mL	升(L)
质量	$Q<1\,000$ g	克(g)
	$Q\geqslant 1\,000$ g	千克(kg)

表5-2　　　　　　　　　　　净含量字符的最小高度

净含量(Q)的范围	字符的最小高度/mm
$Q\leqslant 50$ mL;$Q\leqslant 50$ g	2
50 mL$<Q\leqslant 200$ ml;50 g$<Q\leqslant 200$ g	3
200 mL$<Q\leqslant 1$ L;200 g$<Q\leqslant 1$ kg	4
$Q>1$ kg;$Q>1$ L	6

净含量应与食品名称在包装物或容器的同一展示版面标识。容器中含有固、液两相物质的食品,且固相物质为主要食品配料时,除标识净含量外,还应以质量或质量分数的形式标识沥干物(固形物)的含量。同一预包装内含有多个单件预包装食品时,大包装在标识净含量的同时还应标识规格。规格的标识应由单件预包装食品净含量和件数组成,或只标识件数,不标识"规格"二字。

(4)生产者、经销者的名称、地址和联系方式

预包装食品应当标注生产者的名称、地址和联系方式。生产者名称和地址应当是依法登记注册、能够承担产品安全质量责任的生产者的名称、地址。受其他单位委托加工预包装食品的,应标识委托单位和受委托单位的名称和地址,或仅标识委托单位的名称和地址及产地,产地应当按照行政区划注到地市级地域。

依法承担法律责任的生产者或经销者的联系方式应至少标识一种,诸如电话、传真、网络或与地址一并标识的邮政地址等。进口预包装食品应标识原产国国名或地区区名,以及在中国依法登记注册的代理商、进口商或经销者的名称、地址和联系方式,可不标识生产者的名称、地址和联系方式。

(5)日期标识

预包装食品的生产日期和保质期应清晰标识。如日期标识采用"见包装物某部位"的形式,应标识所在包装物的具体部位。当同一预包装内含有多个标识了生产日期及保质期的单件预包装食品时,外包装上标识的保质期应为最早到期的单件食品的保质期。外包装上标识的生产日期应为最早生产的单件食品的生产日期,或外包装形成销售单元的日期;也可在外包装上分别标识各单件装食品的生产日期和保质期。应按年、月、日的顺序标识日期,如果不按此顺序标识,应注明日期标识顺序。

(6)贮存条件

预包装食品标签应标识贮存条件。

(7)食品生产许可证编号

预包装食品标签应标识食品生产许可证编号。

(8)产品标准代号

在国内生产并在国内销售的预包装食品(不包括进口预包装食品)应标识产品所执行的标准代号和顺序号。

(9)其他标识内容

辐照食品:经电离辐射线或电离能量处理过的食品,应在食品名称附近标识"辐照食品",经电离辐射线或电离能量处理过的任何配料,都应在配料表中标明。

转基因食品:转基因食品的标识应符合相关法律、法规的规定。

营养标签:特殊膳食类食品和专供婴幼儿的主辅类食品,应当标识主要营养成分及其含量,标识方式按照 GB 13432—2013《食品安全国家标准 预包装特殊膳食用食品标签》执行。

质量(品质)等级食品:所执行的相应产品标准已明确规定质量(品质)等级的,应标识质量(品质)等级。

4. 标识内容的豁免

下列预包装食品可以免除标识保质期:

酒精度大于等于 10% 的饮料酒;食醋;食用盐;固态食糖类;味精。

当预包装食品包装物或包装容器的最大表面面积小于 $10\ cm^2$ 时,可以只标识产品名称、净含量、生产者(或经销商)的名称和地址。

5. 推荐标识内容

批号:根据产品需要,可以标识产品的批号。

食用方法:根据产品需要,可以标识容器的开启方法、食用方法、烹调方法、复水再制方法等对消费者有帮助的说明。

致敏物质:以下食品及其制品可能导致过敏反应,如果用作配料,宜在配料表中使用易辨识的名称,或在配料表邻近位置加以提示:含有麸质的谷物及其制品(如小麦、黑麦、大麦、燕麦、斯佩耳特小麦或它们的杂交品系);甲壳纲类动物及其制品(如虾、龙虾、蟹等);鱼类及其制品;蛋类及其制品;花生及其制品;大豆及其制品;乳及乳制品(包括乳糖);坚果及其果仁类制品。如加工过程中可能带入上述食品或其制品,宜在配料表邻近位置加以提示。

《食品安全国家标准 预包装食品标签通则》(GB 7718—2011)规定了预包装食品标签的通用性要求,如果其他食品安全国家标准有特殊规定的,应同时执行预包装食品标签的通用性要求和特殊规定。同时,如果其他相关规定、规范性文件规定的相应内容与《食品安全国家标准 预包装食品标签通则》(GB 7718—2011)不一致,应当按照《食品安全国家标准 预包装食品标签通则》(GB 7718—2011)执行。

(二)食品营养标签

2011 年,原卫生部第 24 号公告批准发布了《食品安全国家标准 预包装食品营养标签通则》(GB 28050—2011),该标准的发布第一次将预包装食品营养标签的要求上升到国家食品安全标准的高度,并作为强制性标准实施。这反映出我国政府部门对食品营养标签的重视,给我国食品进入其他国家和地区进行营养标签的标识提供了一个良好的应用标准。

所谓营养标签,就是预包装食品标签上向消费者提供食品营养信息和特性的说明,包括营养成分表、营养声称和营养成分功能声称,是预包装食品标签的一部分。作为 GB 7718—2011 的组成部分,GB 28050—2011 规定了营养标签的标识要求,对于指导、规范我国食品营养标签标识,促进公众膳食营养平衡和身体健康,引导消费者合理选择预包装食品,保护消费者知情权、选择权和监督权起到非常重要的作用。

1. 基本要求

(1)预包装食品营养标签标识的营养信息,应真实、客观,不得标识虚假信息,不得夸大产品的营养作用或其他作用。

(2)预包装食品营养标签应使用中文。如同时使用外文标识的,其内容应当与中文相对应,外文字号不得大于中文字号。

(3)营养成分表应以一个"方框表"的形式表示(特殊情况除外),方框可为任意尺寸,并与包装的基线垂直,表题为"营养成分表"。

(4)食品营养成分含量应以具体数值标识,数值可通过原料计算或产品检测获得。各营养成分的营养素参考值(NRV)应按标准规定的要求标注。

(5)营养标签的格式应符合要求,食品企业可根据食品的营养特性、包装面积的大小和形状等因素选择使用适合的推荐格式。

(6)营养标签应标在向消费者提供的最小销售单元的包装上。

2. 强制标识内容

(1)所有预包装食品营养标签强制标识的内容包括能量、核心营养素的含量值及其占营养素参考值(NRV)的百分比。

(2)当标识其他成分时,应采取适当形式使能量和核心营养素的标识更加醒目。

(3)对除能量和核心营养素外的其他营养成分进行营养声称或营养成分功能声称时,在营养成分表中还应标识出该营养成分的含量及其占营养素参考值(NRV)的百分比。

(4)使用了营养强化剂的预包装食品,在营养成分表中还应标识强化后食品中该营养成分的含量及其占营养素参考值(NRV)的百分比。

(5)食品配料含有或生产过程中使用了氢化和(或)部分氢化油脂时,在营养成分表中还应标识出反式脂肪(酸)的含量。

(6)未规定营养素参考值(NRV)的营养成分仅需标识含量。

3. 营养声称

(1)含量声称:食品中能量或营养成分含量水平的声称。声称用语包括"含有"、"高"、"低"或"无"等。

(2)比较声称:与消费者熟知的同类食品的营养成分含量或能量值进行比较以后的声称。声称用语包括"增加"或"减少"等。

4. 营养成分功能声称

营养成分功能声称指某营养成分可以维持人体正常生长、发育和正常生理功能等作用的声称。根据标准规定,当某营养成分含量标识值符合标准中的含量要求和限制性条件时,可对该成分进行含量声称和比较声称。另外只能声称某种营养素对人体的生理作用,不得声称或暗示其有治愈、治疗或预防疾病的作用。

5. 豁免强制标识营养标签的预包装食品

(1)生鲜食品,如包装的生肉、生鱼、生蔬菜和水果、禽蛋等。

(2)乙醇含量≥0.5%的饮料酒类。

(3)包装总表面积≤100 cm² 或最大表面面积≤20 cm² 的食品。

(4)现制现售的食品。

(5)包装的饮用水。

(6)每日食用量≤10 g 或 10 mL 的预包装食品。

(7)其他法律法规标准规定可以不标识营养标签的预包装食品。

豁免强制标识营养标签的预包装食品,如果在其包装上出现任何营养信息时,应按照标准执行。

(三)特殊膳食用食品标签

1. 概念

所谓特殊膳食用食品,是指为满足特殊的身体或生理状况和(或)满足疾病、紊乱等状态下的特殊膳食需求,专门加工或配方的食品。这类食品的营养素和(或)其他营养成分的含量与可类比的普通食品有显著不同。

2. 标识要求

为确保特殊膳食用食品标签标准与现行特殊膳食用食品产品标准和相关标准相衔接,根据《食品安全法》和《食品安全国家标准管理办法》,《食品安全国家标准 预包装特殊膳食用食品标签》(GB 13432—2013)于 2015 年 7 月 1 日起施行。该标准根据我国特殊膳食用食品产业发展实际,结合了公众对特殊膳食用食品标签标识的需求,不仅提高了标准的科学性和标签的健康指导意义,同时注重与法律法规和其他食品及标签标准的衔接和配套,确保了政策的连贯性和稳定性。

特殊膳食用食品的类别主要包括以下几种:

(1)婴幼儿配方食品:婴儿配方食品;较大婴儿和幼儿配方食品;特殊医学用途婴儿配方食品。

(2)婴幼儿辅助食品:婴幼儿谷类辅助食品;婴幼儿罐装辅助食品。

(3)特殊医学用途配方食品(特殊医学用途婴儿配方食品涉及的品种除外)。

(4)其他特殊膳食用食品(包括辅食营养补充品、运动营养食品,以及其他具有相应国家标准的特殊膳食用食品)。

《食品安全国家标准 预包装特殊膳食用食品标签》(GB 13432—2013)规定,预包装特殊膳食用食品标签的标识内容应符合《食品安全国家标准 预包装食品标签通则》(GB 7718—2011)中相应条款的要求。只有符合该标准中特殊膳食用食品定义的食品才可以在名称中使用"特殊膳食用食品"或相应的描述产品特殊性的名称。预包装特殊膳食用食品中能量和营养成分的含量应以每 100 g(克)和(或)每 100 mL(毫升)和(或)每份食品可食部中的具体数值来标识。当用份标识时,应标明每份食品的量,份的大小可根据食品的特点或推荐量规定。如有必要或相应产品标准中另有要求的,还应标识出每100 kJ(千焦)产品中各营养成分的含量。能量或营养成分的标识数值可通过产品检测或原料计算获得。在产品保质期内,能量和营养成分的实际含量不应低于标识值的80%,并应符合相应产品标准的要求。当预包装特殊膳食用食品中的蛋白质由水解蛋白质或氨基酸提供时,"蛋白质"项可用"蛋白质"、"蛋白质(等同物)"或"氨基酸总量"中的任意一种方式来标识。

另外食品标签应标识预包装特殊膳食用食品的食用方法、每日或每餐食用量,必要时应标识调配方法或复水再制方法。此外还应标识预包装特殊膳食用食品的适宜人群,对于特殊医学用途婴儿配方食品和特殊医学用途配方食品,适宜人群应按产品标准要求标识。

(四)其他

1. 进出口食品标签

2011年,原国家质量监督检验检疫总局第144号令发布了《进出口食品安全管理办法》,2021年进行了修订,新的《进出口食品安全管理办法》自2022年1月1日起实施。具体要求如下:

(1)进口食品的包装和标签、标识应当符合中国法律法规和食品安全国家标准;依法应当有说明书的,还应当有中文说明书。

(2)对于进口鲜冻肉类产品,内外包装上应当有牢固、清晰、易辨的中英文或者中文和出口国家(地区)文字标识,标明以下内容:产地国家(地区)、品名、生产企业注册编号、生产批号;外包装上应当以中文标明规格、产地(具体到州/省/市)、目的地、生产日期、保质期限、贮存温度等内容,必须标注目的地为中华人民共和国,加施出口国家(地区)官方检验检疫标识。

(3)对于进口水产品,内外包装上应当有牢固、清晰、易辨的中英文或者中文和出口国家(地区)文字标识,标明以下内容:商品名和学名、规格、生产日期、批号、保质期限和保存条件、生产方式(海水捕捞、淡水捕捞、养殖)、生产地区(海洋捕捞海域、淡水捕捞国家或者地区、养殖产品所在国家或者地区)、涉及的所有生产加工企业(含捕捞船、加工船、运输船、独立冷库)名称、注册编号及地址(具体到州/省/市)、目的地为中华人民共和国。

(4)进口保健食品、特殊膳食用食品的中文标签必须印制在最小销售包装上,不得加贴。

(5)进口食品内外包装有特殊标识规定的,按照相关规定执行。

2019年为贯彻落实国务院深化"放管服"改革要求,进一步提高口岸通关效率,海关总署发布关于《进出口预包装食品标签检验监督管理有关事宜的公告》,该公告第一条规定"自2019年10月1日起,取消首次进口预包装食品标签备案要求。进口预包装食品标签作为食品检验项目之一,由海关依照食品安全和进出口商品检验相关法律、行政法规的规定检验。"第六条提出"出口预包装食品生产企业应当保证其出口的预包装食品标签符合进口国(地区)的标准或者合同要求。"

2. 转基因食品标签

(1)概念

转基因食品是指利用基因工程技术改变基因组构成的动物、植物和微生物生产的食品和食品添加剂,包括:转基因动植物、微生物产品,转基因动植物、微生物直接加工品以及转基因动植物、微生物或者以其直接加工品为原料生产的食品和食品添加剂。

(2)标识要求

2004年原国家质量监督检验检疫总局令第62号《农业转基因生物标识管理办法》颁布,后于2004年7月1日原农业部令第38号、2017年11月30日原农业部令第8号修订。该《办法》第六条对转基因食品标识的标注方法规定:

①转基因动植物(含种子、种畜禽、水产苗种)和微生物,转基因动植物、微生物产品,含有转基因动植物、微生物或者其产品成分的种子、种畜禽、水产苗种、农药、兽药、肥料和添加剂等产品,直接标注"转基因××"。

②转基因农产品的直接加工品,标注为"转基因××加工品(制成品)"或者"加工原料为转基因××"。

③用农业转基因生物或用含有农业转基因生物成分的产品加工制成的产品,但最终销售产品中已不再含有或检测不出转基因成分的产品,标注为"本产品为转基因××加工制成,但本产品中已不再含有转基因成分"或者标注为"本产品加工原料中有转基因××,但本产品中已不再含有转基因成分"。

第一批实施标识管理的农业转基因生物目录包括:

①大豆种子、大豆、大豆粉、大豆油、豆粕。

②玉米种子、玉米、玉米油、玉米粉(含税号为11022000、11031300、11042300的玉米粉)。

③油菜种子、油菜籽、油菜籽油、油菜籽粕。

④棉花种子。

⑤番茄种子、鲜番茄、番茄酱。

为加强进出境转基因产品检验检疫管理,保障人体健康和动植物、微生物安全,2004年原国家质量监督检验检疫总局令第62号发布了《进出境转基因产品检验检疫管理办法》,并于2018年3月、4月、11月和2023年3月进行了四次修订。该办法规定"办理进境报检手续时,应当在《入境货物报检单》的货物名称栏中注明是否为转基因产品。申报为转基因产品的,除按规定提供有关单证外,还应当取得法律法规规定的主管部门签发的《农业转基因生物安全证书》或者相关批准文件。海关对《农业转基因生物安全证书》电子数据进行系统自动比对验核。"对于实施标识管理的进境转基因产品,符合农业转基因生物标识的审查认可批准文件的,准予进境;未标识的不得进境。

3. 保健食品标签

(1)概念

保健食品是指具有特定保健功能或者以补充维生素、矿物质为目的的食品。适宜于特定人群食用,不以治疗疾病为目的,具有调节机体功能的作用,对人体不产生任何急性、亚急性或者慢性危害。

(2)标识要求

1996年原卫生部发布的《保健食品标识规定》,对保健食品标识和产品说明书的内容作了详细的说明,包括保健食品的名称、保健食品的标识与保健食品批准文号、净含量、配料、功效成分、保健作用、保健食品生产企业名称与地址等。这项关于保健食品标签标识的重要法规第四条、第五条明确了保健食品标识与产品说明书的所有标识内容必须符合以下基本原则:

①保健食品名称、保健作用、功效成分、适宜人群和保健食品批准文号必须与原卫生部颁发的《保健食品批准证书》所载明的内容相一致。

②标识应科学、通俗易懂,不得利用封建迷信进行保健食品宣传。

③应与产品的质量要求相符,不得以误导性的文字、图形、符号描述或暗示某一保健食品或保健食品的某一性质与另一产品的相似或相同。

④不得以虚假、夸张或欺骗性的文字、图形、符号描述或暗示保健食品的保健作用,也不得描述或暗示保健食品具有治疗疾病的功用。

⑤保健食品标识不得与包装容器分开。所附的产品说明书应置于产品外包装上。

⑥各项标识内容应按规定标识于相应的版面内,当一个"信息版面"不够时,可标于第二个"信息版面"。

⑦保健食品标识和产品说明书的文字、图形、符号必须清晰、醒目、直观,易于辨认和识读。背景和底色应采用对比色。

⑧保健食品的标识和产品说明书的文字、图形、符号必须牢固、持久,不得在流通和食用过程中变得模糊甚至脱落。

⑨必须以规范的汉字为主要文字,可以同时使用汉语拼音、少数民族文字或外文,但必须与汉字内容有直接的对应关系,并书写正确。所使用的汉语拼音或外国文字不得大于相应的汉字。

2016年,原国家食品药品监督管理总局发布《保健食品注册与备案管理办法》,2020年国家市场监督管理总局令第31号修订实施。该办法第五章指出,申请保健食品注册应当提交产品标签、说明书样稿。产品标签、说明书样稿应当包括产品名称、原料、辅料、功效成分或者标志性成分及含量、适宜人群、不适宜人群、保健功能、食用量及食用方法、规格、贮藏方法、保质期、注意事项等内容及相关制定依据和说明等。保健食品的标签、说明书主要内容不得涉及疾病预防、治疗功能,必须注明"本品不能代替药物"等字样。

4. 鲜活农产品食品标签

(1)概念

鲜活农产品是指通过种植、养殖、捕捞、野生采集等方式获得,且未经深加工、未改变其物理化学形态和性状、保留其自然特性的农产品。

(2)标识要求

2016年原国家质量监督检验检疫总局发布了《鲜活农产品食品标签标识》(GB/T 32950—2016)。标准第四条规定了鲜活农产品标签标识的基本要求:

①鲜活农产品标签标识的主要内容及方式的确定,应充分考虑保障消费者健康和安全与合法权益;满足消费者识别鲜活农产品的需要;提供鲜活农产品属性和用途信息;提供鲜活农产品的质量信息、质量保证信息、来源及追溯信息的需要;满足鲜活农产品贸易双方的合理需要等。

②农产品生产企业、农民专业合作经济组织以及从事农产品收购的单位或者个人包

装销售的鲜活农产品应当具有标签标识。

③标签标识可以采用不同的方式。如在包装上采取附加标签、标识牌、标识带或提供说明书等形式。对于有包装的鲜活农产品,应当在包装物上标注或者附加标识;散装、裸装的鲜活农产品,应当采取附加标签、标识牌、标识带、说明书或标识在鲜活农产品上(如畜禽胴体上)等形式。

④鲜活农产品标签标识的内容应真实、规范、准确、科学、通俗易懂。说明或表达方式应使用规范的中文,不应以错误的、引起误解的或欺骗的方式描述或介绍农产品,不应以直接或间接暗示性的语言、图形、符号引起消费者对鲜活农产品的混淆,不应误导、欺骗消费者或给消费者留下错误的印象。

⑤鲜活农产品标签标识上不应标识出容易误导的表述,例如"比较好的""最好的""卫生的""健康的""有益健康的"等。

⑥当在鲜活农产品标签标识中使用"天然的""纯的""新鲜的""自制的""有机生长的""生态的""无抗的"等描述产品名称和性状时,应符合国家相关法律法规或标准的规定,并应有相关的质量保证文件。

⑦鲜活农产品的标签标识应与鲜活农产品的实际情况相符合,不应含有不真实的信息或无法证实的内容。

⑧鲜活农产品标签标识上不应包含宣传能够预防、缓解、减轻、治疗、治愈某种疾病和调节特定生理问题等方面的内容;不应包含可能引起消费者对类似鲜活农产品的安全生产怀疑或恐慌的内容。

思考与梳理

1. 请解释一下食品标签上的"保质期"和"最佳食用日期"之间的区别,并说明它们对食品质量和安全的影响。

2. 选取一种预包装食品,仔细阅读该食品标签内容,根据《食品安全国家标准 预包装食品标签通则》(GB 7718—2011)和《食品安全国家标准 预包装食品营养标签通则》(GB 28050—2011)相关要求,填写表5-3。

表5-3　　　　　　　　　　　预包装食品标签标识情况

标签项目	阅读结果	获得信息
标签总体外观(字体大小,颜色,标签清晰与否,是否有误导性文字)		
1. 食品名称		
2. 配料表		
3. 配料表的定量标识		
4. 净含量和规格		

(续表)

标签项目	阅读结果	获得信息
5.生产者、经销者的名称、地址和联系方式		
6.生产日期		
7.贮存条件		
8.食品生产许可证编号		
9.产品标准代号		
10.其他(转基因,营养)		
11.质量(品质等级)		
12.有无内外包装		

二、我国食品标签法律法规

(一)我国食品标签法规分级

我国的食品法规体系共分为四个层次,分别为法律、法规、规章和规范性文件(表5-4)。

第一层级法律是由全国人大常委会制定,以主席令的形式发布。与标签标识相关的法律主要有《食品安全法》《农产品质量安全法》等。

第二层级法规,包括行政法规和地方性法规。其中行政法规由国务院制定,由国务院总理签署,以国务院令的形式发布。行政法规的形式有条例、办法、实施细则、决定等。与标签标识相关的法规有《食品安全法实施条例》等。

第三层级规章,包括部门规章和地方政府规章。部门规章包括国务院各部门发布的命令,如部令、局令。各部门在各自职责范围内发布食品安全管理的措施制度,并组织实施。如原农业部发布的《农产品包装和标识管理办法》就规定了农产品的包装和标识要求。

第四层级规范性文件。规范性文件主要包括决定规定、公告、通告、通知办法、实施细则、意见等规范行政管理事务的文件,也是企业生产经营活动中需要遵守的法规依据。比如原卫生部办公厅关于预包装食品标签标识有关问题的复函,对蒸馏酒及其配制酒配料中水的标识以及进口预包装食品质量等级的标识进行了规定。

表5-4 法律法规体系

层级	相关法律法规/文件
法律	《食品安全法》《农产品质量安全法》
法规	行政法规:《食品安全法实施条例》 地方性法规:《上海市食品安全条例》
规章	部门规章:《农产品包装和标识管理办法》 地方政府规章:《上海市水产品质量安全监督管理办法》
规范性文件	通知、决定、办法、规定、复函等; 《卫生部办公厅关于包装食品标签标识有关问题的复函》

（二）法律法规的具体标识要求

1.《食品安全法》

《食品安全法》是食品安全的基本法，共十章一百五十四条，其中第四章第三节用七个条款对标签、说明书和广告标识事项作出规定，其中的第六十七条是对预包装食品的标识规定，预包装食品标签应当标明：

(1) 名称、规格、净含量、生产日期。

(2) 成分或者配料表。

(3) 生产者的名称、地址、联系方式。

(4) 保质期。

(5) 产品标准代号。

(6) 贮存条件。

(7) 所使用的食品添加剂在国家标准中的通用名称。

(8) 生产许可证编号。

(9) 法律法规或者食品安全标准规定应当标明的其他事项。

(10) 专供婴幼儿和其他特定人群的主、辅食品，其标签还应当标明主要营养成分及其含量。

《食品安全法》第六十八条规定，食品经营者销售散装食品，应当在散装食品的容器外包装上标明食品的名称、生产日期或者生产批号、保质期以及生产经营者名称、地址、联系方式等内容，这些是法律规定的最低要求。食品经营者出于扩大信誉、保障消费者的知情权等因素考虑，可以在标注上述内容的前提下，自行标注其他内容。

《食品安全法》第六十九条规定，生产经营转基因食品，应当按照规定显著标识。对转基因标识的要求在《农业转基因生物标识管理办法》第六条有着更加具体的规定。

除了转基因食品，食品添加剂同样也有着特殊的标识内容。《食品安全法》第七十条规定，食品添加剂应当有标签、说明书和包装。标签、说明书应当载明本法第六十七条第一款第一项至第六项、第八项、第九项规定的事项以及食品添加剂的使用范围、用量、使用方法，并在标签上载明食品添加剂字样。

《食品安全法》第七十八条规定，保健食品的标签说明书不得涉及疾病预防、治疗功能，内容应当真实，与注册或者备案的内容相一致。须明确适宜人群、不适宜人群、功效成分或者标志性成分及其含量等，并声明本品不能代替药物。保健食品的功能和成分应当与标签说明书相一致，防止保健食品生产经营过程中的误导性宣传，避免消费者过度依赖保健食品，耽误必要的药物治疗。

《食品安全法》第九十七条规定，进口的预包装食品和食品添加剂应当有中文标签，依法应当有说明书的，还应当有中文说明书。标签、说明书应当符合本法以及我国其他有关法律、行政法规的规定和食品安全国家标准的要求，并载明食品的原产地以及境内代理商的名称、地址、联系方式。预包装食品没有中文标签、中文说明书或者标签说明书不符合本条规定的，不得进口。

2.《食品安全法实施条例》

2019年国务院令第721号发布了《中华人民共和国食品安全法实施条例》。该条例作为行政法规,是对食品安全法条款的细化,共十章八十六条,标识办法由国务院食品安全监督管理部门会同国务院农业行政部门制定。其中第三十三条规定,生产经营转基因食品应当显著标识。第三十九条规定特殊食品的标签、说明书内容应当与注册或者备案的标签、说明书一致。销售特殊食品,应当核对食品标签、说明书内容是否与注册或者备案的标签、说明书一致,不一致的不得销售。

3.《产品质量法》

1993年第七十一号主席令发布了《中华人民共和国产品质量法》,后分别于2000年、2009年和2018年进行了三次修订。

《产品质量法》第二十七条规定,产品或者其包装上的标识必须真实并符合下列要求:

(1) 有产品质量检验合格证明。

(2) 有中文标明的产品名称、生产厂厂名和厂址。

(3) 根据产品的特点和使用要求,需要标明产品规格、等级、所含主要成分的名称和含量的,用中文相应予以标明。需要事先让消费者知晓的,应当在外包装上标明,或者预先向消费者提供有关资料。

(4) 限期使用的产品,应当在显著位置清晰地标明生产日期和安全使用期或者失效日期。

(5) 使用不当容易造成产品本身损坏或者可能危及人身、财产安全的产品,应当有警示标志或者中文警示说明。

4.《食品标识管理规定》

原国家质检总局在2007年发布《食品标识管理规定》,并在2009年进行了修订。《食品标识管理规定》共五章四十一条,分别是总则、标注内容、标注形式、法律责任和附则。标注内容主要是在第二章,主要有以下要求:

第六条 食品标识应当标注食品名称。食品名称应当表明食品的真实属性,并符合相关要求。其中第5款"以动植物食物为原料,采用特定的加工工艺制作,用以模仿其他生物的个体、器官、组织等特征的食品,应当在名称前冠以人造、仿或者塑等字样,并标注该食品真实属性的分类名称。"

第七条 应当标注食品的产地。食品产地应当按照行政区划标注到地市级地域。

第八条 应当标注生产者的名称、地址和联系方式。生产者名称和地址应当是依法登记注册的、能够承担产品质量责任的生产者的名称、地址。

第九条 应当清晰地标注食品的生产日期、保质期,并按照有关规定要求标注贮存条件。乙醇含量10%以上(包含10%)的饮料、酒、食醋、食用盐、固态食糖类可以免除标注保质期。

第十条 定量包装食品标识应当标注净含量,并按照有关规定要求标注规格。对含有固、液两项物质的食品,除标识净含量外,还应当标识沥干物或者固形物的含量。净含量应当与食品名称排在食品包装的同一展示版面。

第十一条 应当标注食品的成分或者配料清单。专供婴幼儿和其他特定人群的主、辅食品,其标识还应当标注主要营养成分及其含量。

第十二条 应当标注企业所执行的产品标准代号。

第十三条 食品执行的标准明确要求标注食品的质量等级、加工工艺的,应当相应地予以标明。

第十四条 实施生产许可证管理的食品标识,应当标注食品生产许可证编号。

第十五条 混装非食用产品易造成误食使用不当,容易造成人身伤害的,应当在其标识上标注警示标志或者中文警示说明。

同时,该管理规定也规定了食品标识不应该标注的内容。

第十八条 食品标识不得标注下列内容:
(1)明示或者暗示具有预防、治疗疾病作用。
(2)非保健食品,明示或者暗示具有保健作用。
(3)以欺骗或者误导的方式描述或者介绍食品。
(4)附加的产品说明无法证实其依据等。
(5)文字或者图案不尊重民族习俗、带有歧视性描述。
(6)使用国旗、国徽或者人民币等进行标注。
(7)其他法律、法规和标准禁止标注的内容。

5.《农产品包装和标识管理办法》和《食用农产品市场销售质量安全监督管理办法》

为规范农产品生产经营行为,加强农产品包装和标识管理,建立健全农产品可追溯制度,保障农产品质量安全,依据《中华人民共和国农产品质量安全法》,2006年原农业部制定发布了《农产品包装和标识管理办法》。该《办法》第三章对农产品标识作了具体规定:

第十条 农产品生产企业、农民专业合作经济组织以及从事农产品收购的单位或者个人包装、销售的农产品,应当在包装物上标注或者附加标识标明品名、产地、生产者或者销售者名称、生产日期。有分级标准或者使用添加剂的,还应当标明产品质量等级或者添加剂名称。未包装的农产品,应当采取附加标签、标识牌、标识带、说明书等形式标明农产品的品名、生产地、生产者或者销售者名称等内容。

第十一条 农产品标识所用文字应当使用规范的中文标识,标注的内容应当准确、清晰、显著。

第十二条 销售获得无公害农产品、绿色食品、有机农产品等质量标志使用权的农产品,应当标注相应标志和发证机构,禁止冒用无公害农产品、绿色食品、有机农产品等质量标志。

第十三条 畜禽及其产品属于农业转基因生物的农产品,应当按照有关规定进行标识。

另外,2016年原国家食品药品监督管理总局令第20号发布了《食用农产品市场销售质量安全监督管理办法》,该《办法》对食用农产品的包装标签标识也提出了详细的要求。

第三十二条规定,销售按照规定应当包装或者附加标签的食用农产品,在包装或者附加标签后,方可销售。包装或者标签上应当按照规定标注食用农产品名称、产地、生产者、生产日期等内容。对保质期有要求的,应当标注保质期。保质期与贮藏条件有关的,应当予以标明。有分级标准或者使用食品添加剂的,应当标明产品质量等级或者食品添加剂名称。农产品标签所用的文字,应当是规范的中文,标注的内容应当清楚、明显、不得含有虚假、错误或者其他误导性内容。

第三十三条规定,销售获得无公害农产品、绿色食品、有机农产品等认证的食用农产品以及省级以上农业行政部门规定的其他需要包装、销售的食用农产品,应当包装并标注相应标志和发证机构。鲜活畜禽、水产品等除外。

第三十五条规定,进口食用农产品的包装或者标签应当符合我国法律、行政法规的规定和食品安全国家标准的要求,并载明原产地境内代理商的名称、地址、联系方式。进口鲜冻肉类产品的包装应当标明产品名称、原产国、生产企业名称、地址以及企业注册号、生产批号。外包装上应当以中文标明规格、产地、目的地、生产日期、保质期、贮存温度等内容。分装销售的进口食用农产品,应当在包装上保留原进口食用农产品的全部信息以及分装企业,分装时间、地点、保质期等信息。

与食品标签规定相关的法律法规还有《中华人民共和国标准化法》《中华人民共和国反不正当竞争法》《中华人民共和国消费者权益保护法》《中华人民共和国商标法》《母乳代用品销售管理办法》《产品标识标注规定》等。除了法律、法规、规章外,还有一些规范性文件,对标签标识有具体规定。

(三)我国实施食品标签法规及标准的法律保证(责任)

1.《中华人民共和国食品安全法》

第一百二十四条、一百二十五条规定,生产经营标注虚假生产日期、保质期或者超过保质期的食品、食品添加剂;生产经营无标签的预包装食品、食品添加剂或者标签、说明书不符合规定的食品、食品添加剂;生产经营转基因食品未按规定进行标识;由县级以上人民政府食品安全监督管理部门没收违法所得和违法生产经营的食品、食品添加剂,并可以没收用于违法生产经营的工具、设备、原料等物品;违法生产经营的食品、食品添加剂货值金额不足一万元的,并处五万元以上十万元以下罚款;货值金额一万元以上的,并处货值金额十倍以上二十倍以下罚款;情节严重的,吊销许可证。

2.《中华人民共和国产品质量法》

第五十三条规定,伪造产品产地的,伪造或者冒用他人厂名、厂址的,伪造或者冒用认证标志等质量标志的,责令改正,没收违法生产、销售的产品,并处违法生产、销售产品货值金额等值以下的罚款;有违法所得的,并处没收违法所得;情节严重的,吊销营业执照。

第五十四条规定,产品标识不符合本法第二十七条规定的,责令改正;有包装的产品标识不符合第二十七条第(四)项、第(五)项规定,情节严重的,责令停止生产、销售,并处违法生产、销售产品货值金额百分之三十以下的罚款;有违法所得的,并处没收违法所得。

3.《中华人民共和国消费者权益保护法》

第五十六条规定,生产者、经营者伪造商品的产地,伪造或冒用他人的厂名、厂址,伪造或冒用认证标志、优等标志等质量标志的,由工商行政管理部门或者其他有关行政部门责令改正,可以根据情节单处或者并处警告、没收违法所得、处以违法所得一倍以上十倍以下的罚款,没有违法所得的,处以五十万元以下的罚款;情节严重的,责令停业整顿、吊销营业执照。

思考与梳理

案例一 苏州某公司上海分公司销售的日本进口儿童食品豌豆脆,其原产标签的营养成分表中的"食盐相当量"为 0.0012 g;但中文标签上的营养成分表"钠"含量为 0 mg。经核实,涉案食品营养成分表中"钠"数值(每 100 g)实际含量为 8 mg。当事人销售的涉案食品的中文标签与原标签中的内容不一致。

案例二 上海某茶业有限公司在抖音平台网点销售"偶小茗绿茶 2021 新茶清香细毛尖",该产品标识的执行标准"GB/T 14452.2",并不存在。

请指出上述案例分别违反了食品安全法的哪些条款要求,并给出合规建议。

实践训练

食品标签与营养标签合规判断

一、食品标签不符合项查找

《食品安全国家标准 预包装食品标签通则》(GB 7718—2011)规定了直接向消费者提供的预包装食品标签应符合的要求。表 5-5 为某企业设计的预包装韧性饼干标签,请找出该标签标识不符合项并填表 5-6。

表 5-5　　　　　　　　预包装韧性饼干标签

韧性饼干　　　　　净含量:225 g
配料表:小麦粉、花生油、棕榈油、鲜鸡蛋、乳粉、食品添加剂(碳酸氢铵、碳酸氢钠、焦硫酸钠)。
产品标准代号:GB/T 20980　　　韧性饼干(冲泡型)
联系方式:××××-××××××××××
产地:××省××市
保质期:8 个月
生产日期:2023 年 11 月 18 日
图片仅供参考

营养成分表

项目	每 100 mL	营养素参考值/%
能量	1 611 kJ	19
蛋白质	8.0 g	13
脂肪	10.0 g	17
钠	150 mg	8

表 5-6　　　　　　　　　　食品标签不符合项查找实训工单

序号	不符合项	标准要求	修订内容

二、食品营养标签不符合项查找

表 5-7 为某企业设计的预包装乳粉的营养成分表,请根据《食品安全国家标准　预包装食品标签通则》(GB 7718—2011)和《食品安全国家标准　预包装食品营养标签通则》(GB 28050—2011)的要求,找出其标签标识不符合项并填表 5-8。

表 5-7　　　　　　　　　　营养成分表

项目	每 100 g	营养素参考值/%
能量	1 884 kJ	22
脂肪	16.0 mg	27
碳水化合物	57.5 g	19
维生素 D	8.5 μg	170
维生素 C	34.0 mg	34
钙	1 000 mg	125

表 5-8　　　　　　　　　　食品营养标签不符合项查找实训工单

序号	不符合项	标准要求	修订内容

项目测试

一、单选题

❶ 下列不属于核心营养素的是（　　）。
A. 蛋白质　　　　　　　　　　B. 钠
C. 膳食纤维　　　　　　　　　D. 脂肪

❷ 在预包装食品保质期内，营养成分钠含量允许误差范围是（　　）。
A. ≥80%标识值　　　　　　　B. ≤120%标识值
C. ≥60%标识值　　　　　　　D. ≤180%标识值

❸ 在预包装食品的营养成分表中，下列NRV%标识正确的是（　　）。
A. 2%　　　　　　　　　　　B. 2.0%
C. 2.00%　　　　　　　　　　D. 以上均可以

❹ 预包装食品配料表中各种配料应按制造或加工食品时（　　）递减顺序一一排列。
A. 加入量　　　　　　　　　　B. 终产品含量
C. 含量　　　　　　　　　　　D. 加入体积

二、多选题

❶ 以下选项中，属于预包装食品标签中强制要求标识的内容有（　　）。
A. 食品名称　　　　　　　　　B. 净含量
C. 批号　　　　　　　　　　　D. 致敏物质

❷ 以下属于进口食品需要强制标识的内容有（　　）。
A. 原产国名或地区区名
B. 在中国依法登记注册的代理商、进口商或经销者的名称、地址和联系方式
C. 产品所执行的标准代号和顺序号
D. 配料表

三、判断题

❶ 酒精度大于或等于10%vol的饮料酒可免于标识保质期。　（　　）

❷ 进口预包装食品可不标识生产者的名称、地址和联系方式。（　　）

❸ 营养成分表应以一个"方框表"的形式标识（特殊情况除外），方框可为任意尺寸。
　（　　）

❹ 营养成分表中反式脂肪酸含量标识为"0"是指没有检测出反式脂肪酸。　（　　）

项目六
食品安全行政许可

学习目标

知识与技能目标

1. 了解食品添加剂行政许可的办理程序。
2. 熟悉其他自愿性认证许可。
3. 掌握食品经营许可和食品生产许可的申请流程与现场核查内容。
4. 能够正确填写食品经营许可申请书和食品生产许可申请书等规范性资料。

素养目标

1. 养成公平公正、严谨规范的工作态度。
2. 恪守职业道德和责任意识,树立正确的法治观念。

预习导图

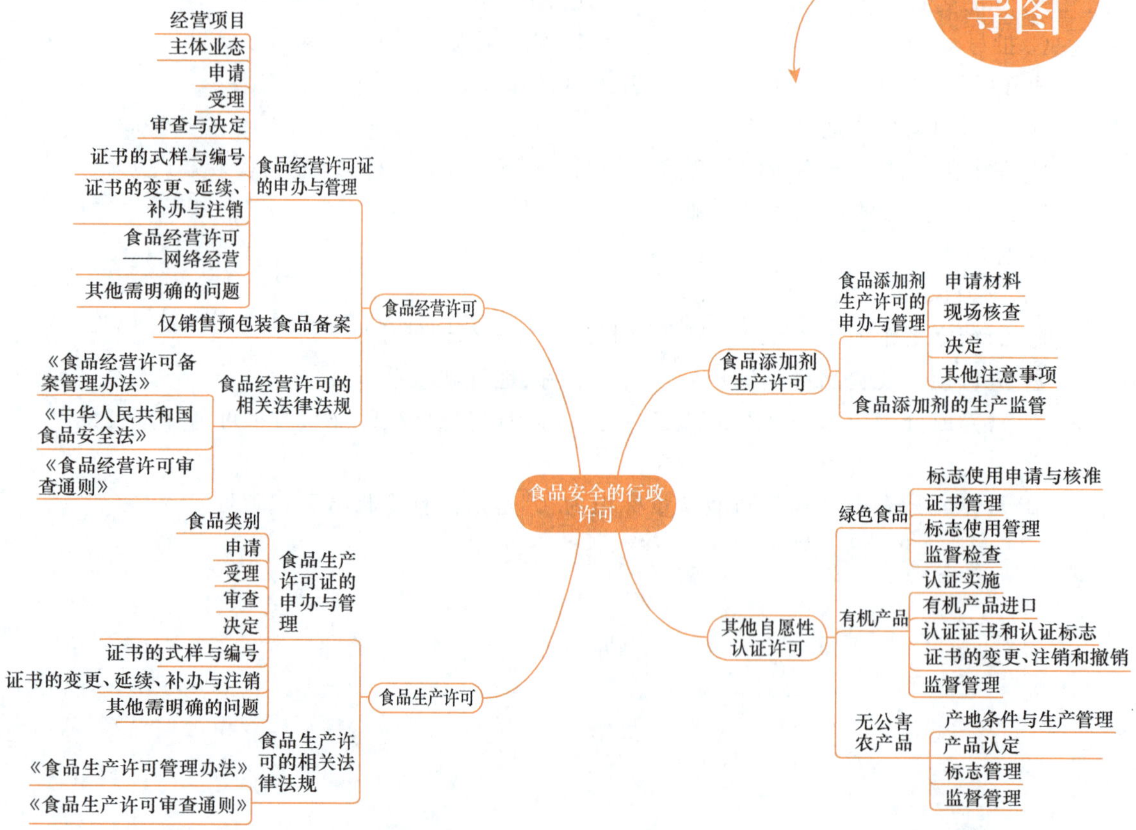

食品安全的行政许可
- 食品经营许可
  - 食品经营许可证的申办与管理
    - 经营项目
    - 主体业态
    - 申请
    - 受理
    - 审查与决定
    - 证书的式样与编号
    - 证书的变更、延续、补办与注销
    - 食品经营许可——网络经营
    - 其他需明确的问题
    - 仅销售预包装食品备案
  - 食品经营许可的相关法律法规
    - 《食品经营许可备案管理办法》
    - 《中华人民共和国食品安全法》
    - 《食品经营许可审查通则》
- 食品生产许可
  - 食品生产许可证的申办与管理
    - 食品类别
    - 申请
    - 受理
    - 审查
    - 决定
    - 证书的式样与编号
    - 证书的变更、延续、补办与注销
    - 其他需明确的问题
  - 食品生产许可的相关法律法规
    - 《食品生产许可管理办法》
    - 《食品生产许可审查通则》
- 食品添加剂生产许可
  - 食品添加剂生产许可的申办与管理
    - 申请材料
    - 现场核查
    - 决定
    - 其他注意事项
  - 食品添加剂的生产监管
- 其他自愿性认证许可
  - 绿色食品
    - 标志使用申请与核准
    - 证书管理
    - 标志使用管理
    - 监督检查
  - 有机产品
    - 认证实施
    - 有机产品进口
    - 认证证书和认证标志
    - 证书的变更、注销和撤销
    - 监督管理
  - 无公害农产品
    - 产地条件与生产管理
    - 产品认定
    - 标志管理
    - 监督管理

基础知识

一、食品经营许可

国家对食品生产经营实行许可制度。从事食品生产、食品销售、餐饮服务,应当依法取得许可。

(一)食品经营许可证的申办与管理

食品经营许可证办理流程如图 6-1 所示。

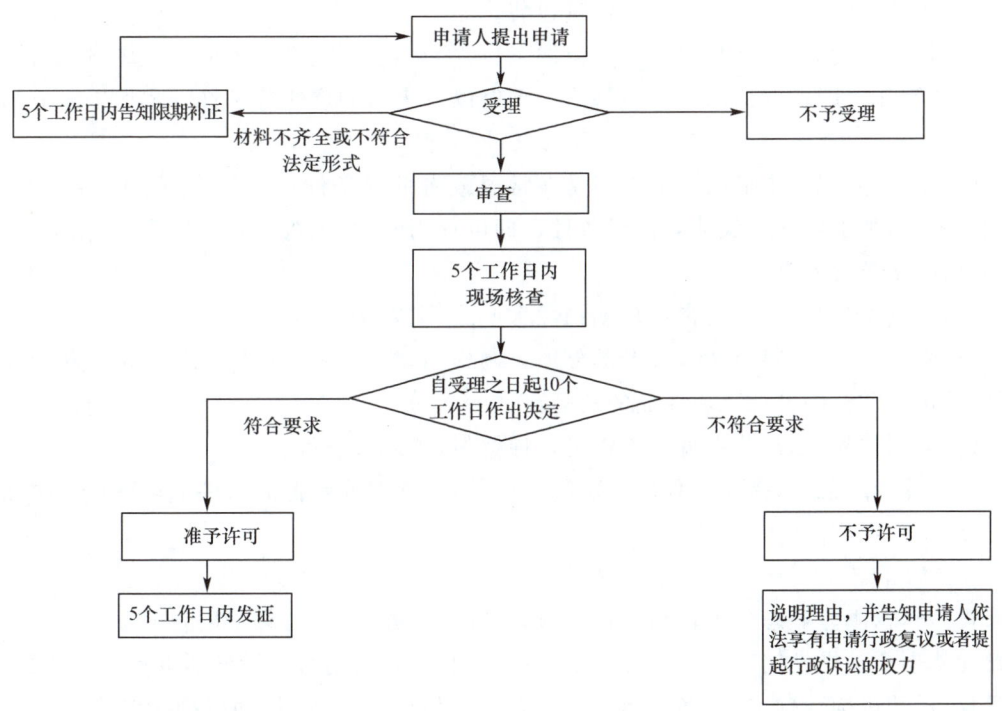

图 6-1　食品经营许可证办理流程

1. 经营项目

食品经营项目分为食品销售、餐饮服务、食品经营管理三类。食品经营项目可以复选。食品经营者从事散装食品销售中的散装熟食销售、冷食类食品制售中的冷加工糕点制售和冷荤类食品制售应当在经营项目后以括号标注。食品经营者从事解冻、简单加热、冲调、组合、摆盘、洗切等食品安全风险较低的简单制售,应取得相应的经营项目,并在食品经营许可证副本中标注简单制售。

食品销售,包括散装食品销售、散装食品和预包装食品销售。

餐饮服务,包括热食类食品制售、冷食类食品制售、生食类食品制售、半成品制售、自制饮品制售等,其中半成品制售仅限中央厨房申请。

食品经营管理,包括食品销售连锁管理、餐饮服务连锁管理、餐饮服务管理等。具体内容如下：

(1)食品销售连锁管理,指食品销售连锁企业总部对其管理的门店实施统一的采购配送、质量管理、经营指导,或者品牌管理等规范化管理的活动。

(2)餐饮服务连锁管理,指餐饮服务连锁企业总部对其管理的门店实施统一的采购配送、质量管理、经营指导,或者品牌管理等规范化管理的活动。

(3)餐饮服务管理,指为餐饮服务提供者提供人员、加工制作、经营或者食品安全管理等服务的第三方管理活动。

(4)散装食品,指在经营过程中无食品生产者预先制作的定量包装或者容器、需要称重或者计件销售的食品,包括无包装以及称重或者计件后添加包装的食品。在经营过程中,食品经营者进行的包装,不属于定量包装。

(5)热食类食品,指食品原料经过粗加工、切配并经过蒸、煮、烹、煎、炒、烤、炸、焙烤等烹饪工艺制作的即食食品,含热加工糕点、汉堡以及火锅和烧烤等烹饪方式加工而成的食品等。

(6)冷食类食品,指最后一道工序是在常温或者低温条件下进行的,包括解冻、切配、调制等过程,加工后在常温或者低温条件下即可食用的食品,含生食瓜果蔬菜、腌菜、冷加工糕点、冷荤类食品等。

(7)生食类食品,一般特指生食动物性水产品(主要是海产品)。

(8)半成品,指原料经初步或者部分加工制作后,尚需进一步加工制作的非直接入口食品,不包括贮存的已加工成成品的食品。

(9)自制饮品,指经营者现场制作的各种饮料,含冰激凌等。

(10)冷加工糕点,指在各种加热熟制工序后,在常温或者低温条件下再进行二次加工的糕点。

2.主体业态

食品经营主体业态分为食品销售经营者、餐饮服务经营者、集中用餐单位食堂。食品经营者从事食品批发销售、中央厨房、集体用餐配送的,利用自动设备从事食品经营的,或者学校、托幼机构食堂,应当在主体业态后以括号标注。学校、托幼机构食堂应标注学校自营食堂、学校承包食堂(含承包企业名称)、托幼机构自营食堂、托幼机构承包食堂(含承包企业名称)。主体业态为主要经营项目,不可以复选。

集中用餐单位食堂,指设于机关、事业单位、社会团体、民办非企业单位、企业等,供应内部职工、学生等集中就餐的餐饮服务提供者。

中央厨房,指由食品经营企业建立,具有独立场所和设施设备,集中完成食品成品或者半成品加工制作并配送给本单位连锁门店,供其进一步加工制作后提供给消费者的经营主体。

集体用餐配送单位,指主要服务于集体用餐单位,根据其订购要求,集中加工、分送食品但不提供就餐场所的餐饮服务提供者。

3. 申请

(1) 申请人资格

在中华人民共和国境内,从事食品销售和餐饮服务活动,应当依法取得食品经营许可。

申请人应当先行取得营业执照等合法主体资格。

企业法人、合伙企业、个人独资企业、个体工商户等,以营业执照载明的主体作为申请人。

机关、事业单位、社会团体、民办非企业单位、企业等申办单位食堂,以机关或者事业单位法人登记证、社会团体登记证或者营业执照等载明的主体作为申请人。

食品经营许可的申请

(2) 申请应具备条件

申请食品经营许可,应当符合与其主体业态、经营项目相适应的食品安全要求,具体包括以下内容:

①具有与经营的食品品种、数量相适应的食品原料处理和食品加工、销售、贮存等场所,保持该场所环境整洁,并与有毒、有害场所以及其他污染源保持规定的距离。

②具有与经营的食品品种、数量相适应的经营设备或者设施,有相应的消毒、更衣、盥洗、采光、照明、通风、防腐、防尘、防蝇、防鼠、防虫、洗涤以及处理废水、存放垃圾和废弃物的设备或者设施。

③配备与企业规模、食品类别、风险等级、管理水平、安全状况等相适应的食品安全总监、食品安全员等食品安全管理人员,明确企业主要负责人、食品安全总监、食品安全员等的岗位职责。中央厨房、集体用餐配送单位、集中用餐单位食堂等应配备专职食品安全管理人员。

④具有合理的设备布局和工艺流程,防止待加工食品与直接入口食品、原料与成品交叉污染,避免食品接触有毒物、不洁物。

⑤食品安全相关法律、法规规定的其他条件。

从事食品经营管理的,应当具备与其经营规模相适应的食品安全管理能力,建立健全食品安全管理制度,并按照规定配备食品安全管理人员,对其经营管理的食品安全负责。

(3) 申请需提交的材料

申请人应当如实向县级以上地方市场监督管理部门提交有关材料并反映真实情况,对申请材料的真实性负责,并在申请书等材料上签名或者盖章。符合法律规定的可靠电子签名、电子印章与手写签名或者盖章具有同等法律效力。具体申请材料如下:

①食品经营许可申请书。

②营业执照或者其他主体资格证明文件复印件。

③与食品经营相适应的主要设备设施、经营布局、操作流程等文件。

④食品安全自查、从业人员健康管理、进货查验记录、食品安全事故处置等保证食品安全的规章制度目录清单。

⑤利用自动设备从事食品经营的,申请人应当提交每台设备的具体放置地点、食品经营许可证的展示方法、食品安全风险管控方案等材料。

⑥申请人委托代理人办理食品经营许可申请的,代理人应当提交授权委托书以及代理人的身份证明文件。

(4)食品经营许可申请书的注意事项

填写食品经营许可申请书时,应注意经营者名称、统一社会信用代码、住所、经营场所等内容的规范,具体要求如下:

①经营者名称。应与营业执照或法人登记证等主体资格证明上标注的名称一致。

②统一社会信用代码。应与营业执照标注的社会信用代码保持一致。无社会信用代码的填写营业执照号码;无营业执照的机关、企、事业单位、社会团体以及其他组织机构,填写组织机构代码;个体经营者填写相关身份证件号码。

③住所。要具体表述所在位置,明确到门牌号、房间号,住所应与营业执照(或组织机构证、相关身份证件)内容一致。

④经营场所。填写申办经营者实施食品经营行为的实际地点,不一定与营业执照地址一致。如有多个经营地址,应当分别取得许可。

4. 受理

(1)受理流程

食品经营许可的受理

县级以上地方市场监督管理部门对申请人提出的食品经营许可申请,应当根据下列情况分别作出处理。

①申请事项依法不需要取得食品经营许可的,应当即时告知申请人不受理。

②申请事项依法不属于市场监督管理部门职权范围的,应当即时作出不予受理的决定,并告知申请人向有关行政机关申请。

③申请材料存在可以当场更正的错误的,应当允许申请人当场更正,由申请人在更正处签名或者盖章,注明更正日期。

④申请材料不齐全或者不符合法定形式的,应当当场或者自收到申请材料之日起五个工作日内一次告知申请人需要补正的全部内容和合理的补正期限。申请人无正当理由逾期不予补正的,视为放弃行政许可申请,市场监督管理部门不需要作出不予受理的决定。市场监督管理部门逾期未告知申请人补正的,自收到申请材料之日起即为受理。

⑤申请材料齐全、符合法定形式,或者申请人按照要求提交全部补正材料的,应当受理食品经营许可申请。

县级以上地方市场监督管理部门对申请人提出的申请决定予以受理的,应当出具受理通知书;当场作出许可决定并颁发许可证的,不需要出具受理通知书;决定不予受理的,应当出具不予受理通知书,说明理由,并告知申请人依法享有申请行政复议或者提起行政诉讼的权利。

(2)注意事项

①营业执照或者其他主体资格证明文件能够实现网上核验的,申请人不需要提供此文件。

②从事食品经营管理的食品经营者,可以不提供主要设备设施、经营布局材料。

③仅从事食品销售类经营项目的不需要提供操作流程。

④食品经营者从事解冻、简单加热、冲调、组合、摆盘、洗切等食品安全风险较低的简单制售的,县级以上地方市场监督管理部门在保证食品安全的前提下,可以适当简化设备设施、专门区域等审查内容。

⑤学校、托幼机构、养老机构、建筑工地等集中用餐单位的食堂应当依法取得食品经营许可,落实食品安全主体责任。

⑥承包经营集中用餐单位食堂的,应当取得与承包内容相适应的食品经营许可,具有与所承包的食堂相适应的食品安全管理制度和能力,按照规定配备食品安全管理人员,并对食堂的食品安全负责。集中用餐单位应当落实食品安全管理责任,按照规定配备食品安全管理人员,对承包方的食品经营活动进行监督管理,督促承包方落实食品安全管理制度。

⑦食品经营者从事网络经营的,外设仓库(包括自有和租赁)的,或者集体用餐配送单位向学校、托幼机构供餐的,应当在开展相关经营活动之日起十个工作日内向所在地县级以上地方市场监督管理部门报告。所在地县级以上地方市场监督管理部门应当在食品经营许可和备案管理信息平台记录报告情况。

5. 审查与决定

(1)审查事项——材料

①从事接触直接入口食品工作的从业人员应具有健康证明。

②食品经营企业应当具有保证食品安全的管理制度。应依法建立健全食品安全自查、食品安全追溯、从业人员健康管理等规章制度,并明确保证食品安全的相关规范要求。

③从事餐饮服务类经营项目的食品经营者还应建立定期清洗消毒空调及通风设施、定期清洁卫生间的制度。

④食品经营企业还应制定食品安全风险管控清单,建立健全日管控、周排查、月调度工作制度和机制。建立健全食品安全管理人员培训和考核制度、进货查验记录制度、场所及设施设备清洗消毒和维修保养制度、食品贮存管理制度、废弃物处置制度、不合格食品处置制度、食品安全事故处置方案以及食品经营过程控制制度等。

⑤食品批发经营企业还应建立食品销售记录制度。中央厨房、集体用餐配送单位、集中用餐单位食堂以及从事食品经营管理的还应建立原料供货商管理评价制度以及退出机制等。

⑥有中央厨房、配送中心、门店等的连锁企业总部还应建立相应的食品安全管理制度。

(2)审查事项——场所

①食品经营场所和食品贮存场所不得设在易受到污染的区域,距离粪坑、污水池、暴露垃圾场(站)、旱厕等污染源25m以上。

②食品销售场所和食品贮存场所应当环境整洁,有良好的通风、排气装置,并避免日光直接照射。地面应做到硬化,平坦防滑并易于清洁消毒,且有适当措施防止积水。食品销售场所和食品贮存场所应当与生活区分(隔)开。

③销售场所的食品经营区域与非食品经营区域分开,生食区域与熟食区域分开,待加

工食品区域与直接入口食品区域分开,经营水产品的区域应与其他食品经营区域分开。散装食品销售场所应具有相对独立的区域或显著的隔离措施,直接入口的散装食品应与生鲜畜禽、水产品分区设置,并有一定距离的物理隔离。

④食品贮存应设专门区域,不得与有毒有害物品同库存放。贮存的食品应与墙壁、地面保持适当距离,防止虫害藏匿并利于空气流通。食品与非食品、生食与熟食应当有适当的分隔措施,固定的存放位置和标识。

⑤餐饮服务场所应选择地面干燥、有给排水条件和电力供应的区域,应设置相应的初加工、切配、烹饪和餐饮用具清洗消毒、备餐等操作场所以及食品贮存、更衣、清洁用具存放场所等。

⑥食品处理区应按照原料进入、原料制作、半成品制作、成品供应的流程合理布局。食品处理区地面的铺设材料应无毒、无异味、不透水、耐腐蚀,地面平坦防滑、无裂缝、无破损、无积水积垢,结构有利于排污、清洗、消毒的需要。排水管道出水口安装的箅子应使用金属材料制成,箅子缝隙间距或网眼应小于10mm。食品处理区墙壁的涂覆或铺设材料应无毒、无异味、不透水、防霉、不易脱落、易于清洗。

⑦卫生间不得设置在食品处理区内,卫生间出入口不应与食品处理区直接连通。卫生间应设置独立的排风装置,排风口不应直对食品处理区或就餐区。卫生间的排污管道应与食品处理区排水管道分开设置。卫生间出口附近应设置符合条件的洗手设施。

(3)审查事项——设备

①食品经营者采购和使用食品相关产品,应建立查验食品相关产品合格证明的制度,食品相关产品应符合食品安全国家标准。采购和使用实行许可管理的食品相关产品,还应建立查验供货商许可证的制度。直接接触食品的设备或设施、工器具、餐饮用具等材质应无毒、无味、抗腐蚀,易于清洁保养和消毒。

②销售、贮存对温度湿度有特殊要求的食品,应配备与经营品种、数量相适应的冷藏冷冻设施设备。冷藏冷冻设施设备应设有有效的温度控制装置,设有可正确显示内部温度的温度监测设备,冷冻库温度记录和显示设备应放置在冷库外部便于监测和控制的地方,并建立定期校准、维护制度。

③直接入口散装食品的销售、贮存区域应设置防腐、防尘、防蝇、防鼠、防虫以及防污染等设施设备,使用有效覆盖或隔离容器盛放食品。散装食品售货工具应放入防尘、防蝇、防污染的专用密闭保洁柜内或存放于专用的散装食品售货工具存放容器内。

④以散装形式销售的不易挑拣异物或易引起交叉污染的食品,应采用小包装计量或使用密闭容器。使用密闭容器的应设置便于消费者查看、取用食品的工用具。

⑤食品处理区内的操作场所应根据制作品种和规模设置食品原料清洗水池等设施设备,并设有明显的区分标识,动物性食品原料、植物性食品原料及水产品原料应分别设置清洗水池。应分别设置盛放动物性食品、植物性食品及水产品原料的容器和制作使用的工用具,并设有明显的区分标识。

⑥餐饮服务场所与外界直接相通的门、窗应安装空气幕、防蝇胶帘、防虫纱窗、防鼠板等设施,防鼠板高度不低于60cm,门的缝隙应小于6mm。防蝇胶帘应覆盖整个门框,底

部离地距离小于 2cm,相邻胶帘条的重叠部分不少于 2cm。与外界直接相通的通风口、换气窗外,应加装不小于 16 目的防虫筛网。

⑦食品处理区应有充足的自然光或人工照明,光泽和亮度应能满足食品制作需要。

⑧食品制作使用水应符合国家生活饮用水卫生标准。制作现榨果蔬汁、食用冰等直接入口的食品,应配备符合相关规定的净水处理设备或者煮沸设施设备。

⑨食品处理区应设置非手动带盖的废弃物存放容器。废弃物存放容器应与食品容器有明显的区分标识。

⑩食品处理区产生油烟的设备、工序上方,应设置机械排风及油烟过滤装置。产生大量蒸汽的设备、工序上方,应设置机械排风排气装置。

⑪从事网络经营的设备要求请见本节"食品经营许可———网络经营"。

(4)专间要求

从事冷荤类食品制售、冷加工糕点制售、生食类食品制售,中央厨房和集体用餐配送单位进行直接入口易腐食品的冷却和分装、分切操作的(在封闭的自动设备中操作的除外),从事备餐,自制饮品制售(在封闭的自动设备中操作和饮品的现场调配、冲泡、分装除外),果蔬拼盘等的制作,仅制作植物性冷食类食品(不含非发酵豆制品),对预包装食品进行拆封、装盘、分切、调味等简单制作后即供应的,调制供消费者直接食用的调味料,应设置专间或专用操作区。专间应当符合以下要求。

①专间内无明沟,地漏带水封。应设置可开闭式食品传递窗口,除传递窗口和人员通道外,原则上不设置其他门窗。专间的墙裙应铺设到墙顶。专间的门、窗应闭合严密、无变形、无破损。专间的门应坚固、不吸水、易清洗,能自动关闭。专间内外运送食品的窗口应为专用窗口,大小以可通过运送食品的容器为准。

②专间内应设有独立的空调设施、专用清洗消毒设施、专用冷藏设施和与专间面积相适应的空气消毒设施。专间内的水龙头和废弃物容器盖子应为非手动开启式。

③专间入口处应设置独立的洗手、消毒、干手、更衣设施,水龙头应采用非手动开启式。

④应配备专用的食品容器、工用具、设备和清洁工具。

(5)专用操作场所要求

①与其他场所相对独立,专区专用,应设立专用的食品容器、工用具、设备和清洁工具。

②专用操作区内无明沟,地漏带水封。

③必要时,应设工具清洗消毒设施和专用冷藏设施。

④入口处应设置洗手、干手、消毒设施或用品。水龙头应采用非手动开启式。

(6)中央厨房要求

①食品制作和贮存场所面积应与制作食品的品种和数量相适应。

②地面应采用便于清洗的硬质材料铺设,有良好的排水系统。窗户、墙角、柱脚、墙面、地面设置应易于清洁。

③如设置窗台,其结构应能避免灰尘积存且易于清洗。

④应设有冷却和分装、分切直接入口易腐食品等的专间,在封闭的自动设备中操作的除外。

⑤制作场所入口处应设置更衣场所、风淋或风幕装置。

⑥应根据制作工艺,配备原料清洗、切配、熟制、速冻、包装、异物检测等设施设备。

应配备在食品的包装、容器或者配送箱上标注相关信息的设施设备。

⑦应配备封闭式专用运输车辆以及专用密闭运输容器。

⑧运输车辆、容器内部材质和结构应便于清洗、消毒。

⑨应根据食物特点,配备保温或冷藏等设施,保证食品配送过程的温度等条件符合食品安全要求。

⑩中央厨房、集体用餐配送单位应具备自行或者委托食品检验的条件。自行检验的,应设置相应的检验室,配备与检验项目相适应的检验设备和检验人员。不具备自行检验能力的,应提交与有法定资质的检测机构签订的相关委托协议等证明文件。检验项目包括农药残留、兽药残留、致病性微生物、餐饮用具清洗消毒效果等。

(7)集体用餐配送要求

①集体用餐配送单位食品处理区面积与单次最大供餐人数相适应,各省、自治区、直辖市市场监督管理部门可依据实际制定食品处理区面积与供餐人数比例。

②集体用餐配送单位需要分餐的应设置分餐间。

③地面应采用便于清洗的硬质材料铺设,有良好的排水系统。窗户、墙角、柱脚、墙面、地面设置应易于清洁。

④如设置窗台,其结构应能避免灰尘积存且易于清洗。

⑤应设有冷却和分装、分切直接入口易腐食品等的专间,在封闭的自动设备中操作的除外。

⑥制作场所入口处应设置更衣场所、风淋或风幕装置。

⑦应根据制作工艺,配备原料清洗、切配、熟制、速冻、包装、异物检测等设施设备。

⑧应配备能够满足需求的餐饮用具清洗消毒设施设备。

⑨采用冷藏方式贮存的,应配备符合规定时间内降至冷藏温度要求的设施设备。

⑩应配备在食品的包装、容器或者配送箱上标注相关信息的设备设施。

⑪应配备封闭式专用运输车辆以及专用密闭运输容器。

⑫运输车辆和容器内部材质和结构应便于清洗、消毒。

⑬应配备冷藏或保温等设施,保证运输时冷藏温度保持在 0~8℃,保温温度保持在 60℃以上。

(8)利用食品自动设备要求

①利用食品自动设备从事食品经营的食品经营者应建立食品安全自查和巡查、进货查验记录、场所及设备设施清洗消毒和维修保养、食品及食品原辅料的贮存和清洗、变质或超过保质期食品的处置、从业人员健康管理、食品安全事故处置方案以及食品安全风险管控方案等制度。

②食品自动设备应设置在固定地点,并在设备上展示便于消费者直接查看的食品经

营许可证。应提供食品自动设备放置地点清单。

③利用食品自动设备从事食品经营的,应提交自动设备的产品合格证明,食品自动设备直接接触食品及原料的材质应符合食品安全国家标准。食品自动设备的密闭性应能有效防止鼠、蝇、蟑螂等有害生物侵入。

④食品自动设备应具备经营食品所需的冷藏冷冻或者热藏条件,具有温度控制和监测设施。

⑤食品自动设备具备食品制售功能的,与原料、成品直接接触的容器、管道及其他部位需要清洗消毒的,应具备内置的自动洗消装置或相应的洗消设备设施。

⑥利用食品自动设备从事食品经营的,不得申请生食类食品制售项目,不得申请冷食类食品制售中冷荤类食品制售、冷加工糕点制售等高风险食品制售项目。

⑦利用食品自动设备从事食品销售的,应建立查验食品供货者的食品生产经营许可证、食品出厂检验合格证或者其他合格证明的制度。

⑧利用食品自动设备从事食品制售的,应建立查验其食品、半成品供货商食品生产经营许可证的制度。

(9)流程与时限

县级以上地方市场监督管理部门应当对申请人提交的许可申请材料进行审查。需要对申请材料的实质内容进行核实的,应当进行现场核查。食品经营许可申请包含预包装食品销售的,对其中的预包装食品销售项目不需要进行现场核查。

现场核查应当由符合要求的核查人员进行。核查人员不得少于两人。核查人员应当出示有效证件,填写食品经营许可现场核查表,制作现场核查记录,经申请人核对无误后,由核查人员和申请人在核查表上签名或者盖章。申请人拒绝签名或者盖章的,核查人员应当注明情况。

核查人员应当自接受现场核查任务之日起五个工作日内,完成对经营场所的现场核查。经核查,通过现场整改能够符合条件的,应当允许现场整改;需要通过一定时间整改的,应当明确整改要求和整改时限,并经市场监督管理部门负责人同意。

县级以上地方市场监督管理部门应当自受理申请之日起十个工作日内作出是否准予行政许可的决定。有特殊原因需要延长期限的,经市场监督管理部门负责人批准,可以延长五个工作日,并应当将延长期限的理由告知申请人。鼓励有条件的地方市场监督管理部门优化许可工作流程,缩减现场核查、许可决定等工作时限。

县级以上地方市场监督管理部门应当根据申请材料审查和现场核查等情况,对符合条件的,作出准予行政许可的决定,并自作出决定之日起五个工作日内向申请人颁发食品经营许可证;对不符合条件的,应当作出不予许可的决定,说明理由,并告知申请人依法享有申请行政复议或者提起行政诉讼的权利。

6.证书的式样与编号

(1)证书式样

食品经营许可证(图 6-2)分为正本、副本。正本、副本具有同等法律效力。

食品经营许可证应当载明:经营者名称、统一社会信用代码、法定代表人(负责人)、住所、经营场所、主体业态、经营项目、许可证编号、有效期、投诉举报电话、发证机关、发证日期，并附上二维码。其中，经营场所、主体业态、经营项目属于许可事项，其他事项不属于许可事项。

食品经营者取得餐饮服务、食品经营管理经营项目的，销售预包装食品不需要在许可证上标注食品销售类经营项目。

在经营场所外设置仓库（包括自有和租赁）的，还应当在副本中载明仓库具体地址。

食品经营许可证发证日期为许可决定作出的日期，有效期为五年。市场监督管理部门制作的食品经营许可电子证书与印制的食品经营许可证书具有同等法律效力。

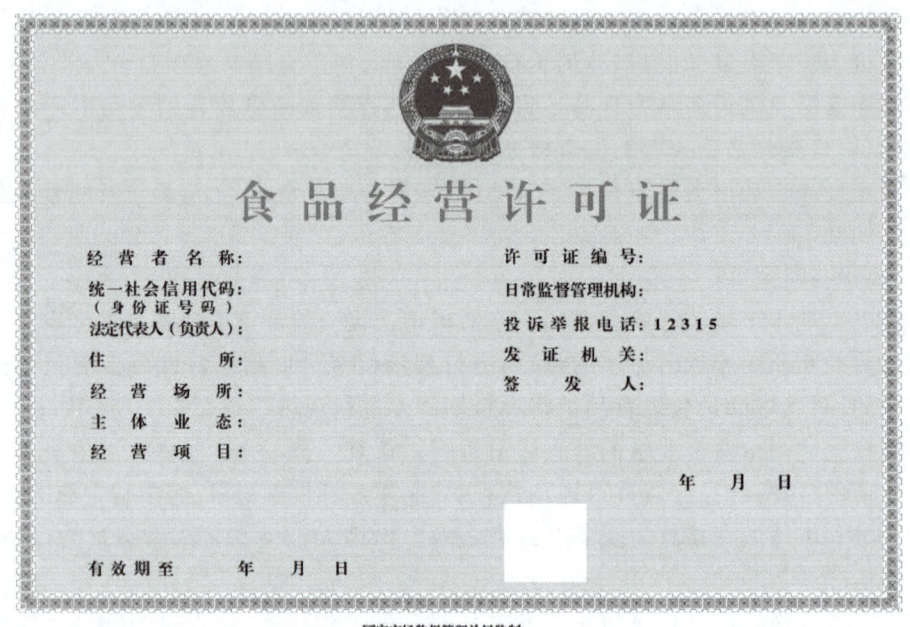

图6-2 食品经营许可证正本式样

(2) 证书编号

食品经营许可证编号由JY("经营"的汉语拼音首字母缩写)和十四位阿拉伯数字组成。数字从左至右依次为：一位主体业态代码、两位省(自治区、直辖市)代码、两位市(地)代码、两位县(区)代码、六位顺序码、一位校验码。

日常监督管理人员为负责对食品经营活动进行日常监督管理的工作人员。日常监督管理人员发生变化的，可以通过签章的方式在许可证上变更。

食品经营者应当妥善保管食品经营许可证，不得伪造、涂改、倒卖、出租、出借、转让。

食品经营者应当在经营场所的显著位置悬挂、摆放纸质食品经营许可证正本或者展示其电子证书。利用自动设备从事食品经营的，应当在自动设备的显著位置展示食品经营者的联系方式、食品经营许可证复印件或者电子证书、备案编号。

7. 证书的变更、延续、补办与注销

(1) 证书的变更

食品经营许可证载明的事项发生变化的，食品经营者应当在变化后10个工作日内向原发证的市场监督管理部门申请变更食品经营许可。食品经营者地址迁移，不在原许可经营场所从事食品经营活动的，应当重新申请食品经营许可。

发生下列情形的，食品经营者应当在变化后10个工作日内向原发证的市场监督管理部门报告：①食品经营者的主要设备设施、经营布局、操作流程等发生较大变化，可能影响食品安全的；②从事网络经营情况发生变化的；③外设仓库（包括自有和租赁）地址发生变化的；④集体用餐配送单位向学校、托幼机构供餐情况发生变化的；⑤自动设备放置地点、数量发生变化的；⑥增加预包装食品销售的。

食品经营者申请变更食品经营许可的，应当提交食品经营许可变更申请书以及与变更食品经营许可事项有关的材料。食品经营者取得纸质食品经营许可证正本、副本的，应当同时提交。

原发证的市场监督管理部门决定准予变更的，应当向申请人颁发新的食品经营许可证。食品经营许可证编号不变，发证日期为市场监督管理部门作出变更许可决定的日期，有效期与原证书一致。不符合许可条件的，原发证的市场监督管理部门应当作出不予变更食品经营许可的书面决定，说明理由，并告知申请人依法享有申请行政复议或者提起行政诉讼的权利。

(2) 证书的延续

食品经营者需要延长依法取得的食品经营许可有效期的，应当在该食品经营许可有效期届满前90个工作日至15个工作日期间，向原发证的市场监督管理部门提出申请。

县级以上地方市场监督管理部门应当根据被许可人的延续申请，在该食品经营许可有效期届满前作出是否准予延续的决定。

在食品经营许可有效期届满前15个工作日内提出延续许可申请的，原食品经营许可有效期届满后，食品经营者应当暂停食品经营活动，原发证的市场监督管理部门作出准予延续的决定后，方可继续开展食品经营活动。

食品经营者申请延续食品经营许可的，应当提交食品经营许可延续申请书以及与延续食品经营许可事项有关的其他材料。食品经营者取得纸质食品经营许可证正本、副本的，应当同时提交。

县级以上地方市场监督管理部门应当对变更或者延续食品经营许可的申请材料进行审查。申请人的经营条件发生变化或者增加经营项目，可能影响食品安全的，市场监督管理部门应当就变化情况进行现场核查。

申请变更或者延续食品经营许可时，申请人声明经营条件未发生变化、经营项目减项或者未发生变化的，市场监督管理部门可以不进行现场核查，对申请材料齐全、符合法定形式的，当场作出准予变更或者延续食品经营许可决定。未现场核查的，县级以上地方市场监督管理部门应当自申请人取得食品经营许可之日起30个工作日内对其实施监督检查。现场核查发现实际情况与申请材料内容不相符的，食品经营者应当立即采取整改措施，经整改仍不相符的，依法撤销变更或者延续食品经营许可的决定。

原发证的市场监督管理部门决定准予延续的，应当向申请人颁发新的食品经营许可证，许可证编号不变，有效期自作出延续许可决定之日起计算。不符合许可条件的，原发证的市场监督管理部门应当作出不予延续食品经营许可的书面决定,说明理由,并告知申请人依法享有申请行政复议或者提起行政诉讼的权利。

(3)证书的补办与注销

食品经营许可证遗失、损坏,应当向原发证的市场监督管理部门申请补办,并提交食品经营许可证补办申请书及书面遗失声明或者受损坏的食品经营许可证。材料符合要求的,县级以上地方市场监督管理部门应当在受理后 10 个工作日内予以补发。因遗失、损坏补发的食品经营许可证,许可证编号不变,发证日期和有效期与原证书保持一致。

食品经营者申请注销食品经营许可的,应当向原发证的市场监督管理部门提交食品经营许可注销申请书以及与注销食品经营许可有关的其他材料。食品经营者取得纸质食品经营许可证正本、副本的,应当同时提交。食品经营许可被注销的,许可证编号不得再次使用。

8. 食品经营许可——网络经营

《中华人民共和国电子商务法》(以下简称《电子商务法》)明确规定电子商务经营者是指通过互联网等信息网络从事销售商品或者提供服务的经营活动的自然人、法人和非法人组织,包括电子商务平台经营者、平台内经营者以及通过自建网站、其他网络服务销售商品或者提供服务的电子商务经营者。《电子商务法》规定电子商务经营者应当依法办理市场主体登记。从事经营活动的,依法需要取得相关行政许可的,应当依法取得行政许可。电子商务经营者应当在其首页显著位置,持续公示营业执照信息、与其经营业务有关的行政许可信息。

就食品领域而言,电子商务经营者即为从事网络经营的食品生产经营者。入网食品生产经营者应当依法取得许可,并按照许可的类别范围销售食品,按照许可的经营项目范围从事食品经营。

(1)食品经营者(网络经营)要求

食品经营者(网络经营)包括网络食品销售者和网络餐饮服务者两大类。食品经营者在实体门店经营的同时通过互联网从事食品经营的,除基本条件外,还应当向许可机关提供具有可现场登录申请人网站、网页或网店等功能的设施设备,供许可机关审查。无实体门店经营的互联网食品经营者应当具有与经营的食品品种、数量相适应的固定的食品经营场所,贮存场所视同食品经营场所,并应当向许可机关提供具有可现场登录申请人网站、网页或网店等功能的设施设备,供许可机关审查。无实体门店经营的互联网食品经营者不得申请所有食品制售项目以及散装熟食销售。

(2)网络食品交易第三方平台要求

网络食品交易第三方平台提供者应当对入网食品经营者进行实名登记,明确其食品安全管理责任;依法应当取得许可证的,还应当审查其许可证,并妥善保存入网食品经营者的登记信息和交易信息。同时应当建立入网食品生产经营者审查登记、食品安全自查、食品安全违法行为制止及报告、严重违法行为平台服务停止、食品安全投诉举报处理等制度,并在网络平台上公开。

9. 其他需明确的问题

(1)仅销售预包装食品的,应当报所在地县级以上地方人民政府食品安全监督管理部门备案;仅销售预包装食品的食品经营者在办理备案后,增加其他应当取得食品经营许可的食品经营项目的,应当依法取得食品经营许可;取得食品经营许可之日起备案自行失效。

(2)食品经营者已经取得食品经营许可,增加预包装食品销售的,不需要另行备案。

(3)已经取得食品生产许可的食品生产者在其生产加工场所或者通过网络销售其生产的预包装食品的,不需要另行备案。

(4)医疗机构、药品零售企业销售特殊医学用途配方食品中的特定全营养配方食品不需要备案,但是向医疗机构、药品零售企业销售特定全营养配方食品的经营企业,应当取得食品经营许可或者进行备案。

(5)食品展销会(展销会包括交易会、博览会、庙会等)的举办者应当在展销会举办前十五个工作日内,向所在地县级市场监督管理部门报告食品经营区域布局、经营项目、经营期限、食品安全管理制度以及入场食品经营者主体信息核验情况等。法律、法规、规章或者县级以上地方人民政府有规定的,应依照其规定。食品展销会的举办者应当依法承担食品安全管理责任,核验并留存入场食品经营者的许可证或者备案情况等信息,明确入场食品经营者的食品安全义务和责任并督促落实,定期对其经营环境、条件进行检查,发现有食品安全违法行为的,应当及时制止并立即报告所在地县级市场监督管理部门。

(6)食品经营者在不同经营场所从事食品经营活动的,应当依法分别取得食品经营许可或者进行备案。通过自动设备从事食品经营活动或者仅从事食品经营管理活动的,取得一个经营场所的食品经营许可或者进行备案后,即可在本省级行政区域内的其他经营场所开展已取得许可或者备案范围内的经营活动。利用自动设备跨省经营的,应当分别向经营者所在地和自动设备放置地点所在地省级市场监督管理部门报告。

(7)跨省从事食品经营管理活动的,应当分别向经营者所在地和从事经营管理活动所在地省级市场监督管理部门报告。

(8)县级以上地方市场监督管理部门应当通过食品经营许可和备案管理信息平台实施食品经营许可和备案全流程网上办理。

此外,不需要取得食品经营许可的情形包括:①销售食用农产品;②仅销售预包装食品,应当报所在地县级以上地方市场监督管理部门备案;③医疗机构、药品零售企业销售特殊医学用途配方食品中的特定全营养配方食品;④已经取得食品生产许可的食品生产者,在其生产加工场所或者通过网络销售其生产的食品;⑤法律、法规规定的其他不需要取得食品经营许可的情形。

(二)仅销售预包装食品备案

备案人应当取得营业执照等合法主体资格,并具备与销售的食品品种、数量等相适应的经营条件。

拟从事仅销售预包装食品活动的,在办理市场主体登记注册时,可以一并进行仅销售预包装食品备案,并提交仅销售预包装食品备案信息采集表。已经取得合法主体资格的备案人从事仅销售预包装食品活动的,应当在开展销售活动之日起五个工作日内向县级以上地方市场监督管理部门提交备案信息材料。材料齐全的,获得备案编号。备案人对所提供的备案信息的真实性、完整性负责。

利用自动设备仅销售预包装食品的,备案人应当提交每台设备的具体放置地点、备案编号的展示方法、食品安全风险管控方案等材料。

县级以上地方市场监督管理部门应当在备案后五个工作日内将经营者名称、经营场所、经营种类、备案编号等相关备案信息向社会公开。

备案信息发生变化的,备案人应当自发生变化后十五个工作日内向原备案的市场监督管理部门进行备案信息更新。

备案实施唯一编号管理。备案编号由YB("预""备"的汉语拼音首字母缩写)和十四位阿拉伯数字组成。数字从左至右依次为:一位业态类型代码(1为批发、2为零售)、两位省(自治区、直辖市)代码、两位市(地)代码、两位县(区)代码、六位顺序码、一位校验码。食品经营者主体资格依法终止的,备案编号自行失效。

(三)食品经营许可的相关法律法规

1.《食品经营许可和备案管理办法》

2023年6月15日国家市场监督管理总局令第78号公布《食品经营许可和备案管理办法》,自2023年12月1日起施行。

为了规范食品经营许可和备案活动,加强食品经营安全监督管理,落实食品安全主体责任,保障食品安全,根据《行政许可法》《食品安全法》《食品安全法实施条例》等法律法规有关规定,在中华人民共和国境内从事食品销售和餐饮服务活动,应当依法取得食品经营许可。

2.《中华人民共和国食品安全法》

《中华人民共和国食品安全法》将食品生产、销售和餐饮服务的生产经营许可统一改为市场监督管理部门监督管理和颁布证书;新法强化了食品、食品添加剂生产经营关联主体的义务和责任,规定集中交易市场的开办者、柜台出租者、展销会的举办者的资质审查、检查、报告义务,食用农产品批发市场的抽样检验义务和报告义务、网络食品交易第三方平台的实名登记、审查许可证义务。不履行义务的,要承担连带责任,还要受处罚;新法增加了网络食品交易第三方平台提供者应当对入网食品经营者进行实名登记,消费者合法权益受到损害的,可以向入网食品经营者或者食品生产者要求赔偿。网络食品交易第三方平台提供者不能提供入网食品经营者的真实名称、地址和有效联系方式的,由网络食品交易第三方平台提供者赔偿;新法规定,未取得食品生产经营许可从事食品生产经营活动,或者未取得食品添加剂生产许可从事食品添加剂生产活动的,由县级以上人民政府食品安全监督管理部门没收违法所得和违法生产经营的食品、食品添加剂以及用于违法生产经营的工具、设备、原料等物品;违法生产经营的食品、食品添加剂货值金额不足一万元的,并处五万元以上十万元以下罚款;货值金额一万元以上的,并处货值金额十倍以上二十倍以下罚款。

3.《食品经营许可审查通则》

为深入贯彻党中央、国务院关于深化食品经营许可改革的部署,落实新修订的《中华人民共和国食品安全法》及其实施条例、《食品经营许可和备案管理办法》等法律法规的要求,顺应食品经营领域新发展,进一步规范食品经营许可审查工作,推动落实食品安全主体责任,市场监管总局修订公布了《食品经营许可审查通则》(以下简称《通则》)。

《通则》共 6 章 71 条,分为总则、许可审查通用要求、餐饮服务的许可审查要求、食品销售的许可审查要求、其他类食品经营的许可审查要求、附则等。一是落实食品安全"四个最严",严格重点领域许可。强调严格学校、托幼机构等集中用餐单位食堂许可审查要求,分别从申办许可主体、标注经营形式、层级对应原则、建立承包管理制度等方面作出规定。在承包食堂所在地办理许可、风险防控能力、跨省经营、人员、制度等方面进一步严格食堂承包经营的许可审查要求。二是回应社会呼声期盼,优化许可要求。明确简单制售食品安全风险较低食品的,可以适当简化设备设施、专门区域等审查内容,并在食品经营许可证副本中标注,明晰设置专间或专用操作区的具体情形。三是适应改革发展需求,完善新兴业态许可。针对食品经营连锁企业总部、利用食品自动设备从事食品经营等新兴业态,重点从组织机构、人员、制度等方面提出许可审查要求,明确餐饮服务管理公司对其分公司、子公司以及绝对控股其他企业,食品经营连锁企业总部对其中央厨房、配送中心、门店等的食品安全管理责任,在保障食品安全的前提下促进新兴产业健康发展。四是加强风险管控,强化主体责任落实。将现行法律法规、部门规章和食品安全国家标准中有关人员制度、"三防"设施、温度控制等要求融入许可审查条件中,使其与现行法律法规标准相一致,进一步压实企业主体责任。

> **思考与梳理**
>
> 1. 不需要现场核查的情况有哪些?
>
>
>
>
> 2. 食品经营许可的办理流程是怎样的?请制作简明易懂的办理流程图。
>
>
>
>

二、食品生产许可

食品生产许可实行一企一证原则,即同一个食品生产者从事食品生产活动,应当取得一个食品生产许可证。

(一)食品生产许可证的申办与管理

食品生产许可证办理流程如图6-3所示。

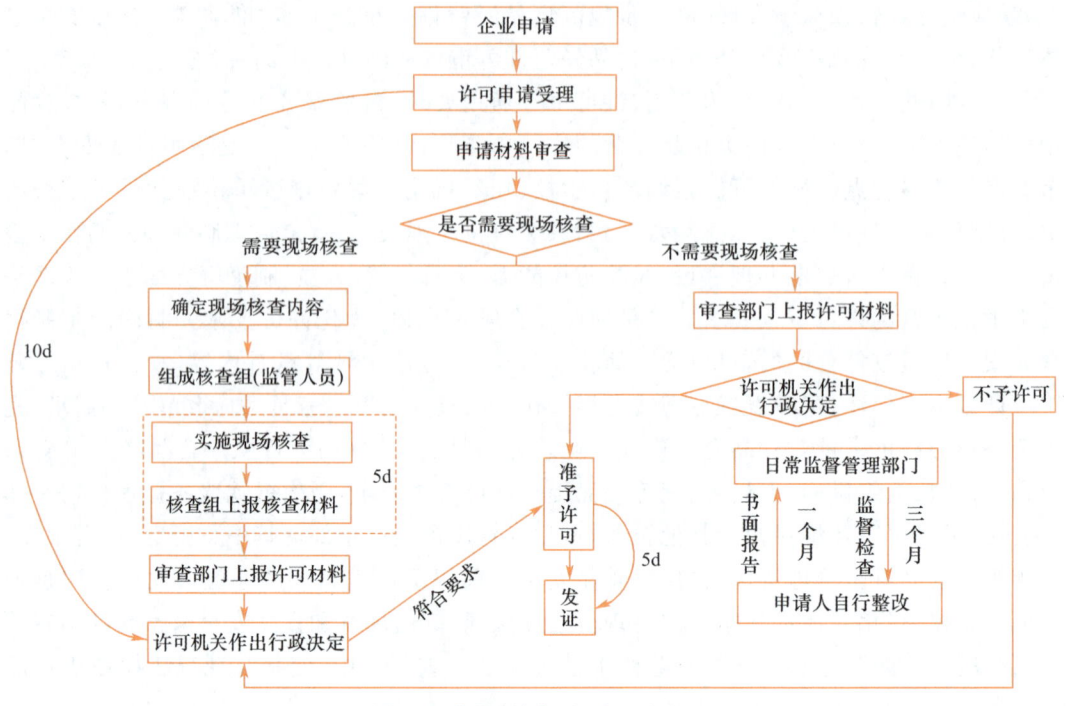

图6-3 食品生产许可证办理流程

1. 食品类别

在食品生产环节中申请食品生产许可,应当按照以下食品类别提出:粮食加工品,食用油、油脂及其制品,调味品,肉制品,乳制品,饮料,方便食品,饼干,罐头,冷冻饮品,速冻食品,薯类和膨化食品,糖果制品,茶叶及相关制品,酒类,蔬菜制品,水果制品,炒货食品及坚果制品,蛋制品,可可及焙烤咖啡产品,食糖,水产制品,淀粉及淀粉制品,糕点,豆制品,蜂产品,保健食品,特殊医学用途配方食品,婴幼儿配方食品,特殊膳食食品,其他食品等。

2. 申请

(1)申请人资格

申请食品生产许可应当先行取得营业执照等合法主体资格。

企业法人、合伙企业、个人独资企业、个体工商户、农民专业合作组织等,以营业执照载明的主体作为申请人。

(2)申请应具备条件

申请食品生产许可证应当具备以下条件:

a. 具有与生产的食品品种、数量相适应的食品原料处理和食品加工、包装、贮存等场所,保持该场所环境整洁,并与有毒、有害场所以及其他污染源保持规定的距离。

b. 具有与生产的食品品种、数量相适应的生产设备或者设施,有相应的消毒、更衣、盥洗、采光、照明、通风、防腐、防尘、防蝇、防鼠、防虫、洗涤以及处理废水、存放垃圾和废弃物的设备或者设施;保健食品生产工艺有原料提取、纯化等前处理工序的,需要具备与生产的品种、数量相适应的原料前处理设备或者设施。

c.有专职或者兼职的食品安全专业技术人员、食品安全管理人员和保证食品安全的规章制度。

d.具有合理的设备布局和工艺流程,防止待加工食品与直接入口食品、原料与成品交叉污染,避免食品接触有毒物、不洁物。

e.法律、法规规定的其他条件。

(3)申请需提交的材料

申请食品生产许可证应当提交以下材料:

a.食品生产许可申请书。

b.食品生产设备布局图和食品生产工艺流程图。

c.食品生产主要设备、设施清单。

d.专职或者兼职的食品安全专业技术人员、食品安全管理人员信息和食品安全管理制度。

e.申请保健食品、特殊医学用途配方食品、婴幼儿配方食品等特殊食品的生产许可,还应当提交与所生产食品相适应的生产质量管理体系文件以及相关注册和备案文件。

申请人应当如实向市场监督管理部门提交有关材料和反映真实情况,对申请材料的真实性负责,并在申请书等材料上签名或者盖章。

申请人申请生产多个类别食品的,由申请人按照省级市场监督管理部门确定的食品生产许可管理权限,自主选择其中一个受理部门提交申请材料。受理部门应当及时告知有相应审批权限的市场监督管理部门,组织联合审查。

(4)填写食品生产申请书应注意的事项

①生产保健食品、特殊医学用途配方食品、婴幼儿配方食品的,在"备注"列中载明产品或者产品配方的注册号或者备案登记号;接受委托生产保健食品的,还应当载明委托企业名称及住所等相关信息。

②生产保健食品原料提取物的,应在"品种明细"列中标注原料提取物名称,并在备注列载明该保健食品名称、注册号或备案号等信息;生产复配营养素的,应在"品种明细"列中标注维生素或矿物质预混料,并在"备注"列载明该保健食品名称、注册号或备案号等信息。

③在食品安全专业技术人员及食品安全管理人员这一栏中填写的人员可以在内部兼任职务;同一人员可以是专业技术人员和管理人员双重身份。

④在食品安全管理制度清单填写中只需要填报食品安全管理制度清单,无须提交制度文本。

⑤申请特殊食品生产许可,申请人还需要提交特殊食品的生产质量管理体系文件和特殊食品的相关注册和备案文件。特殊食品包括:保健食品、特殊医学用途配方食品、婴幼儿配方食品。

⑥保健食品申请材料可结合《保健食品生产许可审查细则》和监管需要,由各省决定

提交全部材料或目录清单。

3. 受理

县级以上地方市场监督管理部门对申请人提出的食品生产许可申请,应当根据下列情况分别作出处理。

(1)申请事项依法不需要取得食品生产许可的,应当即时告知申请人不受理。

(2)申请事项依法不属于市场监督管理部门职权范围的,应当即时作出不予受理的决定,并告知申请人向有关行政机关申请。

(3)申请材料存在可以当场更正的错误的,应当允许申请人当场更正,由申请人在更正处签名或者盖章,注明更正日期。

(4)申请材料不齐全或者不符合法定形式的,应当当场或者在5个工作日内一次告知申请人需要补正的全部内容。当场告知的,应当将申请材料退回申请人;在5个工作日内告知的,应当收取申请材料并出具收到申请材料的凭据。逾期不告知的,自收到申请材料之日起即为受理。

(5)申请材料齐全、符合法定形式,或者申请人按照要求提交全部补正材料的,应当受理食品生产许可申请。

县级以上地方市场监督管理部门对申请人提出的申请决定予以受理的,应当出具受理通知书;决定不予受理的,应当出具不予受理通知书,说明不予受理的理由,并告知申请人依法享有申请行政复议或者提起行政诉讼的权利。

4. 审查

食品生产许可审查包括申请材料审查和现场核查。申请材料审查应当审查申请材料的完整性、规范性、符合性;现场核查应当审查申请材料与实际状况的一致性、生产条件的符合性。《食品生产许可审查通则》应当与相应的食品生产许可审查细则(以下简称审查细则)结合使用。

(1)申请材料审查

申请材料的审查包括以下内容:

a.申请人应当具有申请食品生产许可的主体资格。申请材料以电子或纸质方式提交。

b.符合法定要求的电子申请材料、电子证照、电子印章、电子签名、电子档案与纸质申请材料、纸质证照、实物印章、手写签名或者盖章、纸质档案具有同等法律效力。

c.申请材料应当种类齐全、内容完整,符合法定形式和填写要求,纸质申请材料应当使用钢笔、签字笔填写或者打印,字迹应当清晰、工整,修改处应当加盖申请人公章或者由申请人的法定代表人(负责人)签名。

d.申请人名称、法定代表人(负责人)、统一社会信用代码、住所等填写内容应与营业执照一致。

e.申请材料应当由申请人的法定代表人(负责人)签名或者加盖申请人公章,复印件还应由申请人注明"与原件一致"。

f.生产地址为申请人从事食品生产活动的详细地址。

g.产品信息表中食品、食品添加剂类别,类别编号,类别名称,品种明细及备注的填写符合《食品生产许可分类目录》的有关要求。分装生产的,应在相应品种明细后注明。

审批部门对申请人提交的食品生产申请材料审查,符合有关要求不需要现场核查的,应当按规定程序作出行政许可决定。对需要现场核查的,应当及时作出现场核查的决定,并组织现场核查。

(2)现场核查

需现场核查的情况主要包括:①申请生产许可的,应当组织现场核查;②申请变更的事项可能影响食品安全的,包括生产场所发生变迁,现有工艺设备布局和工艺流程、主要生产设备设施、食品类别等事项发生变化的;③申请延续的,申请人声明生产条件发生变化,可能影响食品安全的;④审查部门决定需要对申请变更、延续的材料内容、食品类别、与相关审查细则及执行标准要求相符情况进行核实的;⑤申请人的生产场所迁出原发证的市场监管部门管辖范围的,应当重新申请食品生产许可的;⑥申请人食品安全信用信息记录载明监督抽检不合格、监督检查不符合、发生过食品安全事故以及其他保障食品安全方面存在隐患的。

现场核查的内容主要包括生产场所、设备设施、设备布局和工艺流程、人员管理、管理制度及其执行情况以及试制食品检验合格报告。

a. 在生产场所方面,核查申请人提交的材料是否与现场一致,其生产场所周边及厂区环境、布局和各功能区划分、厂房及生产车间相关材质等是否符合有关规定和要求。

b. 在设备设施方面,核查申请人提交的生产设备设施清单是否与现场一致,生产设备设施材质、性能等是否符合规定并满足生产需要;申请人自行对原辅料及出厂产品进行检验的,是否具备审查细则规定的检验设备设施,性能和精度是否满足检验需要。

c. 在设备布局和工艺流程方面,核查申请人提交的设备布局图和工艺流程图是否与现场一致,设备布局、工艺流程是否符合规定要求,且能防止交叉污染;实施复配食品添加剂现场核查时,根据复配食品添加剂品种特点,核查复配食品添加剂配方组成、有害物质及致病菌是否符合食品安全国家标准。

d. 在人员管理方面,核查申请人是否配备申请材料所列明的食品安全管理人员及专业技术人员;是否建立生产相关岗位的培训及从业人员健康管理制度;从事接触直接入口食品工作的食品生产人员是否取得健康证明。

e. 在管理制度方面,核查申请人的进货查验记录、生产过程控制、出厂检验记录、食品安全自查、不安全食品召回、不合格品管理、食品安全事故处置及审查细则规定的其他保证食品安全的管理制度是否齐全,内容是否符合法律法规等相关规定。

f. 在试制产品检验合格报告方面,可以根据食品生产工艺流程等要求,按申请人生产食品所执行的食品安全标准和产品标准核查试制食品检验合格报告。

审批部门或其委托的下级市场监督管理部门实施现场核查前,应当组建核查组,制作并及时向申请人、实施食品安全日常监督管理的市场监督管理部门送达《食品生产许可现场核查通知书》,告知现场核查有关事项。核查组由不得少于2人的食品安全监管人员组成,根据需要可以聘请专业技术人员作为核查人员参加现场核查,实行组长负责制。核查人员应当出示有效证件,并具备满足现场核查工作要求的素质和能力,与申请人存在直接利害关系或者其他可能影响现场核查公正情形的,应当回避。

核查组组长负责组织现场核查、协调核查进度、汇总核查结论、上报核查材料等工作，对核查结论负责。核查组成员对现场核查分工范围内的核查项目评分负责，对现场核查结论有不同意见时，及时与核查组组长研究解决，仍有不同意见时，可以在现场核查结束后1个工作日内书面向审批部门报告。

日常监管部门应当派食品安全监管人员作为观察员，配合并协助现场核查工作。核查组成员中有日常监管部门的食品安全监管人员时，不再指派观察员。观察员对现场核查程序、过程、结果有异议的，可在现场核查结束后1个工作日内书面向审批部门报告。

现场核查程序包括召开首次会议、实施现场核查、汇总核查情况、形成核查结论、召开末次会议。

a. 召开首次会议：由核查组长向申请人介绍核查组成员及核查目的、依据、内容、程序、安排和要求等，并代表核查组作出保密承诺和廉洁自律声明。参加首次会议人员包括核查组成员和观察员以及申请人的法定代表人（负责人）或者其代理人、相关食品安全管理人员和专业技术人员，并在《食品、食品添加剂生产许可现场核查首次会议签到表》上签名。

b. 实施现场核查：现场核查应当按照食品的类别分别核查、评分。核查组应当依据《食品、食品添加剂生产许可现场核查评分记录表》所列核查项目，采取核查场所及设备、查阅文件、核实材料及询问相关人员等方法实施现场核查。必要时，核查组可以对申请人的食品安全管理人员、专业技术人员进行抽查考核。

现场核查对每个项目按照符合要求、基本符合要求、不符合要求3个等级判定得分，全部核查项目的总分为100分。某个核查项目不适用时，不参与评分，在"核查记录"栏目中说明不适用的原因。现场核查结果以得分率进行判定。将参与评分项目的实际得分占参与评分项目应得总分的百分比作为得分率。

c. 汇总核查情况：根据现场核查情况，核查组长应当召集核查人员共同研究各自负责核查项目的得分，汇总核查情况，形成初步核查意见。核查组应当就初步核查意见向申请人的法定代表人（负责人）通报，并听取其意见。

d. 形成核查结论：核查组对初步核查意见和申请人的反馈意见会商后，应当根据不同类别名称的食品现场核查情况分别评分判定，形成核查结论，并汇总填写《食品、食品添加剂生产许可现场核查报告》。核查项目单项得分无0分项且总得分率≥85%的，该类别名称及品种明细判定为通过现场核查；核查项目单项得分有0分项或者总得分率<85%的，该类别名称及品种明细判定为未通过现场核查。

e. 召开末次会议：由核查组长宣布核查结论。核查人员及申请人的法定代表人（负责人）应当在《食品、食品添加剂生产许可现场核查评分记录表》《食品、食品添加剂生产许可现场核查报告》上签署意见并签名、盖章。观察员应当在《食品、食品添加剂生产许可现场核查报告》上签字确认。《食品、食品添加剂生产许可现场核查报告》一式两份，现场交申请人留存一份，核查组留存一份。申请人拒绝签名、盖章的，核查组长应当在《食品、食品添加剂生产许可现场核查报告》上注明情况。参加末次会议人员范围与参加首次会议人员相同，参会人员应当在《食品、食品添加剂生产许可现场核查末次会议签到表》上签名。

核查组应当自接受现场核查任务之日起5个工作日内完成现场核查，并将《食品、食品添加剂生产许可核查材料清单》所列的相关材料上报委派其实施现场核查的市场监督管理部门。

(3) 特殊情况

因申请人的下列原因导致现场核查无法开展的,核查组应当向委派其实施现场核查的市场监督管理部门报告,本次现场核查的结论判定为未通过现场核查:①不配合实施现场核查的;②现场核查时生产设备设施不能正常运行的;③存在隐瞒有关情况或者提供虚假材料的;④其他因申请人主观原因导致现场核查无法正常开展的。

此外,不需现场核查的情形主要包括:①特殊食品注册时已完成现场核查的(注册现场核查后生产条件发生变化的除外);②申请延续换证,申请人声明生产条件未发生变化的;③申请人声明生产条件未发生变化的,县级以上地方市场监督管理部门可以不再进行现场核查。

5. 决定

除可以当场作出行政许可决定的外,县级以上地方市场监督管理部门应当根据申请材料审查和现场核查等情况,自受理申请之日起 10 个工作日内作出是否准予行政许可的决定。对符合条件的,作出准予生产许可的决定,并自作出决定之日起 5 个工作日内向申请人颁发食品生产许可证;对不符合条件的,应当及时作出不予许可的书面决定并说明理由,同时告知申请人依法享有申请行政复议或者提起行政诉讼的权利。有特殊原因需要延长期限的,经本行政机关负责人批准,可以延长 5 个工作日,并应当将延长期限的理由告知申请人。

6. 证书的式样与编号

食品生产许可证正本、副本式样如图 6-4、图 6-5 所示。食品生产许可品种明细表式样如图 6-6 所示。

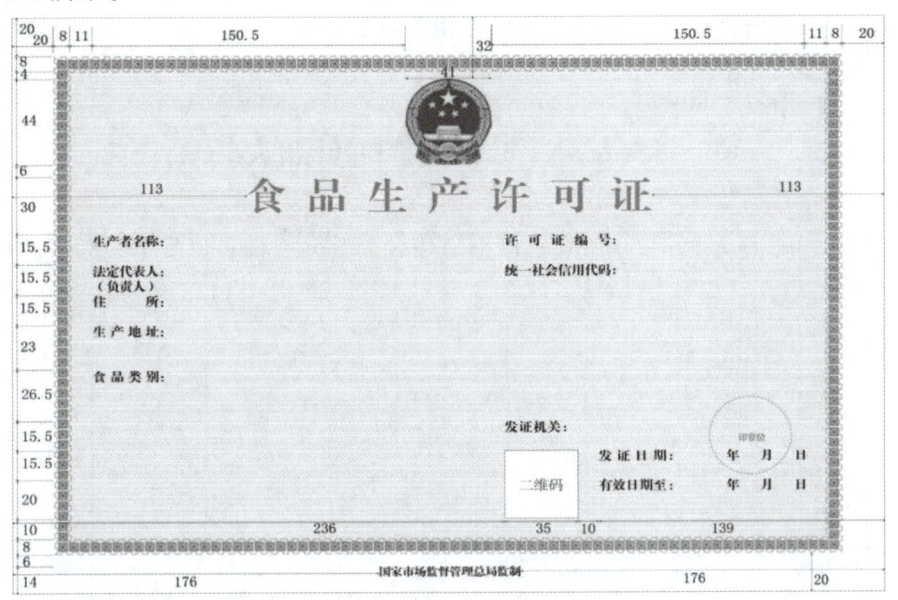

图 6-4 食品生产许可证正本式样

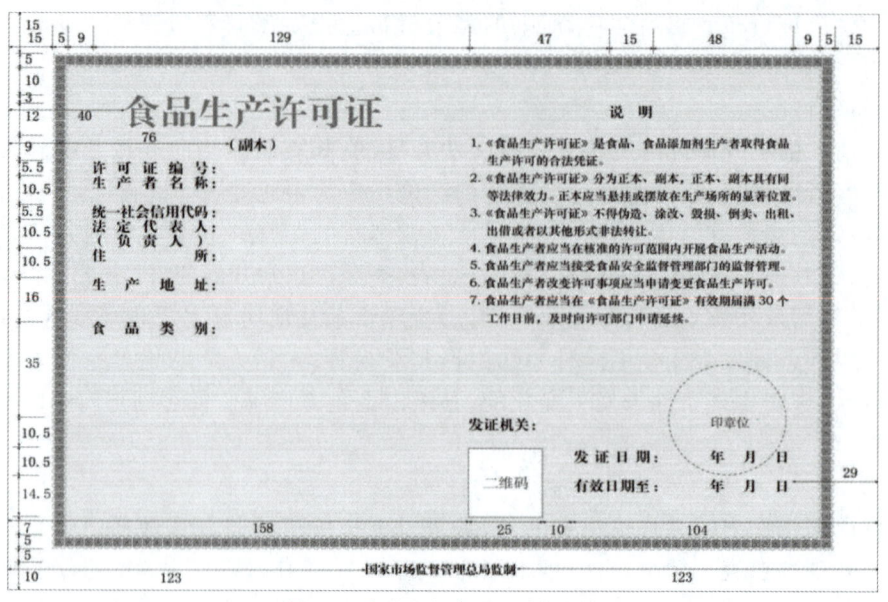

图 6-5 食品生产许可证副本式样

（1）证书的式样

食品生产许可证发证日期为许可决定作出的日期，有效期为 5 年。食品生产许可证分为正本、副本。正本、副本具有同等法律效力。

食品生产许可证应当载明：生产者名称、社会信用代码、法定代表人（负责人）、住所、生产地址、食品类别、许可证编号、有效期、发证机关、发证日期和二维码。

副本还应当载明食品明细（图 6-6）。生产保健食品、特殊医学用途配方食品、婴幼儿配方食品的，还应当载明产品或者产品配方的注册号或者备案登记号；接受委托生产保健食品的，还应当载明委托企业名称及住所等相关信息。

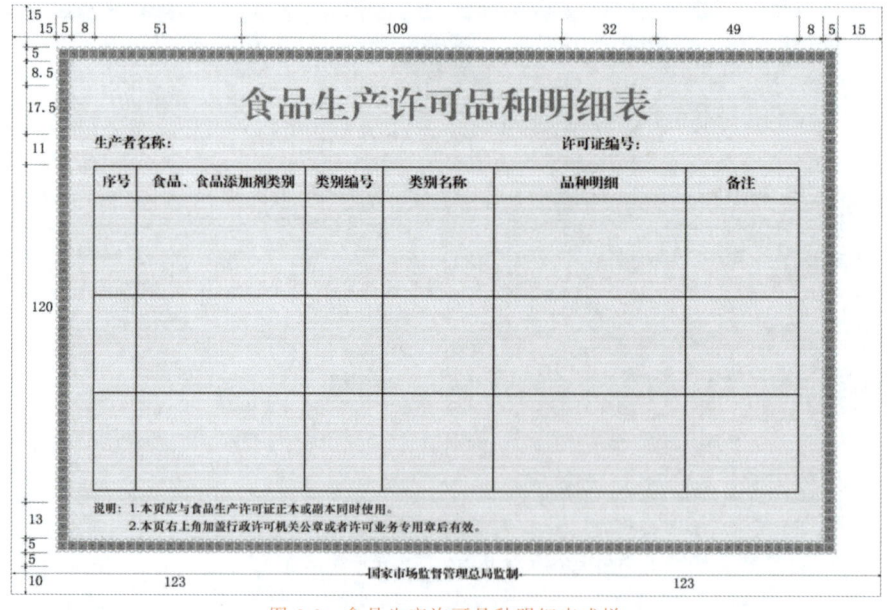

图 6-6 食品生产许可品种明细表式样

(2)证书的编号

食品生产许可证编号由 SC("生产"的汉语拼音字母缩写)和 14 位阿拉伯数字组成。数字从左至右依次为:3 位食品类别编码、2 位省(自治区、直辖市)代码、2 位市(地)代码、2 位县(区)代码、4 位顺序码、1 位校验码。

食品生产者应当妥善保管食品生产许可证,不得伪造、涂改、倒卖、出租、出借、转让。食品生产者应当在生产场所的显著位置悬挂或者摆放食品生产许可证正本。

7.证书的变更、延续、补办与注销

(1)证书的变更

食品生产许可证有效期内,食品生产者名称、现有设备布局和工艺流程、主要生产设备设施、食品类别、生产场所改建、扩建等事项发生变化,需要变更食品生产许可证载明的许可事项的,食品生产者应当在变更后 10 个工作日内向原发证的市场监督管理部门提出变更申请。

食品生产许可证副本载明的同一食品类别内的事项发生变化的,食品生产者应当在变化后 10 个工作日内向原发证的市场监督管理部门报告。

市场监督管理部门决定准予变更的,应当向申请人颁发新的食品生产许可证。食品生产许可证编号不变,发证日期为市场监督管理部门作出变更许可决定的日期,有效期与原证书一致。但是,对因迁址等原因而进行全面现场核查的,其换发的食品生产许可证有效期自发证之日起计算。

因食品安全国家标准发生重大变化,国家和省级市场监督管理部门决定组织重新核查而换发的食品生产许可证,其发证日期以重新批准的日期为准,有效期自重新发证之日起计算。

(2)证书的延续

食品生产者需要延续依法取得的食品生产许可的有效期的,应当在该食品生产许可有效期届满 30 个工作日前,向原发证的市场监督管理部门提出申请。

保健食品、特殊医学用途配方食品、婴幼儿配方食品的生产企业申请延续食品生产许可的,还应当提供生产质量管理体系运行情况的自查报告。

县级以上地方市场监督管理部门应当根据被许可人的延续申请,在该食品生产许可有效期届满前作出是否准予延续的决定。

县级以上地方市场监督管理部门应当对变更或者延续食品生产许可的申请材料进行审查,并按照相关规定实施现场核查。申请人的生产条件及周边环境发生变化,可能影响食品安全的,市场监督管理部门应当就变化情况进行现场核查。

市场监督管理部门决定准予延续的,应当向申请人颁发新的食品生产许可证,许可证编号不变,有效期自市场监督管理部门作出延续许可决定之日起计算。不符合许可条件的,市场监督管理部门应当作出不予延续食品生产许可的书面决定,并说明理由。

(3)证书的补办与注销

食品生产者终止食品生产,食品生产许可被撤回、撤销,应当在 20 个工作日内向原发证的市场监督管理部门申请办理注销手续。

食品生产者申请注销食品生产许可的,应当向原发证的市场监督管理部门提交食品生产许可注销申请书。食品生产许可被注销的,许可证编号不得再次使用。

8. 其他需明确的问题

（1）食品生产者的生产场所迁址的，应当重新申请食品生产许可。

（2）食品生产者的生产条件发生变化，不再符合食品生产要求，需要重新办理许可手续的，应当依法办理。

（3）保健食品、特殊医学用途配方食品、婴幼儿配方食品注册或者备案的生产工艺发生变化的，应当先办理注册或者备案变更手续。

（4）申请保健食品、特殊医学用途配方食品、婴幼儿配方乳粉生产许可，在产品注册或者产品配方注册时经过现场核查的项目，可以不再重复进行现场核查。

（5）市场监督管理部门可以委托下级市场监督管理部门，对受理的食品生产许可申请进行现场核查。特殊食品生产许可的现场核查原则上不得委托下级市场监督管理部门实施。

（6）不可抗力原因，或者供电、供水等客观原因导致现场核查无法开展的，申请人应当向审批部门书面提出许可中止申请。中止时间原则上不超过10个工作日，中止时间不计入食品生产许可审批时限。

（7）自然灾害等原因造成申请人生产条件不符合规定条件的，申请人应当申请终止许可。申请人申请的中止时间到期仍不能开展现场核查的，或者申请人申请终止许可的，审批部门应当终止许可。

（二）食品生产许可的相关法律法规

1.《食品生产许可管理办法》

《食品生产许可管理办法》是为规范食品、食品添加剂生产许可活动，加强食品生产监管，保障食品安全而制定的法规。食品生产许可实施以来，对于规范企业必备生产条件、督促企业加强生产过程控制、落实食品安全主体责任以及改善食品安全总体水平，乃至推动食品工业健康持续发展都发挥了积极而重要的作用。

（1）修订背景

随着我国经济体制改革的不断深入、食品工业的迅猛发展，特别是食品安全监管架构体系的改革完善，食品生产许可制度无论是在制度设计层面，还是在具体操作运行层面，都需要进行改革和完善。

2020年1月2日，国家市场监管总局发布新的《食品生产许可管理办法》（国家市场监管总局令第24号），自2020年3月1日起施行。新《食品生产许可管理办法》贯彻落实了国务院"放管服"改革工作部署和《国务院关于在全国推开"证照分离"改革的通知》（国发〔2018〕35号）的要求，加强事中事后监管，推动食品生产监管工作重心向事后监管转移，进一步增强食品生产许可管理体制的可操作性，同时与相关法律法规之间保持了一致。

（2）内容解读

新《食品生产许可管理办法》的重要变化包括监管部门的改变，食品生产许可的全面信息化，简化生产许可证的申请、变更、延续和注销材料，简化生产许可证书载明的信息，新增试制食品检验报告的条件要求和来源选择，缩短现场核查、作出许可决定、发证和办理注销等时限，明确各级监管部门的职责，明确相关法律责任并加大违法规定的处罚力度等。其他需要说明的问题还有调整食品生产许可证格式、落实食品生产许可改革措施等,此次修订顺应了时代需求,将相关信息进行了高度融合,同时加强了与法律法规之间的关联一致性;从监管方面来看属于"宽进严出""轻许可重监督";从办事便利性来看,政府部门更多地从实际出发,简化缩短了办事流程,更多地从服务于企业的角度考虑,有效助力营商环境。

2.《食品生产许可审查通则》

《食品生产许可审查通则》是为了加强食品、食品添加剂生产许可管理,规范食品生产许可审查工作,依据《食品安全法》《食品安全法实施条例》《食品生产许可管理办法》等法律、法规、规章和食品安全国家标准而制定的。《食品生产许可审查通则》提出了企业获得食品生产许可必须达到的技术要求,对指导食品生产企业完善生产条件,严格过程控制,加强原料把关和出厂检验,保证食品安全具有重要的作用。2022年,国家市场监管总局修订发布了《食品生产许可审查通则(2022版)》(以下称《通则(2022版)》)。

(1)修订背景

一是落实党中央、国务院"放管服""证照分离"的改革要求,简化许可申请材料,优化许可工作流程;二是贯彻《食品生产许可管理办法》(国家市场监督管理总局令第24号)(以下称《许可办法》)相关要求,使食品生产许可审查工作要求与《许可办法》衔接一致;三是总结食品生产许可工作经验,适应新形势下食品生产许可管理工作需要,统一许可审查标准,规范全国食品生产许可审查工作。

(2)总体思路

《通则(2022版)》修订过程中主要把握了以下几点:一是坚持依法依规,依据新修订发布的食品安全法及其实施条例、《许可办法》和相关国家标准的要求,修订现行《通则(2016版)》中与以上法律法规和条例不相适应、不一致的内容;二是贯彻"放管服""证照分离"的改革要求,使条款内容与党中央、国务院关于食品安全、市场监管和政务服务等要求保持一致;三是充分吸收采纳地方经验做法,切实解决近年来地方食品生产许可工作中遇到的共性问题;四是细化完善食品生产许可审查工作流程,增强《通则(2022版)》的科学性和可操作性,使之更加适用于新形势下的食品生产许可监管工作的需要。

(3)修订内容

《通则(2022版)》共5章39条,包含5个附件。本次修订的主要内容包括:

a.调整不适应法律法规的内容。删除外设仓库、委托办理许可材料等与《许可办法》不适应的条款内容。依据《国务院关于深化"证照分离"改革进一步激发市场主体发展活力的通知》(国发〔2021〕7号)规定,删除"申请生产许可的食品类别应当在营业执照载明的经营范围内"的要求。

b.调整许可实施主体及适用范围。把食品生产许可实施主体由"食品药品监督管理部门"调整为"市场监督管理部门",明确《通则(2022版)》适用于市场监督管理部门组织对食品生产许可和变更许可、延续许可等审查工作。

c.调整申请材料符合性的审查要求。将申请人主体资格、主要设备设施清单、生产工艺流程等是否符合法律、法规和标准要求列为符合性审查内容。

d.规范核查人员组成及职责。细化核查人员资质、数量、能力、回避要求及选派原则,明确了核查组组长、核查组成员的职责分工要求。

e. 明确新食品品种的审查要求。对未列入《食品生产许可分类目录》和无审查细则的食品品种，县级以上地方市场监督管理部门应当制定审查方案（婴幼儿配方食品、特殊医学用途配方食品除外），实施食品生产许可审查。

　　f. 调整审查环节时限要求。为确保审批部门10个工作日内完成食品生产许可工作，规定了现场核查完成时限为5个工作日。

　　g. 明确现场核查要求。除首次申请许可外，许可证过期再申请、生产场所迁址、生产条件发生重大变化等情形以及变更及延续许可涉及生产条件和周边环境发生变化等可能影响食品安全的情形，要求组织现场核查。

　　h. 便利企业通过电子化方式提交申请。明确电子申请材料、电子证照、电子印章、电子签名、电子档案与纸质申请材料、纸质证照、实物印章、手写签名或者盖章、纸质档案具有同等法律效力。

　　i. 加强与特殊食品审查要求的衔接。对涉及保健食品、特殊医学用途配方食品、婴幼儿配方食品等特殊食品生产许可有特别要求的，作出了特别规定。

　　j. 对条款内容进一步优化。包括：按照许可情形分别列明食品生产许可、变更许可、延续许可的情形和材料审查的内容，便于审查人员和申请人操作；修改申请材料加盖公章要求；进一步明确观察员的职责和选派要求；明确现场核查评分判定方式为"根据不同类别名称的食品现场核查情况分别评分判定"；完善因不可抗力和申请人涉嫌犯罪被立案侦查等情形中止许可后的闭环管理措施；明确分装生产的，应在相应品种明细后注明；落实相关法律、法规、规章和国家标准要求，完善现场核查项目。

> **思考与梳理**
>
> 1. 申请食品生产许可证的现场核查的要求有哪些？
>
> 2. 食品生产许可的办理流程是怎样的？请制作简明易懂的办理流程图。

三、食品添加剂生产许可

　　食品添加剂指为改善食品品质和色、香、味以及为防腐、保鲜和加工工艺的需要而加入食品中的人工合成或者天然物质。食品用香料、胶基糖果中基础性物质、食品工业用加工助剂也包括在内。

　　《食品安全法》第三十九条规定，国家对食品添加剂生产实行许可制度。《食品生产许可管理办法》第二条规定,在中华人民共和国境内,从事食品生产活动,应当依法取得食品生产许可。《食品生产许可审查通则》规定通则适用于市场监督管理部门组织对食品(食品、食品添加剂)生产许可和变更许可、延续许可等的审查工作。

食品添加剂生产企业必须取得食品添加剂生产许可证后,才能组织生产。

(一)食品添加剂生产许可的申办与管理

申请食品添加剂生产许可,应当具备与所生产食品添加剂品种相适应的场所、生产设备或者设施、食品安全管理人员、专业技术人员和管理制度。具体要求如下

(1)具有与生产的食品品种、数量相适应的食品原料处理和食品加工、包装、贮存等场所,保持该场所环境整洁,并与有毒、有害场所以及其他污染源保持规定的距离。

(2)具有与生产的食品品种、数量相适应的生产设备或者设施,有相应的消毒、更衣、盥洗、采光、照明、通风、防腐、防尘、防蝇、防鼠、防虫、洗涤以及处理废水、存放垃圾和废弃物的设备或者设施。

(3)有专职或者兼职的食品安全专业技术人员、食品安全管理人员和保证食品安全的规章制度。

(4)具有合理的设备布局和工艺流程,防止待加工食品与直接入口食品、原料与成品交叉污染,避免食品接触有毒物、不洁物。

(5)法律、法规规定的其他条件。

1. 申请材料

申请人应当向所在地县级以上地方市场监督管理部门提交下列材料:

(1)食品添加剂生产许可申请书。

(2)食品添加剂生产设备布局图和生产工艺流程图。

(3)食品添加剂生产主要设备、设施清单。

(4)专职或者兼职的食品安全专业技术人员、食品安全管理人员信息和食品安全管理制度。

2. 现场核查

(1)应当组织现场核查的包括以下情形:

a.(初次)申请生产许可的,应当组织现场核查。

b. 申请变更的,申请人声明其生产场所发生变迁,或者现有工艺设备布局和工艺流程、主要生产设备设施、食品类别等事项发生变化的,应当对变化情况组织现场核查;其他生产条件发生变化,可能影响食品安全的,也应当就变化情况组织现场核查。

c. 申请延续的,申请人声明生产条件发生变化,可能影响食品安全的,应当组织对变化情况进行现场核查。

d. 申请变更、延续的,审查部门决定需要对申请材料内容、食品类别、与相关审查细则及执行标准要求相符情况进行核实的,应当组织现场核查。

e. 申请人的生产场所迁出原发证的市场监督管理部门管辖范围的,应当重新申请食品生产许可,迁入地许可机关应当依照本通则的规定组织申请材料审查和现场核查。

f. 申请人食品安全信用信息记录载明监督抽检不合格、监督检查不符合、发生过食品安全事故以及其他保障食品安全方面存在隐患的。

g.法律、法规和规章规定需要实施现场核查的其他情形。

(2)核查要求

审批部门或其委托的下级市场监督管理部门实施现场核查前,应当组建核查组,负责对申请人进行现场核查,并将现场核查决定书面通知申请人及负责对申请人实施食品安全日常监督管理的市场监督管理部门。

3. 决定

食品添加剂生产许可申请符合条件的,由申请人所在地县级以上地方市场监督管理部门依法颁发食品生产许可证,并标注食品添加剂。

4. 其他注意事项

(1)开展食品添加剂生产许可现场核查时,可以根据食品添加剂品种特点,核查试制食品添加剂的检验报告和复配食品添加剂配方等。

(2)食品添加剂应当在技术上确有必要且经过风险评估证明安全可靠,方可列入允许使用的范围;有关食品安全国家标准应当根据技术必要性和食品安全风险评估结果及时修订。

(3)食品添加剂经营者采购食品添加剂,应当依法查验供货者的许可证和产品合格证明文件,如实记录食品添加剂的名称、规格、数量、生产日期或者生产批号、保质期、进货日期以及供货者名称、地址、联系方式等内容,并保存相关凭证。

(4)生产食品添加剂应当符合法律、法规和食品安全国家标准。

(二)食品添加剂的生产监管

食品添加剂的生产监管

取得食品添加剂生产许可证以后,食品添加剂生产企业还必须做到依照国家法律、法规和食品安全国家标准进行生产。主要包括以下几个方面。

(1)落实食品添加剂的检验制度

食品添加剂的生产者,应当按照食品安全标准对所生产的食品添加剂产品进行检验,检验合格后方可出厂或者销售。

(2)落实食品添加剂的出厂检验记录制度

食品添加剂生产者应当建立食品添加剂出厂检验记录制度,查验出厂产品的检验合格证和安全状况,如实记录食品添加剂的名称、规格、数量、生产日期或者生产批号、保质期、检验合格证号、销售日期以及购货者名称、地址、联系方式等相关内容,并保存相关凭证。记录和凭证保存期限不得少于产品保质期满后六个月;没有明确保质期的,保存期限不得少于二年。

(3)落实食品添加剂的标签、说明书和包装制度

食品添加剂应当有标签、说明书和包装。标签、说明书应当载明名称、规格、净含量、生产日期,成分或者配料表,生产者的名称、地址、联系方式,保质期,产品标准代号,贮存条件,生产许可证编号,法律、法规或者食品安全标准规定应当标明的其他事项以及食品添加剂的使用范围、用量、使用方法,并在标签上载明"食品添加剂"字样。

(4)落实标签、说明书的真实性要求

食品添加剂的标签、说明书,不得含有虚假内容,不得涉及疾病预防、治疗功能。生产经营者对其提供的标签、说明书的内容负责。食品添加剂的标签、说明书应当清楚、明晰,

生产日期、保质期等事项应当显著标注,容易辨识。食品添加剂与其标签、说明书的内容不符的,不得上市销售。

(5)严格执行危害人体健康物质的限量规定

食品安全标准内容包括:食品添加剂中的致病性微生物,农药残留、兽药残留、生物毒素、重金属等污染物质以及其他危害人体健康物质的限量规定。生产食品添加剂应当符合食品安全国家标准的限量规定的要求。致病性微生物包括细菌、病毒、真菌等;生物毒素包括黄曲霉毒素、真菌毒素等;重金属包括铜、铅、锌、铁、钴、镍、锰、镉、汞、钨、钼、金、银等。目前,国家已经制定了食品中污染物限量等食品安全标准,对食品中污染物质以及其他危害人体健康物质的限量指标作出了明确规定。

(6)新的食品原料生产食品添加剂新品种

申请生产食品添加剂新品种的,企业应当向国务院卫生行政部门提交相关产品的安全性评估材料。国务院卫生行政部门应当自收到申请之日起六十日内组织审查;对符合食品安全要求的,准予许可并公布;对不符合食品安全要求的,不予许可并书面说明理由。

(7)禁止生产经营食品添加剂的情况

明令禁止生产经营下列食品添加剂:致病性微生物,农药残留、兽药残留、生物毒素、重金属等污染物质以及其他危害人体健康的物质含量超过食品安全标准限量的食品添加剂;用超过保质期的原料生产的食品添加剂;腐败变质、油脂酸败、霉变生虫、污秽不洁、混有异物、掺假掺杂或者感官性状异常的食品添加剂;被包装材料、容器、运输工具等污染的食品添加剂;标注虚假生产日期、保质期或者超过保质期的食品添加剂;无标签的食品添加剂;其他不符合法律、法规或者食品安全标准的食品添加剂。

(8)婴幼儿配方食品使用的食品添加剂

生产婴幼儿配方食品使用的食品添加剂应当符合法律、行政法规的规定和食品安全国家标准,保证婴幼儿生长发育所需的营养成分。婴幼儿配方食品生产企业应当将食品添加剂、产品配方及标签等事项向省、自治区、直辖市人民政府食品安全监管部门备案。

> **思考与梳理**
>
> 1.食品添加剂生产许可应当组织现场核查的情况有哪些?
>
> 2.食品添加剂生产许可的办理流程是怎样的?请制作简明易懂的办理流程图。

四、其他自愿性认证许可

（一）绿色食品

绿色食品是指产自优良生态环境、按照绿色食品标准生产、实行全程质量控制并获得绿色食品标志使用权的安全、优质食用农产品及相关产品。县级以上人民政府农业农村主管部门依法对绿色食品及绿色食品标志进行监督管理。

1. 标志使用申请与核准

申请使用绿色食品标志的产品，应当符合《食品安全法》和《农产品质量安全法》等法律法规的规定，在国家知识产权局商标局核定的范围内，并具备下列条件：

①产品或产品原料、产地环境符合绿色食品产地环境质量标准。
②农药、肥料、饲料、兽药等投入品的使用符合绿色食品投入品使用准则。
③产品质量符合绿色食品产品质量标准。
④包装贮运符合绿色食品包装贮运标准。

申请使用绿色食品标志的生产单位（以下简称申请人），应当具备下列条件：

①能够独立承担民事责任。
②具有绿色食品生产的环境条件和生产技术。
③具有完善的质量管理和质量保证体系。
④具有与生产规模相适应的生产技术人员和质量控制人员。
⑤具有稳定的生产基地。
⑥申请前三年内无质量安全事故和不良诚信记录。

申请人应当向省级工作机构提出申请，并提交下列材料：

①标志使用申请书。
②产品生产技术规程和质量控制规范。
③预包装产品包装标签或其设计样张。
④中国绿色食品发展中心规定提交的其他证明材料。

省级工作机构应当自收到申请之日起十个工作日内完成材料审查。符合要求的，予以受理，并在产品及产品原料生产期内组织有资质的检查员完成现场检查；不符合要求的，不予受理，书面通知申请人并告知理由。

现场检查合格的，省级工作机构应当书面通知申请人，由申请人委托符合第七条规定的检测机构对申请产品和相应的产地环境进行检测；现场检查不合格的，省级工作机构应当退回申请并书面告知理由。

检测机构接受申请人委托后，应当及时安排现场抽样，并自产品样品抽样之日起二十个工作日内、环境样品抽样之日起三十个工作日内完成检测工作，出具产品质量检验报告和产地环境监测报告，提交省级工作机构和申请人。检测机构应当对检测结果负责。

省级工作机构应当自收到产品检验报告和产地环境监测报告之日起二十个工作日内提出初审意见。初审合格的，将初审意见及相关材料报送中国绿色食品发展中心。初审不合格的，退回申请并书面告知理由。省级工作机构应当对初审结果负责。

中国绿色食品发展中心应当自收到省级工作机构报送的申请材料之日起三十个工作日内完成书面审查,并在二十个工作日内组织专家评审。必要时,应当进行现场核查。

中国绿色食品发展中心应当根据专家评审的意见,在五个工作日内作出是否颁证的决定。同意颁证的,与申请人签订绿色食品标志使用合同,颁发绿色食品标志使用证书,并公告;不同意颁证的,书面通知申请人并告知理由。

绿色食品标志使用证书是申请人合法使用绿色食品标志的凭证,应当载明准许使用的产品名称、商标名称、获证单位及其信息编码、核准产量、产品编号、标志使用有效期、颁证机构等内容。

2. 证书管理

绿色食品标志使用证书分中文、英文版本,具有同等效力。绿色食品标志使用证书有效期三年。

证书有效期满,需要继续使用绿色食品标志的,标志使用人应当在有效期满三个月前向省级工作机构书面提出续展申请。省级工作机构应当在四十个工作日内组织完成相关检查、检测及材料审核。初审合格的,由中国绿色食品发展中心在十个工作日内作出是否准予续展的决定。准予续展的,与标志使用人续签绿色食品标志使用合同,颁发新的绿色食品标志使用证书并公告;不予续展的,书面通知标志使用人并告知理由。

标志使用人逾期未提出续展申请,或者申请续展未获通过的,不得继续使用绿色食品标志。

3. 标志使用管理

标志使用人在证书有效期内享有下列权利:

①在获证产品及其包装、标签、说明书上使用绿色食品标志(图6-7)。

②在获证产品的广告宣传、展览展销等市场营销活动中使用绿色食品标志(图6-7)。

③在农产品生产基地建设、农业标准化生产、产业化经营、农产品市场营销等方面优先享受相关扶持政策。

图6-7 绿色食品标志

标志使用人在证书有效期内应当履行下列义务:

①严格执行绿色食品标准,保持绿色食品产地环境和产品质量稳定可靠。

②遵守标志使用合同及相关规定,规范使用绿色食品标志。

③积极配合县级以上人民政府农业农村主管部门的监督检查及其所属绿色食品工作机构的跟踪检查。

未经中国绿色食品发展中心许可,任何单位和个人不得使用绿色食品标志。禁止将绿色食品标志用于非许可产品及其经营性活动。

在证书有效期内,标志使用人的单位名称、产品名称、产品商标等发生变化的,应当经省级工作机构审核后向中国绿色食品发展中心申请办理变更手续。产地环境、生产技术等条件发生变化,导致产品不再符合绿色食品标准要求的,标志使用人应当立即停止标志使用,并通过省级工作机构向中国绿色食品发展中心报告。

4. 监督检查

标志使用人应当健全和实施产品质量控制体系,对其生产的绿色食品质量和信誉负责。县级以上地方人民政府农业农村主管部门应当加强绿色食品标志的监督管理工作,依法对辖区内绿色食品产地环境、产品质量、包装标识、标志使用等情况进行监督检查。

中国绿色食品发展中心和省级工作机构应当建立绿色食品风险防范及应急处置制度,组织对绿色食品及标志使用情况进行跟踪检查。省级工作机构应当组织对辖区内绿色食品标志使用人使用绿色食品标志的情况实施年度检查。检查合格的,在标志使用证书上加盖年度检查合格章。

标志使用人有下列情形之一的,由中国绿色食品发展中心取消其标志使用权,收回标志使用证书,并予公告:①生产环境不符合绿色食品环境质量标准的;②产品质量不符合绿色食品产品质量标准的;③年度检查不合格的;④未遵守标志使用合同约定的;⑤违反规定使用标志和证书的;⑥以欺骗、贿赂等不正当手段取得标志使用权的。

标志使用人依照前款规定被取消标志使用权的,三年内中国绿色食品发展中心不再受理其申请;情节严重的,永久不再受理其申请。任何单位和个人不得伪造、转让绿色食品标志和标志使用证书。国家鼓励单位和个人对绿色食品和标志的使用情况进行社会监督。

(二)有机产品

有机产品是指生产、加工和销售符合中国有机产品国家标准的供人类消费、动物食用的产品。国家市场监督管理总局负责全国有机产品认证的统一管理、监督和综合协调工作。国家推行统一的有机产品认证制度,实行统一的认证目录、统一的标准和认证实施规则、统一的认证标志。

1. 认证实施

有机产品认证机构(以下简称认证机构)应当依法取得法人资格,并经国家市场监督管理总局批准后,方可从事批准范围内的有机产品认证活动。有机产品生产者、加工者(以下统称认证委托人),可以自愿委托认证机构进行有机产品认证,并提交有机产品认证实施规则中规定的申请材料。

认证机构应当自收到认证委托人申请材料之日起10日内,完成材料审核,并作出是否受理的决定。对于不予受理的,应当书面通知认证委托人,并说明理由。认证机构应当在对认证委托人实施现场检查前5日内,将认证委托人、认证检查方案等基本信息报送至国家市场监督管理总局确定的信息系统。

认证机构受理认证委托后,认证机构应当按照有机产品认证实施规则的规定,由认证检查员对有机产品生产、加工场所进行现场检查,并应当委托具有法定资质的检验检测机构对申请认证的产品进行检验检测。按照有机产品认证实施规则的规定,需要进行产地(基地)环境监(检)测的,由具有法定资质的监(检)测机构出具监(检)测报告,或者采信认证委托人提供的其他合法有效的环境监(检)测结论。

符合有机产品认证要求的,认证机构应当及时向认证委托人出具有机产品认证证书,允许其使用中国有机产品认证标志;对不符合认证要求的,应当书面通知认证委托人,并说明理由。认证机构及认证人员应当对其作出的认证结论负责。

认证机构应当保证认证过程的完整、客观、真实,并对认证过程作出完整记录,归档留存,保证认证过程和结果具有可追溯性。产品检验检测和环境监(检)测机构应当确保检验检测、监测结论的真实、准确,并对检验检测、监测过程作出完整记录,归档留存。产品检验检测、环境监测机构及其相关人员应当对其作出的检验检测、监测报告的内容和结论负责。记录保存期为5年。

认证机构应当按照认证实施规则的规定,对获证产品及其生产、加工过程实施有效跟踪检查,以保证认证结论能够持续符合认证要求。认证机构应当及时向认证委托人出具有机产品销售证,以保证获证产品的认证委托人所销售的有机产品类别、范围和数量与认证证书中的记载一致。

有机配料含量(指质量或者液体体积,不包括水和盐,下同)等于或者高于95%的加工产品,在获得有机产品认证后,方可在产品或者产品包装及标签上标注"有机"字样,加施有机产品认证标志。认证机构不得对有机配料含量低于95%的加工产品进行有机认证。

2. 有机产品进口

向中国出口有机产品的国家或者地区的有机产品主管机构,可以向国家市场监督管理总局提出有机产品认证体系等效性评估申请,国家市场监督管理总局受理其申请,并组织有关专家对提交的申请进行评估。评估可以采取文件审查、现场检查等方式。

向中国出口有机产品的国家或者地区的有机产品认证体系与中国有机产品认证体系等效的,国家市场监督管理总局可以与其主管部门签署相关备忘录。该国家或者地区出口至中国的有机产品,依照相关备忘录的规定实施管理。未与国家市场监督管理总局就有机产品认证体系等效性方面签署相关备忘录的国家或者地区的进口产品,拟作为有机产品向中国出口时,应当符合中国有机产品相关法律法规和中国有机产品国家标准的要求。

需要获得中国有机产品认证的进口产品生产商、销售商、进口商或者代理商(以下统称进口有机产品认证委托人),应当向经国家市场监督管理总局批准的认证机构提出认证委托。

进口有机产品认证委托人应当按照有机产品认证实施规则的规定,向认证机构提交相关申请资料和文件,其中申请书、调查表、加工工艺流程、产品配方和生产、加工过程中使用的投入品等认证申请材料、文件,应当同时提交中文版本。申请材料不符合要求的,认证机构应当不予受理其认证委托。认证检查记录和检查报告等应当有中文版本。

进口有机产品申报入境检验检疫时,应当提交其所获中国有机产品认证证书复印件、有机产品销售证复印件、认证标志和产品标识等文件。

3. 认证证书和认证标志

国家市场监督管理总局负责制定有机产品认证证书的基本格式、编号规则和认证标志的式样、编号规则。认证证书有效期为1年。

认证证书应当包括以下内容:

①认证委托人的名称、地址。

②获证产品的生产者、加工者以及产地(基地)的名称、地址。
③获证产品的数量、产地(基地)面积和产品种类。
④认证类别。
⑤依据的国家标准或者技术规范。
⑥认证机构名称及其负责人签字、发证日期、有效期。

有机产品认证标志为中国有机产品认证标志。标有中文"中国有机产品"字样和英文"ORGANIC"字样。图案如图6-8所示。中国有机产品认证标志应当在认证证书限定的产品类别、范围和数量内使用。

认证机构应当按照国家市场监督管理总局统一的编号规则,对每枚认证标志进行唯一编号(以下简称有机码),并采取有效防伪、追溯技术,确保发放的每枚认证标志能够溯源到其对应的认证证书和获证产品及其生产、加工单位。

图6-8 有机产品标志

获证产品的认证委托人应当在获证产品或者产品的最小销售包装上加施中国有机产品认证标志、有机码和认证机构名称。获证产品标签、说明书及广告宣传等材料上可以印制中国有机产品认证标志,并可以按照比例放大或者缩小,但不得变形、变色。

未获得有机产品认证的或者获证产品在认证证书标明的生产、加工场所外进行了再次加工、分装、分割的,任何单位和个人不得在产品、产品最小销售包装及其标签上标注含有"有机""ORGANIC"等字样且可能误导公众认为该产品为有机产品的文字表述和图案。

认证证书暂停期间,获证产品的认证委托人应当暂停使用认证证书和认证标志;认证证书注销、撤销后,认证委托人应当向认证机构交回认证证书和未使用的认证标志。

4. 证书的变更、注销和撤销

(1)获证产品在认证证书有效期内,有下列情形之一的,认证委托人应当在15日内向认证机构申请变更。认证机构应当自收到认证证书变更申请之日起30日内,对认证证书进行变更:

a. 认证委托人或者有机产品生产、加工单位名称或者法人性质发生变更的。
b. 产品种类和数量减少的。
c. 其他需要变更认证证书的情形。

(2)有下列情形之一的,认证机构应当在30日内注销认证证书,并对外公布:

a. 认证证书有效期届满,未申请延续使用的。
b. 获证产品不再生产的。
c. 获证产品的认证委托人申请注销的。
d. 其他需要注销认证证书的情形。

(3)有下列情形之一的,认证机构应当在15日内暂停认证证书,认证证书暂停期为1至3个月,并对外公布:

a. 未按照规定使用认证证书或者认证标志的。
b. 获证产品的生产、加工、销售等活动或者管理体系不符合认证要求,且经认证机构评估在暂停期限内能够采取有效纠正或者纠正措施的。

c. 其他需要暂停认证证书的情形。

（4）有下列情形之一的，认证机构应当在7日内撤销认证证书，并对外公布：

a. 获证产品质量不符合国家相关法规、标准强制要求或者被检出有机产品国家标准禁用物质的。

b. 获证产品生产、加工活动中使用了有机产品国家标准禁用物质或者受到禁用物质污染的。

c. 获证产品的认证委托人虚报、瞒报获证所需信息的。

d. 获证产品的认证委托人超范围使用认证标志的。

e. 获证产品的产地（基地）环境质量不符合认证要求的。

f. 获证产品的生产、加工、销售等活动或者管理体系不符合认证要求，且在认证证书暂停期间，未采取有效纠正或者纠正措施的。

g. 获证产品在认证证书标明的生产、加工场所外进行了再次加工、分装、分割的。

h. 获证产品的认证委托人对相关方进行了重大投诉且确有问题未能采取有效处理措施的。

i. 获证产品的认证委托人从事有机产品认证活动因违反国家农产品、食品安全管理相关法律法规，受到相关行政处罚的。

j. 获证产品的认证委托人拒不接受市场监督管理部门或者认证机构对其实施监督的。

k. 其他需要撤销认证证书的情形。

5. 监督管理

国家市场监督管理总局对有机产品认证活动组织实施监督检查和不定期的专项监督检查。县级以上地方市场监督管理部门应当依法对所辖区域的有机产品认证活动进行监督检查，查处获证有机产品生产、加工、销售活动中的违法行为。

县级以上地方市场监督管理部门的监督检查的方式包括：对有机产品认证活动是否符合本办法和有机产品认证实施规则规定的监督检查；对获证产品的监督抽查；对获证产品认证、生产、加工、进口、销售单位的监督检查；对有机产品认证证书、认证标志的监督检查；对有机产品认证咨询活动是否符合相关规定的监督检查；对有机产品认证和认证咨询活动举报的调查处理；对违法行为的依法查处。

国家市场监督管理总局通过信息系统，定期公布有机产品认证动态信息。认证机构在出具认证证书之前，应当按要求及时向信息系统报送有机产品认证相关信息，并获取认证证书编号。认证机构在发放认证标志之前，应当将认证标志、有机码的相关信息上传到信息系统。县级以上地方市场监督管理部门通过信息系统，根据认证机构报送和上传的认证相关信息，对所辖区域内开展的有机产品认证活动进行监督检查。

获证产品的认证委托人以及有机产品销售单位和个人，在产品生产、加工、包装、贮藏、运输和销售等过程中，应当建立完善的产品质量安全追溯体系和生产、加工、销售记录档案制度。

有机产品销售单位和个人在采购、贮藏、运输、销售有机产品的活动中，应当符合有机产品国家标准的规定,保证销售的有机产品类别、范围和数量与销售证中的产品类别、范围和数量一致,并能够提供与正本内容一致的认证证书和有机产品销售证的复印件,以备相关行政监管部门或者消费者查询。

市场监督管理部门可以根据国家有关部门发布的动植物疫情、环境污染风险预警等信息以及监督检查、消费者投诉举报、媒体反映等情况,及时发布关于有机产品认证区域、获证产品及其认证委托人、认证机构的认证风险预警信息,并采取相关应对措施。

获证产品的认证委托人提供虚假信息、违规使用禁用物质、超范围使用有机认证标志,或者出现产品质量安全重大事故的,认证机构5年内不得受理该企业及其生产基地、加工场所的有机产品认证委托。认证委托人对认证机构的认证结论或者处理决定有异议的,可以向认证机构提出申诉。对有机产品认证活动中的违法行为,任何单位和个人都可以向市场监督管理部门举报。市场监督管理部门应当及时调查处理,并为举报人保密。

(三)无公害农产品

无公害农产品是指产地环境、生产过程和产品质量符合国家有关标准和规范的要求,经认证合格获得认证证书并允许使用无公害农产品标志的未经加工或者初加工的食用农产品。无公害农产品管理工作由政府推动,并实行产品认定的工作模式。

农业农村部负责全国无公害农产品发展规划、政策制定、标准制修订及相关规范制定等工作,县级农业农村行政主管部门负责受理无公害农产品认定的申请。县级以上农业农村行政主管部门依法对无公害农产品及无公害农产品标志进行监督管理。

1. 产地条件与生产管理

无公害农产品产地应当符合下列条件:①产地环境符合无公害农产品产地环境的标准要求;②区域范围明确;③具备一定的生产规模。

无公害农产品的生产管理应当符合下列条件:①生产过程符合无公害农产品生产技术的标准要求;②有相应的专业技术和管理人员;③有完善的质量控制措施,并有完整的生产和销售记录档案。

从事无公害农产品生产的单位或者个人,应当严格按规定使用农业投入品。禁止使用国家禁用、淘汰的农业投入品。无公害农产品产地应当树立标识牌,标明范围、产品品种、责任人。

2. 产品认定

符合无公害农产品产地条件和生产管理要求的规模生产主体,均可向县级农业农村行政主管部门申请无公害农产品认定。

生产主体(以下简称申请人)应当提交以下材料:①《无公害农产品认定申请书》;②资质证明文件复印件;③生产和管理的质量控制措施,包括组织管理制度、投入品管理制度和生产操作规程;④最近一个生产周期投入品使用记录的复印件;⑤专职内检员的资质证明;⑥保证执行无公害农产品标准和规范的声明。

县级农业农村行政主管部门应当自收到申请材料之日起15个工作日内,完成申请材料的初审。符合要求的,出具初审意见,逐级上报到省级农业农村行政主管部门;不符合要求的,应当书面通知申请人。

省级农业农村行政主管部门应当自收到申请材料之日起15个工作日内,组织有资质的检查员对申请材料进行审查,材料审查符合要求的,在产品生产周期内组织两名以上人员完成现场检查(其中至少有一名为具有相关专业资质的无公害农产品检查员),同时通过全国无公害农产品管理系统填报申请人及产品有关信息。不符合要求的,书面通知申请人。

现场检查合格的,省级农业农村行政主管部门应当书面通知申请人,由申请人委托符合相应资质的检测机构对其申请产品和产地环境进行检测;现场检查不合格的,省级农业农村行政主管部门应当退回申请材料并书面说明理由。

检测机构接受申请人委托后,须严格按照抽样规范及时安排抽样,并自产地环境采样之日起30个工作日内、产品抽样之日起20个工作日内完成检测工作,出具产地环境监测报告和产品检验报告。

省级农业农村行政主管部门应当自收到产地环境监测报告和产品检验报告之日起10个工作日完成申请材料审核,并在20个工作日内组织专家评审。省级农业农村行政主管部门应当依据专家评审意见在5个工作日内作出是否颁证的决定。同意颁证的,由省级农业农村行政主管部门颁发证书,并公告;不同意颁证的,书面通知申请人,并说明理由。

省级农业农村行政主管部门应当自颁发无公害农产品认定证书之日起10个工作日内,将其颁发的产品信息通过全国无公害农产品管理系统上报。

无公害农产品认定证书有效期为3年。期满需要继续使用的,应当在有效期届满三个月前提出复查换证书面申请。在证书有效期内,当生产单位名称等发生变化时,应当向省级农业农村行政主管部门申请办理变更手续。

3. 标志管理

无公害农产品标志,是指加施或印制于无公害农产品或其包装上的证明性标记。无公害农产品使用全国统一的无公害农产品标志。

获得无公害农产品认定证书的单位(以下简称"获证单位"),可以在证书规定的产品及其包装、标签、说明书上印制或加施无公害农产品标志;可以在证书规定的产品的广告宣传、展览展销等市场营销活动中、媒体介质上使用无公害农产品标志。

无公害农产品标志应当在证书核定的品种、数量范围内使用,不得超范围和逾期使用。获证单位应当规范使用标志,可以按照比例放大或缩小,但不得变形、变色。

当获证产品产地环境、生产技术条件等发生变化,不再符合无公害农产品要求时,获证单位应当立即停止使用标志,并向省级农业农村行政主管部门报告,交回无公害农产品认定证书。无公害农产品标志如图6-9所示。

图6-9 无公害农产品标志

4. 监督管理

获证单位应当严格执行无公害农产品产地环境、生产技术和质量安全控制标准,建立健全质量控制措施以及生产、销售记录制度,并对其生产的无公害农产品质量和信誉负责。

县级以上地方农业农村行政主管部门应当依法对辖区内无公害农产品产地环境、农业投入品使用、产品质量、包装标识、标志使用等情况进行监督检查。

省级农业农村行政主管部门应当建立证后跟踪检查制度,组织辖区内无公害农产品的跟踪检查;同时,应当建立无公害农产品风险防范和应急处置制度,受理有关的投诉、申诉工作。

任何单位和个人不得伪造、冒用、转让、买卖无公害农产品认定证书和无公害农产品标志。国家鼓励单位和个人对无公害农产品生产、认定、管理、标志使用等情况进行社会监督。

获证单位违反本办法规定,有下列情形之一的,由省级农业农村行政主管部门暂停或取消其无公害农产品认定资质,收回认定证书,并停止使用无公害农产品标志:①无公害农产品产地被污染或者产地环境达不到规定要求的;②无公害农产品生产中使用的农业投入品不符合相关标准要求的;③擅自扩大无公害农产品产地范围的;④获证产品质量不符合无公害农产品质量要求的;⑤违反规定使用标志和证书的;⑥拒不接受监管部门或工作机构对其实施监督的;⑦以欺骗、贿赂等不正当手段获得认定证书的;⑧其他需要暂停或取消证书的情形。

从事无公害农产品认定、检测、管理的工作人员滥用职权、徇私舞弊、玩忽职守的,依照有关规定给予行政处罚或行政处分;构成犯罪的,依法移送司法机关追究刑事责任。

> **思考与梳理**
>
> 绿色食品、有机产品、无公害农产品的区别是什么?

实践训练

肉制品生产许可的申请书填写

食品生产许可申请书

许可类别: □食品
　　　　　□食品添加剂
申请事项: □首次申请
　　　　　□许可变更
　　　　　□许可延续
申请人名称:　　　　　　　　　　(签字或盖章)
申请日期:　　　　　　　　　　　年月日

项目六 食品安全行政许可

声　明

按照《中华人民共和国食品安全法》及《食品生产许可管理办法》要求,本申请人提出食品生产许可申请。所填写申请书及其他申请材料内容真实、有效(复印件或者扫描件与原件相符)。

特此声明。

一、申请人基本情况(表6-1)

表6-1　　　　　　　　　　申请人基本情况

申请人名称			
法定代表人（负责人）			
食品生产许可证编号			(变更、延续申请时填写)
统一社会信用代码			
住所			
生产地址			
联系人		联系电话	
传真		电子邮件	
变更事项			(变更、延续申请时填写)
备注			

二、产品信息表(表6-2)

表6-2　　　　　　　　　　产品信息表

序号	食品、食品添加剂类别	类别编号	类别名称	品种明细	备注

注:1.填写时请参照《食品、食品添加剂分类目录》。

2.申请食品添加剂生产许可的,食品添加剂生产许可审查细则对产品明细有要求的,填入"备注"列。

3.生产保健食品、特殊医学用途配方食品、婴幼儿配方食品的,在"备注"列中载明产品或者产品配方的注册号或者备案登记号;接受委托生产保健食品的,还应当载明委托企业名称及住所等相关信息。生产保健食品原料提取物的,应在"品种明细"列中标注原料提取物名称,并在备注列载明该保健食品名称、注册号或备案号等信息;生产复配营养素的,应在"品种明细"列中标注维生素或矿物质预混料,并在"备注"列载明该保健食品名称、注册号或备案号等信息。

三、食品生产主要设备、设施（表6-3）

表6-3　　　　　　　　　　食品生产主要设备、设施

设备、设施				
序号	名称	规格/型号	数量	使用场所
检验仪器				
序号	检验仪器名称	精度等级	数量	使用场所

四、食品安全专业技术人员及食品安全管理人员（表6-4）

表6-4　　　　　　　食品安全专业技术人员及食品安全管理人员

序号	姓名	身份证号	职务	文化程度与专业	人员类别	专职/兼职情况
					□专业技术人员 □管理人员	□专职人员 □兼职人员
					□专业技术人员 □管理人员	□专职人员 □兼职人员
					□专业技术人员 □管理人员	□专职人员 □兼职人员
					□专业技术人员 □管理人员	□专职人员 □兼职人员
					□专业技术人员 □管理人员	□专职人员 □兼职人员

(续表)

序号	姓名	身份证号	职务	文化程度与专业	人员类别	专职/兼职情况
					□专业技术人员 □管理人员	□专职人员 □兼职人员
					□专业技术人员 □管理人员	□专职人员 □兼职人员
					□专业技术人员 □管理人员	□专职人员 □兼职人员
					□专业技术人员 □管理人员	□专职人员 □兼职人员
					□专业技术人员 □管理人员	□专职人员 □兼职人员
					□专业技术人员 □管理人员	□专职人员 □兼职人员
					□专业技术人员 □管理人员	□专职人员 □兼职人员
					□专业技术人员 □管理人员	□专职人员 □兼职人员
					□专业技术人员 □管理人员	□专职人员 □兼职人员

说明：1. 人员可以在内部兼任职务。

2. 同一人员可以是专业技术人员和管理人员双重身份，请据实填写。

五、食品安全管理制度清单（表6-5）

表6-5　　　　　　　　　　食品安全管理制度清单

序号	管理制度名称	文件编号

(续表)

序号	管理制度名称	文件编号

注:只需要填报食品安全管理制度清单,无须提交制度文本。

六、食品生产许可其他申请材料清单

根据《食品生产许可管理办法》,申请食品、食品添加剂生产许可,申请人需要提交以下材料:

1. 食品(食品添加剂)生产设备布局图(附后)。
2. 食品(食品添加剂)生产工艺流程图(附后)。

申请特殊食品生产许可,申请人还需要提交以下材料:

1. 特殊食品的生产质量管理体系文件(附后)。
2. 特殊食品的相关注册和备案文件(附后)。

注:1. 特殊食品包括:保健食品、特殊医学用途配方食品、婴幼儿配方食品。

2. 保健食品申请材料可结合《保健食品生产许可审查细则》和监管需要,由各省决定提交全部材料或目录清单。

拓展资源

1.《中华人民共和国食品安全法实施条例》。
2.《食品生产许可审查通则(2022版)》。

项目测试

一、单选题

❶ 食品展销会的举办者应当在展销会举办前( )个工作日内,向所在地县级市场监督管理部门报告食品经营区域布局、经营项目、经营期限、食品安全管理制度以及入场食品经营者主体信息核验情况等。

A. 5　　　　B. 10　　　　C. 15　　　　D. 30

❷ 食品经营者从事网络经营的,外设仓库(包括自有和租赁)的,或者集体用餐配送单位向学校、托幼机构供餐的,应当在开展相关经营活动之日起( )个工作日内向所在地县级以上地方市场监督管理部门报告。

A. 5　　　　　B. 10　　　　　C. 15　　　　　D. 30

二、多选题

❶ 食品经营项目包括( )。

A. 食品销售　　　　　　　　B. 餐饮服务
C. 食品经营管理　　　　　　D. 单位食堂

❷ 食品经营者从事( )、摆盘、洗切等食品安全风险较低的简单制售的,县级以上地方市场监督管理部门在保证食品安全的前提下,可以适当简化设备设施、专门区域等审查内容。

A. 解冻　　　B. 简单加热　　　C. 冲调　　　D. 组合

❸ 食品经营备案实施唯一编号管理。备案编号由( )组成。

A. YB　　　　　　　　　　　B. 顺序号
C. 十四位阿拉伯数字　　　　D. 字母

❹ 食品经营管理包括( )等。

A. 食品销售连锁管理　　　　B. 餐饮服务连锁
C. 餐饮服务管理　　　　　　D. 商超服务管理

三、判断题

❶ 食品经营者已经取得食品经营许可,增加预包装食品销售的,不需要另行备案。
( )

❷ 已经取得食品生产许可的食品生产者在其生产加工场所或者通过网络销售其生产的预包装食品的,需要另行备案。( )

❸ 通过自动设备从事食品经营活动或者仅从事食品经营管理活动的,取得一个经营场所的食品经营许可或者进行备案后,即可在本省级行政区域内的其他经营场所开展已取得许可或者备案范围内的经营活动。( )

❹ 食品经营者取得餐饮服务、食品经营管理经营项目的,销售预包装食品不需要在许可证上标注食品销售类经营项目。( )

项目七
许可证后监管

知识与技能目标

1. 熟悉食品销售监督检查和餐饮服务监督检查的内容和要点。
2. 掌握食品生产监督检查的内容和要点。
3. 熟悉食品生产经营监督管理相关法规。
4. 能够正确填写食品生产监督检查结果记录表等规范性资料。

素养目标

1. 强化严格执法、严肃认真的工作态度。
2. 恪守安全理念和责任意识,提高法治思想、守住道德底线。

预习导图

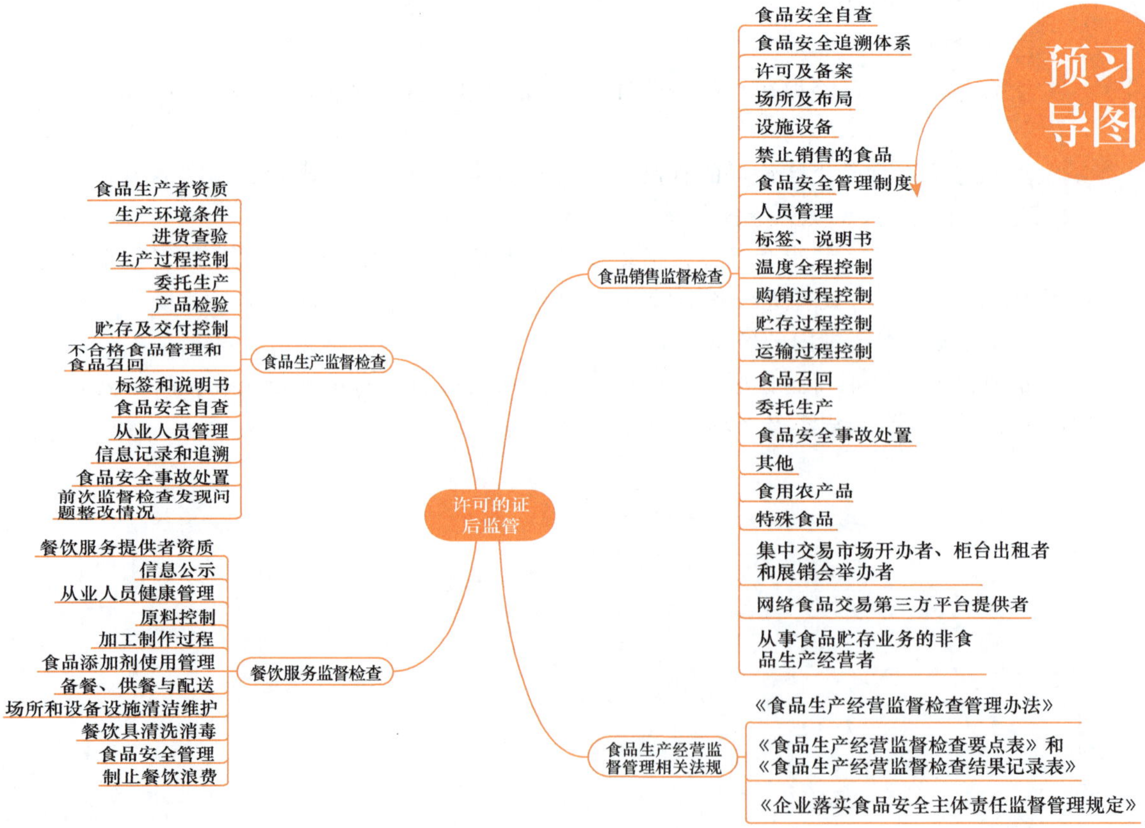

许可的证后监管

- 食品生产监督检查
  - 食品生产者资质
  - 生产环境条件
  - 进货查验
  - 生产过程控制
  - 委托生产
  - 产品检验
  - 贮存及交付控制
  - 不合格食品管理和食品召回
  - 标签和说明书
  - 食品安全自查
  - 从业人员管理
  - 信息记录和追溯
  - 食品安全事故处置
  - 前次监督检查发现问题整改情况

- 食品销售监督检查
  - 食品安全自查
  - 食品安全追溯体系
  - 许可及备案
  - 场所及布局
  - 设施设备
  - 禁止销售的食品
  - 食品安全管理制度
  - 人员管理
  - 标签、说明书
  - 温度全程控制
  - 购销过程控制
  - 贮存过程控制
  - 运输过程控制
  - 食品召回
  - 委托生产
  - 食品安全事故处置
  - 其他
  - 食用农产品
  - 特殊食品
  - 集中交易市场开办者、柜台出租者和展销会举办者
  - 网络食品交易第三方平台提供者
  - 从事食品贮存业务的非食品生产经营者

- 餐饮服务监督检查
  - 餐饮服务提供者资质
  - 信息公示
  - 从业人员健康管理
  - 原料控制
  - 加工制作过程
  - 食品添加剂使用管理
  - 备餐、供餐与配送
  - 场所和设备设施清洁维护
  - 餐饮具清洗消毒
  - 食品安全管理
  - 制止餐饮浪费

- 食品生产经营监督管理相关法规
  - 《食品生产经营监督检查管理办法》
  - 《食品生产经营监督检查要点表》和《食品生产经营监督检查结果记录表》
  - 《企业落实食品安全主体责任监督管理规定》

项目七 许可证后监管

基础知识

一、食品生产监督检查

食品生产监督检查的项目共79项,其中重点项34项,一般项45项。包括:食品通用检查项目共69项,其中重点项27项,一般项42项;特殊食品专用检查项目共10项,其中重点项7项,一般项3项。食品通用检查项目适用于食品(含特殊食品)、食品添加剂生产者的监督检查;特殊食品专用检查项目仅适用于特殊食品生产者的监督检查。

(一)食品生产者资质

(1)具有合法主体资质,生产许可证在有效期内。
方式:查阅许可档案,食品生产许可证是否在有效期内。
指南:具有食品生产许可证,且许可证件应在有效期内。
(2)生产的食品、食品添加剂在许可范围内。
方式:检查车间和仓库中的食品、食品添加剂是否和许可证上载明的食品类别和明细一致。
指南:检查企业生产线和成品库中的产品是否在许可类别和明细范围内;食品类别发生变化的,按照规定向市场监管部门提出变更申请。
(3)实际生产的特殊食品按规定注册或备案,注册证书或备案凭证符合要求。
方式:检查生产的特殊食品,有注册证书或备案凭证,在有效期内或者符合要求。
指南:所生产的保健食品持有效保健食品注册证书或备案凭证,生产的婴幼儿配方乳粉产品配方注册证书有效,生产的特殊医学用途配方食品注册证书有效。

(二)生产环境条件

(1)厂区无扬尘、无积水,厂区、车间卫生整洁。
方式:检查厂区、车间环境,是否符合卫生规范。
指南:
①厂区环境:厂区内的道路一般应铺设混凝土、沥青,或者其他硬质材料;空地应采取必要措施,如铺设水泥、地砖或草坪,保持环境清洁,正常天气下不得有扬尘和积水等现象。
②车间环境:生产车间地面应当无积水、无蛛网积灰、无破损等;需要经常冲洗的地面,应当有一定坡度,其最低处应设在排水沟或者地漏的位置;查看车间的墙面及地面有无污垢、霉变,不得有食品原辅料、半成品、成品等散落。
(2)厂区、车间与有毒、有害场所及其他污染源保持规定的距离或具备有效防范措施。
方式:检查厂区和车间附近是否有污染源,垃圾是否按要求存放并定期清理。

指南：

①检查厂区附近是否有有毒有害污染源，或者污染源是否对生产有影响(生产厂区周边不得有粉尘、有害气体、放射性物质、垃圾处理场和其他扩散性污染源)。

②车间不得有各种杂物堆放。

③厂区和车间垃圾应密闭存放、定期清理，易腐败的废弃物应尽快清除，不得散发异味，不得有苍蝇、老鼠等虫害滋生。

④如存在一定污染源，应采取有效防范措施，防止对食品生产产生影响。

(3)设备布局和工艺流程、主要生产设备设施与准予食品生产许可时保持一致。

方式：查阅许可申报材料，对照现场查看设备布局和工艺流程、主要生产设备设施。

指南：

①设备布局和工艺流程、主要生产设备设施应和许可档案内容保持一致。

②设备布局和工艺流程、主要生产设备设施发生变化，需要变更食品生产许可证载明的许可事项的，应当在变化后10个工作日内向原发证的市场监督管理部门提出变更申请。

(4)卫生间保持清洁，未与食品生产、包装或贮存等区域直接连通。

方式：检查厂区、车间的卫生间设置和卫生情况是否符合要求。

指南：

①卫生间应根据需要设置，应设置必要的洗手设施，保持环境清洁。

②卫生间不得与食品生产、包装或贮存等区域直接连通，不得对生产区域产生影响。

(5)有更衣、洗手、干手、消毒等卫生设备设施，满足正常使用。

方式：检查企业更衣室设施是否按规定摆放，更衣室内空气是否进行杀菌消毒，查看是否有洗手、干手、消毒设施，并能正常使用。

指南：

①更衣设施：有与生产量或工作人员数量相匹配的更衣设施，保证工作服与个人服装及其他物品分开放置；有对工作服、帽等进行有效消毒的措施。

②更衣室消毒：检查更衣室是否消毒，一般可采用紫外线灯、臭氧发生器等进行消毒(如使用紫外线灯，检查是否及时更换，如果灯管发黑应当更换；紫外线灯能否打开正常使用)。

③洗手设施：洗手设施能够正常使用；应在邻近洗手设施的显著位置标识简明易懂的洗手方法。

④消毒液：消毒液的配置和更换应当有使用说明和制度要求，并遵照执行，有消毒液配置和使用记录(消毒液可以是医用酒精或者次氯酸钠为主的高效消毒剂)；记录应当完整无缺失。

(6)通风、防尘、排水、照明、温控等设备设施正常运行，存放垃圾、废弃物的设备设施标识清晰，有效防护。

方式：查看通风、防尘、照明、存放垃圾和废弃物等设备设施是否缺少，是否正常运行；查看暴露在食品和原料正上方的照明设施是否使用安全型照明设施或采取防护措施。

指南：

①应具有适宜的自然通风或人工通风措施；通风设施应避免空气从清洁度要求低的作业区域流向清洁度要求高的作业区域。

②合理设置进气口位置，进气口是否与排气口和户外垃圾存放装置等污染源保持适宜的距离和角度。

③进、排气口是否装有防止虫害侵入的网罩等设施。若生产过程需要对空气进行过滤净化处理，应加装空气过滤装置并定期清洁。

④排水设施是否符合要求，适应生产需要；排水系统入口是否安装带水封的地漏等装置；室内排水流向是否由清洁度高的区域流向清洁度低的区域，且能防止逆流等。

⑤根据生产需要安装的除尘设施运行正常。

⑥厂房内的自然采光或人工照明是否能满足生产需要（光源应使食品呈现真实颜色）。

⑦暴露食品和原料的正上方安装的照明设施是否使用安全型照明设施或采取防护措施。

⑧应根据食品生产的特点，配备适宜的加热、冷却、冷冻等设施和用于监测温度的设施；根据生产需要，可设置控制室温的设施。

⑨配备设计合理、防止渗漏、易于清洁的存放废弃物的专用设施并做有效防护；车间内存放废弃物的设施和容器是否标识清晰。必要时应在适当地点设置废弃物临时存放设施，并依废弃物特性分类存放。

(7)车间内使用的洗涤剂、消毒剂等化学品明显标识、分类贮存，与食品原料、半成品、成品、包装材料等分隔放置，并有相应的使用记录。

方式：查看洗涤剂、消毒剂等化学品存放情况，是否有使用记录，记录是否完整无缺失。

指南：生产过程中使用的清洗剂、消毒剂等化学品应专门存放，专人管理，不能与食品原料、成品、半成品或包装材料放在一起；领用要有专门记录；除清洁消毒必需和工艺需要，不应在生产场所使用和存放可能污染食品的化学制剂。

(8)生产设备设施定期维护保养，并有相应的记录。

方式：查阅设施、设备保养和维护制度；查看生产设施设备保养记录。

指南：应有维修保养制度和记录，记录项目齐全、完整。

(9)监控设备(如压力表、温度计)定期检定或校准、维护，并有相关记录。

方式：查阅监控设备检定或校准、维护记录；查看监控设备是否正常使用。

指南：用于监测、控制、记录的设备，如压力表、温度计、记录仪等，应定期检定或校准、维护，并有相关记录。

(10)定期检查防鼠、防蝇、防虫害装置的使用情况并有相应检查记录，生产场所无虫害迹象。

方式：查看防鼠、防蝇、防虫害装置是否安装到位并能正常使用；有定期检查防鼠、防蝇、防虫害装置使用情况的记录；生产场所无虫害迹象。

指南：

①查看设备安装位置是否到位；设备是否及时清理；设备安装处是否有明显标识；装置使用记录是否齐全。

②定期检查是否制定和执行虫害控制措施；生产车间及仓库应采取有效措施（如纱帘、纱网、防鼠板、防蝇灯、风幕等），防止鼠类昆虫等侵入。若发现有虫鼠害痕迹时，应追查来源，消除隐患。应准确绘制虫害控制平面图，标明捕鼠器、黏鼠板、灭蝇灯、室外诱饵投放点、生化信息素捕杀装置等放置的位置。

③厂区应定期进行除虫灭害工作，并有相应的记录。

④进行防鼠、防蝇、防虫工作时，不得直接或间接污染食品或影响食品安全。

(11)准清洁作业区、清洁作业区设置合理并有效分割。有空气净化要求的，应当符合相应要求，并对空气洁净度、压差、换气次数、温度、湿度等进行监测及记录。

方式：查看生产场所是否合理划分作业区，并采取有效分离或分隔。对空气进行过滤净化处理的，查阅监测记录，检查空气洁净度、压差、换气次数、温度、湿度等的监测数值、监测频次是否符合相应的《审查细则》和标准要求。清洁作业区是否保持干燥。

指南：

①车间应根据产品特点、生产工艺、生产特性以及生产过程对清洁度的要求合理划分作业区。清洁作业区通常包括易腐性食品、即食半成品或成品的最后冷却或包装前的存放、前处理场所，无灭菌工艺食品的原料前处理、成型和产品罐装场所，食品灭菌后进入包装区域前的暴露区域以及其他具有高污染风险的食品加工处理场所；准清洁作业区通常包括包装材料、原辅材料存放区、半成品或成品处理区等对环境空气微生物控制没有特殊要求的区域；一般作业区通常包括仓储用房、外包装用房等区域。

②查看分离或分隔的有效性。

③对空气洁净度、压差、换气次数、温度、湿度等定期监测及记录。

进货查验的监管

（三）进货查验

(1)查验食品原料、食品添加剂、食品相关产品供货者的许可证、产品合格证明文件等；供货者无法提供有效合格证明文件的，应有检验记录。

方式：抽查食品原辅料、食品添加剂、食品相关产品，查看索证索票情况。

指南：分别抽查1～2种食品原料、食品添加剂、食品相关产品，查看供货者的许可证、产品合格证明文件，应当查验企业是否依照食品安全标准进行自行检验或委托检验，并查验相关检验记录。一般可参考以下几种情况来判断该项是否符合：

①国内采购的食品原料、食品添加剂及食品添加剂生产原料应当查验供货者的许可证和产品合格证明文件。

②供货者名称与原料产品标签生产商信息一致，相关证照在有效期内；产品合格证明文件与所购原料批次一致。

③合格证明文件应包括批检、型检等，批检必须一一对应，型检频次和要求按照相应的产品标准要求实施。

④进口的食品、食品添加剂生产使用的原辅材料及包装材料，应当查验检验检疫部门

出具的对应批次的有效的检验检疫证明。

⑤从流通经营单位(超市、批发零售市场等)批量或长期采购时,应当查验并留存加盖有公章的营业执照和食品流通许可证等复印件;少量或临时采购时,应确认其资质并留存盖有供货方公章(或签字)的每笔购物凭证或每笔送货单。

⑥从农贸市场采购的,应当索取并留存市场管理部门或经营户出具的加盖公章(或签字)的购物凭证;从个体工商户采购的,应当查验并留存供应者盖章(或签字)的许可证、营业执照或复印件、购物凭证和每笔供应清单。

⑦从超市采购畜禽肉类的,应留存盖有供货方公章(或签字)的每笔购物凭证或每笔送货单;从批发零售市场、农贸市场等采购畜禽肉类的,应索取并留存动物产品检疫合格证明以及盖有供货方公章(或签字)的每笔购物凭证或每笔送货单;从屠宰企业直接采购的,应当索取并留存供货方盖章(或签字)的许可证、营业执照复印件和动物产品检疫合格证明。

(2)进货查验记录及证明材料真实、完整,记录和凭证保存期限符合要求。

方式:查看原辅料的查验记录、名称批次等信息是否与现场抽查的原辅料符合。

指南:对前项抽查的原辅料品种,检查下列内容:查验是否有对应的进货查验记录;查验记录是否真实完整,即如实记录产品的名称、规格、数量、生产日期或者生产批号、保质期、进货日期以及供货者名称、地址、联系方式等内容;记录和凭证保存期限不少于产品保质期期满后六个月,没有明确保质期的,保存期限不少于两年(对获证超过两年的企业)。

(3)建立和保存食品原料、食品添加剂、食品相关产品的贮存、保管记录、领用出库和退库记录。

方式:对抽查品种,查阅相对应的贮存、保管记录和领用出库记录。

指南:对抽查的原辅料品种,检查是否建立和保存了贮存、保管记录和领用出库记录;有贮存要求的原辅料仓库,应有温湿度记录;原辅料有进出库和领用记录;仓库出货顺序应遵循先进先出的原则,必要时应根据不同食品原辅料的特性确定出货顺序;记录应当完整无缺失。

(4)生产特殊食品使用的原料、食品添加剂与注册或备案的技术要求一致。

方式:检查产品注册或备案文件与原辅料品种。

指南:
①使用的原辅料与特殊食品注册或备案的要求一致。
②原辅料的质量标准应与产品(配方)注册批准或备案内容相一致。
③原辅料经查验符合质量标准要求。
④婴幼儿配方乳粉原料及标签等已备案。

(四)生产过程控制

(1)使用的食品原料、食品添加剂、食品相关产品的品种与索证索票、进货查验记录内容一致。

方式:生产现场(称量、投料等处)抽查1~3种使用的原辅料、食品添加剂、食品相关产品与索证索票、进货查验记录进行对照。

指南:检查现场抽查的品种:是否与索证索票、进货查验记录一致;是否与产品标签的配料表一致。

(2)建立和保存生产投料记录,包括投料品名、生产日期或批号、使用数量等。

方式:现场检查生产投料记录。

指南:是否建立生产投料记录;记录是否完整,是否包括投料种类、品名、生产日期或批号、使用数量等;应建立食品添加剂使用记录制度。

(3)未发现使用非食品原料、食品添加剂以外的化学物质、回收食品、超过保质期与不符合食品安全标准的食品原料和食品添加剂投入生产。

方式:查看原料仓库、车间等区域,是否有非食品原料、回收食品以及食品添加剂以外的化学物质等。

指南:

①食品生产、加工场所不得存放《食品安全法实施条例》第六十三条规定的非食品用化学物质和其他可能危害人体健康的物质。

②投料记录中或生产现场不得有非食品原料、回收食品、食品添加剂以外的化学物质、超过保质期的食品原料和食品添加剂。

(4)未发现超范围、超限量使用食品添加剂的情况。

方式:检查食品添加剂的使用和投料记录,或者抽检产品。

指南:抽查企业食品添加剂领用记录、投料记录,对照《食品添加剂使用标准》(GB 2760—2024),不得超范围、超限量使用食品添加剂;或者抽检产品,进一步验证企业是否存在超范围、超限量使用食品添加剂。

(5)生产或使用的新食品原料,限定于国务院卫生行政部门公告的新食品原料范围内。

方式:检查原料使用和投料相关记录。

指南:查看使用的原料,在我国无食用习惯的动物、植物、微生物及其提取物或特定部位,不在《既是食品又是药品的物品名单》和卫健委公布的新资源食品名单中,应当先经过卫生部门批准后方可使用。

(6)未发现使用药品生产食品,未发现仅用于保健食品的原料生产保健食品以外的食品。

方式:查看原料仓库、记录、配料表等,不得有仅用于保健食品的原料以及药品。

指南:原料仓库、车间等场所以及进货记录、投料记录、产品配料表中不得有药品和仅用于保健食品的原料(国家卫生部门公布的《可用于保健食品的物品名单》)。

(7)生产记录中的生产工艺和参数与准予食品生产许可时保持一致。

方式:检查记录中生产工艺流程和参数以及车间和仓库中的成品,与许可资料进行比对。

指南:

①检查企业生产记录,查看生产工艺和参数是否与申请许可时提交的工艺流程一致。

②食品生产者工艺流程等事项发生变化,需要变更食品生产许可证载明的许可事项的,食品生产者应当在变化后10个工作日内向原发证的市场监督管理部门提出变更

申请。

(8)建立和保存生产加工过程关键控制点的控制情况记录。

方式:查阅关键控制点记录。

指南:

①检查关键控制点控制情况记录,包括必要的半成品检验记录、温度控制、车间洁净度控制等(无微生物控制要求的食品添加剂生产企业不检查"车间洁净度控制")。

②查看是否建立关键控制点控制制度;生产的成品是否每批次都有关键控制点记录(抽查1~3批次);关键控制点的记录是否项目齐全、完整,与实际相符。

(9)生产现场未发现人流、物流交叉污染。

方式:查看生产过程是否有交叉污染,是否采取有效措施避免交叉污染。

指南:查看生产过程中是否有下列情况:

①工人从物流通道进入生产车间。

②原辅料、成品等从人流通道进入生产车间。

③低清洁区的工人未经更衣、洗手消毒、戴口罩等进入高清洁区。

④工人未经更衣、洗手消毒等进入生产车间。

⑤未经过内包装的成品便出生产车间。

⑥食品加工过程中,作业区间的隔离门未保持关闭,未起到隔离效果。

(10)未发现待加工食品与直接入口食品、原料与成品交叉污染。

方式:查看原料、半成品、成品之间是否存在交叉污染情况。

指南:

①查看原料进入车间前是否经过脱包或采用其他清洁外包处理;除外包装车间外,其他车间内是否有未经脱包的原料,原料表面外包是否有污物(有内包材的原料原则是需要去除外包材;没有内包材的原料需清洁表面后进入车间)。

②查看半成品存放区域是否会受到污染,是否有标识;查看原料、半成品及成品是否有专门区域分别存放,是否存在交叉污染。

(11)有温、湿度等生产环境监测要求的,定期进行监测并记录。

方式:查看温湿度控制设备是否正常开启,必要时进行现场检测。

指南:根据生产要求查看生产现场:

①是否有必备的温湿度控制设备,是否有记录。

②温湿度控制设备是否有温湿度显示。

③现场温湿度是否达到要求。

(12)工作人员穿戴工作衣帽,洗手消毒后进入生产车间。生产车间内未发现与生产无关的个人用品或者其他与生产不相关物品。

方式:查看工作人员的工作衣帽及口罩是否按规定穿戴、工作人员是否按规定洗手消毒;查看生产车间内是否有与生产不相关的物品。

指南:现场查看:

①工作人员穿戴清洁的工作衣、帽,头发不得露于帽外。

②工作人员进入作业区域应规范穿着洁净的工作服,并按要求洗手、消毒。

③工作人员进入作业区域不应佩戴饰物、手表,不应化妆、染指甲、喷洒香水;不得携带或存放与食品生产无关的个人用品。

④生产车间内不能有与生产无关的个人或其他与生产不相关的物品。

(13)食品生产加工用水的水质符合规定要求并有检测报告,与其他不与食品接触的用水以完全分离的管路输送。

方式:查阅食品加工用水水质检测报告;现场查看食品加工用水与其他不与食品接触的用水是否以完全分离的管路输送,且有明确标识。

指南:

①水质检测报告(至少38项),食品加工用水的水质应符合《生活饮用水卫生标准》(GB 5749—2022)的规定。

②食品加工用水与其他不与食品接触的用水(如间接冷却水、污水或废水等)应以完全分离的管路输送,避免交叉污染。各管路系统应明确标识以便区分。

(14)食品添加剂生产使用的原料和生产工艺符合产品标准规定。复配食品添加剂配方发生变化的,按规定报告。

方式:抽查1~3批次产品原料及工艺;抽查1~3批次产品配方,与许可批次配方核对。

指南:

①原料应符合产品执行标准要求,凡食品添加剂产品标准中对原料级别作出规定的,食品添加剂生产企业必须使用相应级别或质量更高的原料;对原料级别未作具体规定的,食品添加剂生产企业可自行选择原料级别。

②工艺符合产品执行标准要求。可以使用国家标准规定工艺生产的食品添加剂半成品、成品,也可以使用提纯、除尘、筛分等物理方法制成精度更高的食品添加剂产品。对于标准未规定生产工艺的食品添加剂,生产企业应当加强生产过程管理,不得使用可能会给人体带来健康风险的生产工艺组织生产。

③实际配方应当同许可申报配方相符。

④变更配方按规定报告。对已获生产许可证的企业若复配食品添加剂产品配方改变或增加新的配方导致其不再符合原申请时提报的执行标准或者类别发生变化,是需要变更生产许可证书内容的。

(15)按照经特殊食品注册或备案的产品配方、生产工艺等技术要求组织生产。

方式:查看产品实际生产情况和记录,比较注册或备案的产品配方、工艺等与实际的一致性。

指南:查看企业产品(配方)注册证书或备案凭证,企业实际领料、配料、投料等记录的原辅料品种和使用量,是否与证书载明的要求一致。

(16)批生产记录真实、完整、可追溯,批生产记录中的生产工艺和参数等与工艺规程和有关制度要求一致。

方式:查看批记录。

指南:

①查看批生产记录、领料记录、投料记录等是否完整,与其他记录是否一致。保健食品批生产记录至少应当包括:生产指令、各工序生产记录、工艺参数、中间产品和产品检验

报告、清场记录、物料平衡记录、生产偏差处理以及最小销售包装的标签说明书等内容。

②签名、复核等记录是否符合要求。

(17)原料、食品添加剂实际使用量与注册或备案的配方和批生产记录中的使用量一致。

方式:查看原料、食品添加剂实际使用量和相关记录,与注册或备案的产品配方一致。

指南:查看原料、食品添加剂实际使用量,领料投料、批生产记录等相关记录,与注册或备案的产品配方一致。

(18)保健食品原料提取物或原料前处理符合要求。

方式:查看原料提取物生产企业许可资质,或检查原料提取或纯化等前处理。

指南:

①注册或者备案的保健食品产品配方中有原料提取或纯化等前处理工序的,保健食品生产企业应保持相应的能力。

②原料的前处理不会对成品生产产生污染。

③产品配方中有原料提取物的,可以向具有合法资质的保健食品生产企业采购保健食品原料提取物,生产商《食品生产许可证》许可品种明细项目应载明保健食品原料提取物名称。

④企业应按照生产工艺、质量标准、前处理工艺规程等,建立原料提取生产记录制度,包括原料的称量、清洗、提取、浓缩、收膏、干燥、粉碎等生产过程和相应工艺参数。每批次提取物应标注同一生产日期。

⑤原料前处理采用敞口方式进行收膏操作的,其操作环境应与保健食品生产的洁净级别相适应。

⑥提取物的干燥、粉碎、过筛、混合、内包装等工序,应在洁净车间内完成,洁净级别应与保健食品生产的洁净级别相适应。

⑦原料的清洗、浸润、提取用水应符合生产工艺要求,清洗提取设备或容器内表面应当使用纯化水。

⑧提取用溶剂需回收的,回收后溶剂的再使用不得对产品造成交叉污染,不得对产品的质量和安全性有不利影响。

⑨每批产品应当进行提取率检查,如有显著差异,必须查明原因,在确认无质量安全隐患后,方可按正常产品处理。

⑩原料提取物的生产记录、检验记录、销售记录等各项记录的保存期限不得少于5年;提取物留样至少保存至保质期后一年,保存期限不得少于两年。

(五)委托生产

(1)委托方、受托方具有有效证照,委托生产的食品、食品添加剂符合法律、法规、食品安全标准等规定。

方式:查阅委托合同,检查委托生产产品。

指南:

①企业应依照法律、法规、食品安全标准以及合同约定进行生产,接受委托方的监督。

②企业受委托生产的食品应当在生产许可的产品品种范围明细内。
(2)签订委托生产合同,约定委托生产的食品品种、委托期限等内容。
方式:查阅委托生产合同原件。
指南:查看是否签订委托加工合同,查看委托生产的食品品种和委托期限是否在合同约定范围。
(3)有委托方对受托方生产行为进行监督的记录。
方式:查阅相关记录。
指南:
①企业应依照法律、法规、食品安全标准以及合同约定进行生产,接受委托方的监督。
②将委托生产的食品品种、委托期限、委托方对受托方生产行为的监督等情况予以单独记录,留档备查。
(4)委托生产的食品标签清晰标注委托方、受托方的名称、地址、联系方式等信息。
方式:检查受委托加工的产品标签。
指南:应标识委托单位和受委托单位的名称和地址,或仅标识委托单位的名称和地址及产地。
(5)委托方持有保健食品注册证书或注册转备案凭证,受托方具备相应的生产能力且能完成生产委托品种的全部生产过程。
方式:检查委托生产的保健食品注册证书或注册转备案凭证以及全过程生产能力。
指南:
①委托方应是保健食品注册证书或注册转备案凭证持有人,受托方应能够保持委托生产品种的全过程生产能力,完成委托品种的全过程生产。
②受托方应留存受委托生产产品的生产记录,并做好产品留样。

(六)产品检验

(1)企业自检的,具备与所检项目适应的检验室和检验能力,有检验相关设备及化学试剂,检验仪器按期检定或校准。
方式:查阅许可要求和产品标准,查看检验设备和试剂是否齐全。
指南:
①检验室应具备标准、审查细则所规定的出厂检验设备(包括相关的辅助设施、试剂等),检验设备的精度应满足出厂检验需要,检验设备的数量与生产能力相适应;一般情况下常见的检验项目:a. 出厂检验项目净含量所对应的必备出厂检验设备为电子天平(0.1 g);b. 出厂检验项目水分所对应的必备出厂检验设备为分析天平(0.1 mg)、干燥箱或卡尔费休滴定液;c. 出厂检验项目菌落总数和大肠菌群所对应的必备出厂检验设备为微生物培养箱、灭菌锅、生物显微镜、无菌室(或超净工作台)。
②出厂检验设备应按期检定或校准,一般情况下,天平、压力锅(压力表)应具备合格计量检定证书,干燥箱、培养箱应具备合格校准证书,生物显微镜无须检定或校准。检定或校准周期一般为一年(压力表为半年);部分无法直接校验压力的进口压力表也可通过校验温度换算压力来等效校验。

③检验试剂均应在有效期内,有毒有害检验试剂在专柜上锁存放,专人保管,检验试剂的消耗量应与使用记录相匹配。

(2)不能自检的,委托有资质的检验机构进行检验。

方式:抽查1~3批次产品委托检验报告。

指南:

①不能自检的,应当委托有资质的检验机构进行检验。

②从生产或销售记录中随机抽查1~3批次成品,查看检验报告原件。

(3)有与生产产品相应的食品安全标准文本,按照食品安全标准规定进行检验。

方式:随机抽查1~3批次的产品出厂检验报告,查看其项目是否符合规定。

指南:

①检验室中应配备完整的食品安全标准文本,一般要有原辅材料标准、企业产品标准、出厂检验方法标准。

②成品须逐批随机抽取样品,出厂检验项目应满足企业产品标准和产品许可审查细则要求。

(4)建立和保存原始检验数据和检验报告记录,检验记录真实、完整,保存期限符合规定要求。

方式:抽查产品出厂检验报告以及原始数据记录,查看出厂检验记录中是否如实记录法定信息,各项检验记录和检验报告是否齐全、完整、可追溯,保存期限是否符合规定要求。

指南:抽查1~3批次成品检查(对自检的企业适用):

①出厂检验报告应与生产记录、产品入库记录的批次相一致。

②出厂检验报告中的检验结果(如净含量、水分、菌落总数、大肠菌群等)应有相对应的原始检验记录。

③企业出厂检验报告及原始记录应真实、完整、清晰。

④对照出厂检验记录(不是检验报告和检验原始记录),检查是否如实记录食品的名称、规格、数量、生产日期或者生产批号、保质期、检验合格证号、销售日期以及购货者名称、地址、联系方式等内容,并检查保存期限(可与追溯销售记录共同协查)。

(5)按规定时限保存检验留存样品并记录留样情况。

方式:随机抽查1~3批次成品的留样及记录,检查是否与生产记录一致。

指南:

①记录保存期限不得少于产品保质期满后6个月;没有明确保质期的,保存期限不得少于2年;留样数量应满足产品质量追溯检验的要求。

②企业留样产品的包装、规格等应与出厂销售的产品相一致(直接入口食品),留样产品的批号应与实际生产相符(不适用于食品添加剂生产企业)。

③一般情况下,产品保质期少于2年的,留样产品保存期限不得少于产品的保质期;产品保质期超过2年的,留样产品保存期限不得少于2年。

(6)对出厂的婴幼儿配方食品、特殊医学用途婴儿配方食品等按照要求逐批全项目自行检验,每年对全项目检验能力进行验证。

方式:检查产品生产记录和出厂记录是否与检验记录一致,对照标准和企业出厂检要求查看检验记录是否为全项目检验,查看能力验证材料或记录。

指南:

①检查产品生产记录和出厂记录是否与检验记录一致,是否逐批自行检验。

②对照产品标准和企业出厂检验要求查看检验记录是否按照要求全项目检验。

③查看全项目检验能力验证材料或记录。

(七)贮存及交付控制

贮存及交付控制的监管

(1)食品原料、食品相关产品的贮存由专人管理,贮存条件符合要求。

方式:采取抽查方式。

指南:抽查企业主要原辅料仓库1～3个,检查:

①原辅料存放应离墙、离地(离墙,通常是指离开墙面 10 cm 以上;离地,应堆放在垫仓板上),是否按先进先出的原则出入库。

②库房内存放的原辅料应按品种分类贮存,有明显标志,同一库内不得贮存相互影响导致污染的物品。

③原辅料仓库应整洁,地面墙面应平滑无裂缝、无积尘、无积水、无霉变。

④原辅料仓库不得存放有毒有害及易爆易燃等物品,生产过程中使用的清洗剂、消毒剂、杀虫剂等应分类专门贮存。

⑤原料库内不得存放与生产无关的物品。

⑥原料库内不得存放过期原料,即原料过期或变质应及时清理。

⑦原料库内不得存放成品或半成品,尤指回收食品。

⑧贮存条件符合原辅料的特点和质量安全要求。

(2)食品添加剂专库或专区贮存,明显标识,专人管理。

方式:查看食品添加剂存放是否符合要求。

指南:食品添加剂应专门存放,有明显标识,有专人管理,定期检查质量和卫生情况。

(3)不合格品在划定区域存放,具有明显标志。

方式:查看不合格品的管理情况。

指南:检查企业:

①是否建立不合格品管理制度。

②是否按照制度要求处理不合格品,是否记录处理情况。

③不合格品是否放在指定区域、明显标识、及时处理。

(4)根据产品特点建立和执行相适应的贮存、运输及交付控制制度和记录。

方式:抽查相关制度和记录,有冷链要求的产品必须检查冷链情况。

指南:

①是否根据食品特点和卫生需要选择适宜的贮存和运输条件,建立和执行相应的出入库管理、仓储、运输和交付控制制度,是否有记录。

②重点检查对有冷链要求的食品是否有相关制度和记录。

(5)仓库温湿度符合要求。

方式:查看贮存环境是否符合贮存条件要求。

指南：

①有存贮要求的原料或产品,仓库应设有温、湿度控制设施,即有温度要求的,应安装空调等装置;有湿度要求的,应具备除湿装置。

②各类冷库应能根据产品的要求调节贮存规定的温度,并设有可正确指示库内温度的指示设施,装有温度自动控制器。所有温湿度控制应定期检查和记录。

(6)有出厂记录,如实记录食品的名称、规格、数量、生产日期或者生产批号、检验合格证明、销售日期以及购货者名称、地址、联系方式等内容。

方式:抽查1~3个批次产品的销售记录,检查其是否符合要求。

指南：

①检查企业是否有销售记录;验证销售记录的真实、完整,同批产品的数量、生产日期/生产批号信息要与生产记录、检验报告、入库记录、出库记录相符,购货者名称要与销售发票、货单名称一致。

②检查销售记录是否如实记录食品的名称、规格、数量、生产日期或者生产批号、检验合格证明、销售日期以及购货者名称、地址、联系方式等内容。

(八)不合格食品管理和食品召回

(1)建立和保存不合格品的处置记录,不合格品的批次、数量应与记录一致。

方式:查看相关制度和记录。

指南:是否建立不合格品管理制度;是否将不合格品单独存放;是否按照制度要求处置不合格品;食品是否有不合格品的处置记录。

(2)实施不安全食品的召回,召回和处理情况向所在地市场监管部门报告。

方式:查看相关制度和履行相关报告义务情况。

指南:检查企业是否建立召回管理制度;对有不安全食品销售情况的企业,应当实施召回。食品召回和处理情况向所在地县级人民政府食品监管部门报告。

(3)有召回计划、公告等相应记录;召回食品有处置记录。

方式:查阅记录。

指南：

①应当有不安全食品召回记录,有召回计划、公告等记录,包含有通知相关生产经营者和消费者情况、向主管部门报告情况、产品的召回记录(含产品名称、商标、规格、数量、生产日期、生产批号等信息)。

②召回记录保存期限不得少于2年。

③对有召回食品的企业,召回食品应当有处置记录,可采取补救、无害化处理、销毁等措施,防止其再次流入市场;召回记录和处理记录信息要相符。

(4)有召回食品无害化处理、销毁等措施,未发现召回食品再次流入市场(对因标签存在瑕疵实施召回的除外)。

方式:查阅记录。

指南:召回记录和处理记录信息要相符;禁止使用召回食品作为原料用于生产各类食品,或者经过改换包装等方式以其他形式进行销售。

(九)标签和说明书

(1)预包装食品的包装有标签,标签标注的事项完整、真实。

方式:查看产品包装标签。

指南:标签上有产品名称、规格、净含量、生产日期,标注的内容符合 GB 7718—2011《食品安全国家标准 预包装食品标签通则》等标准和相关法律法规规定;标签上成分或配料表,标注的内容符合 GB 7718—2011《食品安全国家标准 预包装食品标签通则》等标准和相关法律法规规定;标签上生产者的名称、地址、联系方式,标注的内容符合 GB 7718—2011《食品安全国家标准 预包装食品标签通则》等标准和相关法律法规规定;根据标准规定应当标注产地的,标志符合规定;标签标注有保质期,符合 GB 7718—2011《食品安全国家标准 预包装食品标签通则》等标准规定;标签上标注现行有效的产品标准代号;标签上标注贮存条件,其内容符合标准规定;标签配料表中标注了生产中使用的食品添加剂,食品添加剂按照 GB 7718—2011《食品安全国家标准 预包装食品标签通则》等标准中的有关规定执行。

标签标注生产许可证编号,标注的食品生产许可证合法有效。委托加工食品的标签标注符合 GB 7718—2011《食品安全国家标准 预包装食品标签通则》等标准规定;标签上标注的营养标签符合 GB 28050—2011《食品安全国家标准 预包装食品营养标签通则》等标准规定;专供婴幼儿和其他特定人群的主辅食品,营养标签符合 GB 13432—2013《食品安全国家标准 预包装特殊膳食用食品标签》以及产品执行标准的规定;法律、法规和标准规定必须标明的其他事项符合规定。

(2)未发现标注虚假生产日期或批号的情况。

方式:现场检查成品标注生产日期或批号情况。

指南:在包装线和成品仓库中抽查1~3种成品,检查产品标注的生产日期或批号,应与生产记录一致。

(3)未发现转基因食品、辐照食品未按规定标识。

方式:查看产品包装标签;查阅原料进货查验记录,了解原料实际状况。

指南:

①凡是列入农业转基因生物标志目录的转基因食品应该在包装上标注"转基因"字样。非转基因食品没有强制要求标识,但如果标识"非转基因"字样,需要有对应的转基因产品存在。

②经电离辐射线或电离能量处理过的食品,应在食品名称附近标识"辐照食品";经电离辐射线或电离能量处理过的任何配料,应在配料表中标明。

(4)食品添加剂标签载明"食品添加剂"字样,并标明贮存条件、生产者名称和地址、食品添加剂的使用范围、用量和使用方法。

方式:查看食品添加剂产品包装标签。

指南:

①食品添加剂标签、说明书应当载明名称,规格,净含量,生产日期,成分或配料表,生产者的名称、地址、联系方式,保质期,产品标准代号,贮存条件,生产许可证编号和法律、

法规或者食品安全标准规定应当标明的其他事项。

②食品添加剂标签、说明书应当载明食品添加剂的使用范围、用量、使用方法。

③采购食品添加剂标签上载明"食品添加剂"字样。

(5)未发现食品、食品添加剂的标签、说明书涉及疾病预防、治疗功能,未发现保健食品之外的食品标签、说明书涉及保健功能。

方式:查看产品标签、说明书。

指南:食品和食品添加剂的标签、说明书不应有标注或者暗示具有预防、治疗疾病作用的内容,非保健食品不得明示或者暗示具有保健作用。

(6)特殊食品标签、说明书内容与注册或备案的内容要求一致,符合相关法律法规要求。

方式:检查产品标签、说明书,与注册或备案文件核对。

指南:

①标签、说明书的内容应与注册或者备案的内容相一致,婴幼儿配方乳粉标签内容应符合《总局关于婴幼儿配方乳粉产品配方注册标签变更有关事项的公告》(2017年第150号),不需要变更的情形除外。

②婴幼儿配方乳粉标签还要符合《市场监管总局关于进一步规范婴幼儿配方乳粉产品标签标识的公告》(2021年第38号)。

(十)食品安全自查

(1)建立食品安全自查制度,并定期对食品安全状况进行检查评价。

方式:查阅制度和记录。

指南:查看是否建立食品安全自查制度,查看自查记录,是否定期对食品安全状况进行检查评价。

(2)自查发现食品安全问题,立即采取整改、停止生产等措施,并按规定向所在地市场监督管理部门报告。

方式:查看自查记录和对应的处置记录。

指南:

①生产经营条件发生变化,不再符合食品安全要求的,食品生产经营者应当立即采取整改措施。

②有发生食品安全事故潜在风险的,应当立即停止食品生产经营活动,并向所在地县级人民政府食品监管部门报告。

(3)定期对生产质量管理体系的运行情况进行自查,保证其有效运行,并向所在地县级人民政府市场监督管理部门提交自查报告,自查发现问题整改率达100%。

方式:查看自查记录和自查报告,以及自查问题整改情况。

指南:定期按照要求对质量安全管理体系的运行情况进行自查,保证其有效运行,并按照要求向市场监督管理部门提交自查报告;自查发现问题整改率达100%。

(十一)从业人员管理

(1)建立企业主要负责人全面负责食品安全工作制度,配备食品安全管理人员、食品安全专业技术人员。

方式:查看管理制度和人员配备情况。

指南:

①有明确的食品安全管理人员和负责人的任命,有企业主要负责人对食品质量安全授权人的授权;配备有食品安全管理人员、食品安全专业技术人员。

②企业主要负责人对本企业食品安全工作全面负责,落实本企业的食品安全责任制,加强供货者管理、进货查验和出厂检验、生产经营过程控制、食品安全自查等工作。

③食品生产企业应当依法配备与企业规模、食品类别、风险等级、管理水平、安全状况等相适应的食品安全总监、食品安全员等食品安全管理人员,明确企业主要负责人、食品安全总监、食品安全员等的岗位职责;特殊食品和大中型食品生产企业在依法配备食品安全员的基础上,还应当配备食品安全总监。

(2)有食品安全管理人员、食品安全专业技术人员培训和考核记录,未发现考核不合格人员上岗。

方式:检查培训计划及抽查培训考核情况记录。

指南:

①检查企业培训计划。

②检查企业培训档案、考核记录及原始签到表。

③现场抽查管理人员若干,询问相关培训内容。

(3)未发现聘用禁止从事食品安全管理的人员。

方式:检查食品安全管理人员和从业人员聘用制度,抽查相关人员聘用档案。

指南:

①被吊销许可证的食品生产经营者及其法定代表人、直接负责的主管人员和其他直接责任人员自处罚决定作出之日起五年内不得申请食品生产经营许可,或者从事食品生产经营管理工作、担任食品生产经营企业食品安全管理人员。

②因食品安全犯罪被判处有期徒刑以上刑罚的,终身不得从事食品生产经营管理工作,也不得担任食品生产经营企业食品安全管理人员。

(4)企业负责人在企业内部制度制定、过程控制、安全培训、安全检查以及食品安全事件或事故调查等环节履行了岗位职责并有记录。

方式:抽查相关记录。

指南:抽查记录,检查企业负责人在企业内部制度制定、过程控制、安全培训、安全检查以及食品安全事件或事故调查等环节是否履行了岗位职责并有记录。

(5)建立并执行从业人员健康管理制度,从事接触直接入口食品工作的人员具备有效健康证明,符合相关规定。

方式:查看企业健康检查制度,抽查1~3名现场人员的健康证。

指南：

①应有从业人员健康管理制度。直接接触食品人员应当每年进行健康体检并获得健康证明。

②健康证明应当在食品生产经营范围内适用。

③患有痢疾、伤寒、甲型病毒性肝炎、戊型病毒性肝炎等消化道传染病的人员以及患有活动性肺结核、化脓性或者渗出性皮肤病等有碍食品安全的疾病的人员，不得从事接触直接入口食品的工作。

(6)有从业人员食品安全知识培训制度，并有相关培训记录。

方式：查看培训制度和记录。

指南：检查是否有培训制度、计划及相关培训内容记录。

（十二）信息记录和追溯

(1)建立并实施食品安全追溯制度，并有相应记录。

方式：查看企业追溯管理制度和记录。

指南：企业应建立食品安全追溯体系，对食品生产中采购、加工、贮存、检验、销售等环节详细记录，确保对产品从原料采购到销售的所有环节都可进行有效追溯。

(2)未发现食品安全追溯信息记录不真实、不准确等情况。

方式：查看企业追溯管理制度和相关记录。

指南：企业应如实记录并保存进货查验、出厂检验、食品销售等信息，原辅料进货查验、领料配料投料、混合制剂、包装、检验、入库销售等记录一致，可追溯。

(3)建立信息化食品安全追溯体系的，电子记录信息与纸质记录信息保持一致。

方式：检查信息化追溯体系并核对相关记录。

指南：鼓励食品生产企业采用信息化手段采集留存生产经营信息建立食品安全追溯体系，同时具有纸质记录的应与电子记录保持一致。

（十三）食品安全事故处置

(1)有定期排查食品安全风险隐患的记录。

方式：查看记录。

指南：

①落实"日管控、周排查、月调度"工作机制。

②食品安全员每日根据食品安全风险管控清单进行检查，形成《每日食品安全检查记录》，对发现的食品安全风险隐患，应当立即采取防范措施，按照程序及时上报食品安全总监或者企业主要负责人。

③食品安全总监或者食品安全员每周至少组织1次风险隐患排查，分析研判食品安全管理情况，研究解决日管控中发现的问题，形成《每周食品安全排查治理报告》。

④企业主要负责人每月至少听取1次食品安全总监管理工作情况汇报，对当月食品安全日常管理、风险隐患排查治理等情况进行工作总结，对下个月重点工作作出调度安排，形成《每月食品安全调度会议纪要》。

(2)有食品安全处置方案,并定期检查食品安全防范措施落实情况,及时消除食品安全隐患。

方式:查看食品安全事故处置方案和定期检查记录。

指南:有食品安全处置方案,制定食品安全风险管控清单,建立日管控、周排查、月调度工作制度和机制,定期检查落实情况,及时消除食品安全隐患。

(3)发生食品安全事故的,对导致或者可能导致食品安全事故的食品及原料、工具、设备、设施等,立即采取封存等控制措施,并向事故发生地市场监督管理部门报告。

方式:查阅企业事故处置记录、企业整改报告,检查企业是否查找出原因及制定有效措施,是否向事故发生地市场监督管理部门报告。

指南:对发生食品安全事故的企业(其他企业合理缺项),检查其是否根据预案进行报告、召回、处置等,检查相关记录;检查企业是否查找原因、制定有效的措施并防止同类事件再次发生。

(十四)前次监督检查发现问题整改情况

方式:查看前次监督检查发现问题整改情况。

指南:对检查发现的问题,企业应当及时整改消除食品安全风险。

> **思考与梳理**
>
> 1.食品生产监督检查有哪些方面?
>
> _____
> _____
> _____
>
> 2.在食品生产监督检查"标签和说明书"方面时,检查方式和指南是什么?
>
> _____
> _____
> _____
> _____

二、食品销售监督检查

食品销售通用检查项目共79项:重点项38项,一般项41项。食品其他检查项目共17项:重点项12项,一般项5项。相关主体检查项目共15项:重点项6项,一般项9项。

(一)食品安全自查

(1)具有食品安全自查制度。

(2)按照自查制度规定,定期对食品安全状况进行检查评价。

(3)经营条件发生变化或自查发现问题,不符合食品安全要求的,立即采取措施整改。
(4)自查发现食品安全事故潜在风险时,立即停止经营活动,并向所在地县级市场监管部门报告。

(二)食品安全追溯体系

具有食品安全追溯体系,按照法律法规规定如实记录并保存进货查验、食品销售等信息,保证食品可追溯。

(三)许可及备案

(1)食品经营许可证合法有效。
(2)仅销售预包装食品的食品经营者依法进行备案。
(3)实际经营事项与仅销售预包装食品备案信息采集表中相关内容相符。
(4)在经营场所显著位置公示食品经营许可证正本,或以电子形式公示。
(5)通过第三方平台进行交易的食品销售者在其经营活动主页面显著位置公示食品经营许可证(或仅销售预包装食品的备案信息采集表);通过自建网站交易的食品销售者在其网站首页显著位置公示食品经营许可证(或仅销售预包装食品的备案信息采集表)。
(6)未发现法律法规规定的禁止性行为:
①伪造、涂改、倒卖、出租、出借、转让许可证或备案编号。
②未获得许可或只取得备案,开展食品销售活动。
③超出许可经营项目范围开展销售活动。

(四)场所及布局

(1)与有毒、有害场所以及其他污染源保持规定的距离。
(2)具有与销售的食品品种、数量相适应的贮存、销售等场所。
(3)保持场所环境整洁卫生。
(4)具有合理的设备布局和工艺流程,避免食品接触有毒物、不洁物,防止交叉污染。
(5)进口冷链食品应当有专用通道进货、专区存放、专区销售,不得与其他食品混放贮存和销售。

(五)设施设备

(1)具有与销售的食品品种、数量相适应的设施设备,配备相应的消毒、更衣、盥洗、采光、照明、通风、防腐、防尘、防蝇、防鼠、防虫、洗涤以及处理废水、存放垃圾和废弃物的设施设备。
(2)用水应当符合国家规定的生活饮用水卫生标准。
(3)使用的洗涤剂、消毒剂应当对人体安全、无害。

(六)禁止销售的食品

未发现法律法规禁止销售的食品:

(1)用非食品原料生产的食品或者添加食品添加剂以外的化学物质和其他可能危害人体健康物质的食品，或者用回收食品作为原料生产的食品。

(2)致病性微生物，农药残留、兽药残留、生物毒素、重金属等污染物质以及其他危害人体健康的物质含量超过食品安全标准限量的食品、食品添加剂、食品相关产品。

(3)用超过保质期的食品原料、食品添加剂生产的食品、食品添加剂。

(4)超范围、超限量使用食品添加剂的食品。

(5)营养成分不符合食品安全标准的专供婴幼儿和其他特定人群的主辅食品。

(6)腐败变质、油脂酸败、霉变生虫、污秽不洁、混有异物、掺假掺杂或者感官性状异常的食品、食品添加剂。

(7)病死、毒死或者死因不明的禽、畜、兽、水产动物肉类及其制品。

(8)未按规定进行检疫或者检疫不合格的肉类、未经检验或者检验不合格的肉类制品。

(9)被包装材料、容器、运输工具等污染的食品、食品添加剂。

(10)标注虚假生产日期、保质期或者超过保质期的食品、食品添加剂。

(11)无标签的预包装食品、食品添加剂。

(12)国家为防病等特殊需要明令禁止生产经营的食品。

(13)其他不符合法律、法规或者食品安全标准的食品、食品添加剂、食品相关产品。

(七)食品安全管理制度

(1)具有食品安全管理制度。

(2)对职工开展食品安全知识培训。

(3)加强食品检验工作。

(八)人员管理

(1)企业主要负责人落实企业食品安全管理制度，对本企业的食品安全工作全面负责。

(2)配备食品安全管理人员，对其开展培训和考核。

(3)食品安全管理人员经考核并具备食品安全管理能力。

(4)食品安全管理人员接受食品安全监管部门监督抽查考核，考核情况公布。

(5)具有从业人员健康管理制度。

(6)从事接触直接入口食品工作的人员应当每年进行健康体检，取得健康证明后方可上岗工作。

(7)国务院卫生行政部门规定的有碍食品安全疾病的人员，未从事接触直接入口食品的工作。

(8)未发现法律法规规定的禁止从业行为：

①被吊销许可证的食品生产经营者及其法定代表人、直接负责的主管人员和其他直接责任人员自处罚决定作出之日起五年内申请食品经营许可，或者从事食品销售管理工作、担任食品销售企业食品安全管理人员。

②因食品安全犯罪被判处有期徒刑以上刑罚的,从事食品销售管理工作,担任食品销售企业食品安全管理人员。

(九)标签、说明书

(1)预包装食品包装上有标签。标签标明的内容符合法律、法规以及食品安全标准规定的各类事项。

(2)食品添加剂有标签、说明书和包装。标签上载明"食品添加剂"字样。提供给消费者直接使用的食品添加剂,标签上还应注明"零售"字样。标签、说明书的内容应符合法律、法规以及食品安全标准规定的其他事项。

(3)进口预包装食品、食品添加剂有中文标签;依法应当有说明书的,还有中文说明书。标签、说明书标识原产国国名或地区区名(如香港、澳门、台湾),以及在中国依法登记注册的代理商、进口商或经销者的名称、地址和联系方式,可不标识生产者的名称、地址和联系方式,符合我国法律、行政法规的规定和食品安全国家标准的要求。

(4)标签、说明书清楚、明显,生产日期、保质期等事项显著标注,容易辨识。转基因食品按照规定显著标识。

(5)未发现法律法规规定的禁止行为:

①标签、说明书有虚假内容,涉及疾病预防、治疗功能。

②食品和食品添加剂与其标签、说明书的内容不符。

③对保健食品之外的其他食品,声称具有保健功能。

④进口的预包装食品没有中文标签、中文说明书或者标签、说明书不符合法律法规标准相关规定。

(十)温度全程控制

(1)具有冷藏冷冻食品全程温度记录制度。

(2)配备与冷藏冷冻食品品种、数量相适应的冷藏冷冻设施设备。

(3)按照标签标识或相关标准的温度、湿度等要求销售、贮存、运输冷藏冷冻食品及其他有温度、湿度等要求的食品。

(十一)购销过程控制

(1)查验食品供货者的许可证(或备案信息采集表)和食品出厂检验合格证或者其他合格证明。记录和凭证保存期限不得少于产品保质期满后六个月;没有明确保质期的,保存期限不得少于2年。

(2)查验食品添加剂供货者的生产许可证和产品合格证明文件,记录所采购食品添加剂的名称、规格、数量、生产日期或者生产批号、保质期、进货日期以及供货者名称、地址、联系方式等内容,并保存相关凭证。记录和凭证保存期限不得少于产品保质期满后6个月;没有明确保质期的,保存期限不得少于2年。

(3)具有食品进货查验记录制度。

(4)记录所采购食品的名称、规格、数量、生产日期或者生产批号、保质期、进货日期以及供货者名称、地址、联系方式等内容,并保存相关凭证。记录和凭证保存期限不得少于产品保质期满后6个月;没有明确保质期的,保存期限不得少于2年。

(5)具有食品销售记录制度。

(6)记录食品的名称、规格、数量、生产日期或者生产批号、保质期、销售日期以及购货者名称、地址、联系方式等内容,并保存相关凭证。记录和凭证保存期限不得少于产品保质期满后6个月;没有明确保质期的,保存期限不得少于2年。

(7)销售的无包装直接入口食品,使用无毒、清洁的包装材料、容器、售货工具和设备,配备有效的防虫、防蝇、防鼠设施。

(8)销售的散装食品,在容器、外包装上标明食品的名称、成分或配料表、生产日期或者生产批号、保质期以及生产经营者名称、地址、联系方式等内容。

(9)销售的散装食品标注的生产日期与生产者在出厂时标注的生产日期一致。

(10)包装或分装食品的包装材料和容器无毒、无害、无异味,并符合国家相关法律法规及标准的要求。

(11)包装或分装的食品,未更改原有的生产日期,未延长保质期。

(12)食品与非食品、生食与熟食的盛放容器未混用。

(13)普通食品未与特殊食品、药品混放销售。

(14)临近保质期的食品分类管理,作特别标识或者集中陈列出售。

(15)在销售场所显著位置设置不向未成年人销售酒的标志。

(16)未向未成年人销售酒。

(17)经营场所食品广告或宣传的内容真实合法。未发现含有虚假内容,未发现涉及疾病预防、治疗功能。

(18)未发现利用包括会议、讲座、健康咨询在内的任何方式对食品进行虚假宣传;未发现编造、散布虚假食品安全信息。

(十二)贮存过程控制

(1)经营场所外设置仓库(包括自有和租赁)的,向发证地市场监管部门报告,副本上载明仓库具体地址。外设仓库地址发生变化的,在变化后10个工作日内向原发证的市场监管部门报告。

(2)贮存食品的容器、工具和设备安全、无害,保持清洁,防止食品污染,并符合保证食品安全所需的温度、湿度等特殊要求。

(3)在散装食品贮存位置标明食品的名称、生产日期或者生产批号、保质期、生产者名称及联系方式等内容。

(4)按照保证食品安全的要求贮存食品,定期检查库存食品,及时清理变质或者超过保质期的食品,食品与非食品、生食与熟食的贮存容器未混用。

(5)未发现食品与有毒、有害物品一同贮存。

(6)委托贮存食品的,选择具有合法资质的贮存服务提供者,审核其食品安全保障能力,监督其按照保证食品安全的要求贮存食品。委托非食品生产经营者贮存有温度、湿度等特殊要求食品的,审查其备案情况。

(7)接受委托贮存食品的,留存委托方的食品生产经营许可证复印件(或仅销售预包装食品备案信息采集表)。如实记录委托方的名称、统一社会信用代码、地址、联系方式以及委托贮存的冷藏冷冻食品名称、数量、时间等内容。记录和相关凭证的保存期限不得少于贮存结束后2年。

(十三)运输过程控制

(1)运输和装卸食品的容器、工具和设备安全、无害、保持清洁,防止食品污染。
(2)未发现食品与有毒、有害物品一同运输。
(3)委托运输食品的,选择具有合法资质的运输服务提供者,查验其食品安全保障能力,监督其按照保证食品安全的要求运输食品。

(十四)食品召回

(1)销售者发现销售的食品不符合食品安全标准或者有证据证明可能危害人体健康后,立即停止经营,通知相关食品生产经营者和消费者,并记录停止经营和通知情况。食品生产者认为需要召回的,配合生产者立即召回。食品销售者的原因造成其经营的食品有上述情形的,由食品销售者召回。
(2)对召回的食品采取无害化处理、销毁等措施,防止其再次流入市场。
(3)对因标签、标志或者说明书不符合食品安全标准而被召回的食品,食品生产者在采取补救措施且能保证食品安全的情况下可以继续销售,销售时向消费者明示补救措施。
(4)食品召回和处理情况向所在地县级市场监管部门报告;需要对召回的食品进行无害化处理、销毁的,提前报告时间、地点。

(十五)委托生产

(1)委托取得食品生产许可、食品添加剂生产许可的生产者生产,审查其生产资质,留存相关证明文件。
(2)对委托生产者生产行为进行监督,对委托生产的食品、食品添加剂的安全负责。

(十六)食品安全事故处置

(1)具有食品安全事故处置方案。
(2)定期检查本企业各项食品安全防范措施的落实情况,及时消除事故隐患。

(十七)其他

(1)检查结果对消费者有重要影响的,在经营场所醒目位置张贴或者公开展示监督检查结果记录表,并保持至下次监督检查。
(2)监督检查结果、市场监管部门约谈经营者情况和经营者整改情况记入食品经营者食品安全信用档案。对存在严重违法失信行为的,按照规定实施联合惩戒。

(3)检查结果信息形成后20个工作日内向社会公开。

(十八)食用农产品

(1)具有食用农产品进货查验记录制度。

(2)如实记录所采购的食用农产品的名称、数量、进货日期以及供货者名称、地址、联系方式等内容,并保存相关凭证。记录和凭证保存期限不得少于六个月。

(3)经营的肉类按规定具有检疫合格证明和肉品品质检验合格证明。

(十九)特殊食品

(1)销售特殊食品,应查验并保存供货者的许可资质、产品注册证书或者备案凭证、出厂检验合格证或者产品检验报告、进口产品检验检疫证明或入境货物检验检疫证明等材料。进货和销售记录能满足查验和追溯要求。注册或者备案凭证应与实际商品相符,且在有效期内。

(2)特殊食品的标签、说明书应当与注册或备案的内容相一致。保健食品的标签、说明书载明适宜人群、不适宜人群、功效成分或者标志性成分及其含量,不得涉及疾病预防、治疗功能等,并声明"本品不能替代药物"。

(3)进口特殊食品应该有中文标签且必须印制在最小销售包装上,不得加贴。

(4)特殊食品不得与普通食品、药品混放销售。特殊食品设专柜(或专区)销售,并在专柜(或专区)显著位置设立提示牌,分别标明"保健食品销售专柜(或专区)""特殊医学用途配方食品销售专柜(或专区)""婴幼儿配方乳粉销售专柜(或专区)"字样,提示牌为绿底白字(黑体)。

(5)医疗机构和药品零售企业之外的经营者未销售特定全营养配方食品。

(6)保健食品标签设置警示用语区,标注"保健食品不是药物,不能替代药物治疗疾病"警示用语。保健食品经营者在经营保健食品的场所、网络平台等显要位置标注"保健食品不是药物,不能代替药物治疗疾病"等消费提示信息。

(7)对距离保质期不足一个月的婴幼儿配方乳粉采取醒目提示或者提前下架等措施。

(8)未发现通过健康咨询、宣传资料等任何方式虚假夸大宣传特殊食品。

(9)不得宣传声称婴儿配方食品全部或者部分替代母乳。

(10)保健食品、特殊医学用途配方食品的广告应经广告审查部门审查批准,取得广告批准文件,并与批准内容相一致。

(11)不得对0~12个月龄婴儿食用的婴儿配方食品进行广告宣传。

(12)网络销售特殊食品的销售主页相关信息应当与产品注册证书或备案凭证、广告审查批准等信息相一致,销售页面刊载内容不得涉及疾病预防、治疗功能等禁止标识内容。

(13)网络销售保健食品的页面在显著位置标明"本品不能代替药物"。网络销售特殊医学用途配方食品,销售页面应显著标识"请在医生或者临床营养师指导下使用;不适用于非目标人群使用；本品禁止用于肠外营养支持和静脉注射"等提示用语。

（14）特定全营养配方食品不得进行网络交易。

（二十）集中交易市场开办者、柜台出租者和展销会举办者

（1）食品集中交易市场开办者、食品展销会举办者在市场开业或者展销会举办前向所在地县级市场监管部门书面报告。

（2）食品集中交易市场的开办者、柜台出租者和展销会举办者，审查入场食品经营者的许可证（或仅销售预包装食品备案信息采集表），明确其食品安全管理责任。

（3）定期对入场食品经营者经营环境和条件进行检查。

（4）发现入场食品经营者有违反食品安全法规定的行为，及时制止并立即报告所在地县级市场监管部门。

（5）食用农产品批发市场配备检验设备和检验人员或者委托符合食品安全法规定的食品检验机构，对进入该批发市场销售的食用农产品进行抽样检验。

（6）食用农产品批发市场开办者发现不符合食品安全标准的食用农产品时，要求销售者立即停止销售，并向市场监管部门报告。

（二十一）网络食品交易第三方平台提供者

（1）在通信主管部门批准后30个工作日内向所在地省级市场监管部门备案并取得备案号。

（2）具有食品安全相关制度，明确入网食品销售者食品安全管理责任，并在网络平台公开。

（3）设置专门的网络食品安全管理机构或者指定专职食品安全管理人员。

（4）建立入网食品销售者档案，对入网食品销售者进行实名登记，并对其食品经营许可证或仅销售预包装食品备案信息采集表等材料进行审查。

（5）对平台上的食品经营行为及信息进行检查。发现存在食品安全违法行为，及时制止，并向所在地县级市场监管部门报告。

（二十二）从事食品贮存业务的非食品生产经营者

（1）从事冷藏冷冻食品贮存业务的，自取得营业执照之日起30个工作日内向所在地县级市场监管部门备案。

（2）保证食品贮存条件符合食品安全的要求，加强食品贮存过程管理。

（3）留存委托方的食品生产经营许可证复印件（或仅销售预包装食品备案信息采集表）。如实记录委托方的名称、统一社会信用代码、地址、联系方式以及委托贮存的冷藏冷冻食品名称、数量、时间等内容。记录和相关凭证的保存期限不得少于贮存结束后2年。

（4）场所环境及设施设备等符合相关要求，具体见食品通用检查相关项目。

> **思考与梳理**
>
> 1. 食品销售监督检查有哪些方面？
>   _____
>   _____
>   _____
>
> 2. 在食品销售监督检查"特殊食品"方面时，应重点检查哪些内容？
>   _____
>   _____
>   _____
>   _____

三、餐饮服务监督检查

餐饮服务监督检查项目共56项；重点项19项，一般项37项。

（一）餐饮服务提供者资质

（1）食品经营许可证合法有效，与经营场所（实体门店）地址一致。

（2）未超出许可经营项目开展餐饮服务活动。

（二）信息公示

（1）在经营场所的显著位置悬挂或者摆放食品经营许可证正本，或以电子形式公示。

（2）曾开展过日常监督检查的餐饮服务提供者，按规定在经营场所醒目位置张贴或者公开展示对消费者有重要影响的监督检查结果记录表。

（3）公示从事接触直接入口食品工作的从业人员的有效健康证明。

（4）入网餐饮服务提供者在线上经营活动主页面公示餐饮服务提供者名称、地址、食品经营许可证等信息，公示信息真实，及时更新。

（三）从业人员健康管理

（1）制定从业人员健康管理制度。

（2）餐饮服务企业对各岗位从业人员进行相应的食品安全知识培训，做好培训记录。

（3）有每日健康检查（晨检）记录。从事接触直接入口食品工作的从业人员持有有效的健康证明，未患有碍食品安全的病症、手部没有伤口。

（4）在岗从业人员保持良好个人卫生，手部清洁，无长指甲、涂指甲油、饰物外露等情形。

（5）在岗从业人员穿戴洁净的工作衣帽。专间、专用操作区与其他操作区的从业人员的工作服有明显区分。

(6)专间及专用操作区内的从业人员操作时,佩戴清洁的口罩,口罩遮住口鼻。

(四)原料控制(含食品添加剂、食品相关产品)

(1)随机抽查的餐饮服务提供者的食品、食品添加剂、食品相关产品有进货查验记录和合格证明文件。

(2)食品贮存区不存在食品与非食品混放情形,未存放有毒有害物质;食品贮存符合分类、分架、离墙、离地、有标识等要求。

(3)需冷冻(藏)的食品原料、半成品和成品及时按要求进行冷冻(藏)。冷冻(藏)设施中的食品不存在原料、半成品、成品混放等情形;冷冻(藏)设施设有可正确显示内部温度的测温装置,冷冻(藏)温度符合要求。

(4)现场未查见无标签标识、无法说明来源以及其他明令禁止生产经营的物质。

(5)特定餐饮服务提供者建立供货者评价和退出机制,自行或委托第三方机构定期对供货者食品安全状况进行现场评价。

(6)在加工间和贮存设施内随机抽查的食品原料感官性状无异常、食品包装和标签标识符合要求。未采购、贮存、使用散装食盐。

(7)对变质、超过保质期或者回收的食品进行显著标识或者单独存放在有明确标志的场所,及时进行无害化处理、销毁等,并如实记录。

(8)加工用水水质符合生活饮用水卫生标准。加工制作现榨果蔬汁和食用冰等直接入口食品的用水通过净水设施处理,或使用预包装饮用水、煮沸冷却后的生活饮用水。

(五)加工制作过程

(1)具有与其加工制作的食品品种、数量相适应的加工场所及设施设备等。

(2)原料、半成品、成品及其盛放容器和加工制作工具区分标识明显、分开放置和使用;防止食品交叉污染的措施有效。

(3)不存在《食品安全法》等法律、法规禁止的行为。

(4)食品原料洗净后使用。各类水池有明显标识标明用途,分类清洗动物性食品、植物性食品和水产品。未经清洁的禽蛋使用前清洁外壳。

(5)盛放调味料的容器保持清洁,加盖存放。煎炸油的色泽、气味、状态无异常,必要时进行检测。油炸类食品、烧烤类食品、火锅类食品、糕点类食品、自制饮品等加工过程符合要求。

(6)专间及专用操作区的标识、设施、人员及操作符合要求。

(7)学校(含托幼机构)食堂、养老机构食堂、医疗机构食堂、建筑工地食堂等集中用餐单位的食堂以及中央厨房、集体用餐配送单位、一次性集体聚餐人数超过100人或为重大活动供餐的餐饮服务提供者,按规定留样。

(8)中小学、幼儿园食堂未制售冷荤类食品、生食类食品、裱花蛋糕,未加工制作四季豆、鲜黄花菜、野生蘑菇、发芽土豆等高风险食品,未设置酒销售点。

(六)食品添加剂使用管理

(1)食品添加剂存放、使用、管理符合要求。

(2)未采购、贮存、使用亚硝酸盐等国家禁止在餐饮业使用的品种。

(七)备餐、供餐与配送

(1)备餐场所、备餐人员个人卫生、盛装食品成品的容器和分派菜肴整理造型的工具、菜肴围边和盘花符合要求。食品存放温度和时间符合要求。

(2)采取有效措施,防止供餐过程中食品受到污染。学校食堂就餐区或者就餐区附近应当设置供用餐者清洗手部以及餐具、饮具的用水设施。

(3)具备符合贮存、运输要求的设施设备。食品的传送电梯、配送车辆、存放食品的车厢或配送箱(包)、与食品直接接触的配送容器符合要求。食品配送过程符合要求。

(4)中央厨房配送过程中,食品的包装或盛放符合要求,包装或盛放容器上标注的信息符合要求。

(5)集体用餐配送单位配送过程中,食品的盛放容器密闭,食品容器上标注的信息符合要求。

(6)外卖送餐人员保持个人卫生、配送箱(包)保持清洁。配送箱(包)中,直接入口食品和非直接入口食品,需低温保存的食品和热食品分隔放置,并保证食品温度符合食品安全要求。

(八)场所和设备设施清洁维护

(1)未在餐饮经营场所内饲养、暂养和宰杀畜禽;场所及设施设备布局合理。

(2)保持餐饮经营场所环境清洁,墙壁、天花板、门窗、地面、排水沟、操作台、食品加工用具等无破损、霉斑、积油、积水、污垢等。

(3)冷冻(藏)、保温、陈列、采光、通风、洗手、消毒、三防等设施设备能正常使用。特定餐饮服务提供者具有设施设备维护记录。

(4)有害生物防治措施有效,不存在明显的有害生物活动迹象。餐饮服务企业、中央厨房、集体用餐配送单位、学校(含托幼机构)食堂、养老机构食堂、医疗机构食堂有定期除虫灭害记录。

(5)卫生间设置位置符合要求,能够保持清洁。

(6)餐厨废弃物的存放及清理符合要求。

(九)餐饮具清洗消毒

(1)餐饮用具清洗水池专用,标有明显标识,满足清洗需要。使用的洗涤剂符合食品安全国家标准,包装标识齐全。

(2)采用物理消毒的,消毒设施(包括一体化洗碗消毒机)运转正常并能满足消毒需要。采用化学消毒的,使用的消毒剂为正规产品,消毒液使用、配制等符合要求。

(3)保洁设施符合相关要求,保洁设施内存放的餐饮具保持清洁。

(4)使用集中清洗消毒餐饮具的,查验、留存集中消毒服务单位的营业执照复印件和消毒合格证明。餐饮具包装无破损、标识符合要求、在使用期限内。

(5)未发现使用未经清洗消毒的餐饮具、重复使用一次性餐饮具。

(十)食品安全管理

(1)建立并不断完善健全食品安全管理制度,为特定餐饮服务提供者制定加工操作规程。中央厨房、集体用餐配送单位、连锁餐饮企业总部、网络餐饮服务第三方平台提供者设立食品安全管理机构。

(2)餐饮服务企业、网络餐饮服务第三方平台提供者、学校(含托幼机构)食堂、养老机构食堂、医疗机构食堂配备专职或兼职食品安全管理人员,留存食品安全管理人员任职文件等证明资料。

(3)随机对食品安全管理人员抽查考核食品安全知识,结果符合要求。

(4)餐饮服务企业、网络餐饮服务第三方平台提供者、学校(含托幼机构)食堂、养老机构食堂、医疗机构食堂有食品安全事故处置方案。

(5)建立食品安全自查制度,定期对食品安全状况进行检查评价,有食品安全自查记录,自查频次和内容符合相关规定。自查内容真实反映管理现状,及时整改发现的问题。

(6)中央厨房和集体用餐配送单位自行或委托具有资质的第三方机构定期对大宗食品原料、加工制作环境进行检验检测,有检验检测结果记录。

(十一)制止餐饮浪费

(1)主动对消费者进行防止食品浪费的提示提醒。

(2)未发现诱导、误导消费者超量点餐而造成明显浪费。

(3)未发现经营过程中存在严重浪费。

思考与梳理

1. 餐饮服务监督检查有哪些方面?

2. 在餐饮服务监督检查"原料控制(含食品添加剂、食品相关产品)"方面时,应重点检查哪些内容?

四、食品生产经营监督管理相关法规

（一）《食品生产经营监督检查管理办法》

2021年11月3日，国家市场监管总局第152次商务会议发布通过了修订后的《食品生产经营监督检查管理办法》，自2022年3月15日起施行。

根据《食品安全法》及其实施条例等法律法规的要求，《食品生产经营监督检查管理办法》遵循属地负责、风险管理、程序合法、公正公开的原则，落实食品安全"两个责任"，对食品（含食品添加剂）生产经营者执行食品安全法律、法规、规章和食品安全标准等情况实施监督检查。县级以上地方市场监督管理部门应当按照规定在覆盖所有食品生产经营者的基础上，结合食品生产经营者信用状况，随机选取食品生产经营者、随机选派监督检查人员实施监督检查。市场监督管理部门应当加强监督检查信息化建设，记录、归集、分析监督检查信息，加强数据整合、共享和利用，完善监督检查措施，提升智慧监管水平。

1. "双随机"要求

按照《国务院办公厅关于推广随机抽查规范事中事后监管的通知》（国办发〔2015〕58号）要求，《食品生产经营监督检查管理办法》（以下简称《办法》）要求对食品生产经营者实行"双随机"日常监督检查，即随机抽取被检查企业、随机选派检查人员。

市、县级市场监管部门开展日常监督检查，在全面覆盖的基础上，可以在本行政区域内随机选取食品生产经营者、随机选派监督检查人员实施异地检查、交叉互查，监督检查人员应当由市场监管部门随机选派。

检查项目应当按照《检查要点表》执行，每次监督检查可以从中随机抽取部分内容进行检查。同时要求，每年开展的监督检查原则上应当覆盖全部项目。每次监督检查的内容应当在实施检查前由市场监管部门予以明确，检查人员开展检查时不得随意更改检查事项。检查中可以对生产经营的产品随机进行抽样检验。

2. 监督检查事权

对食品生产经营者的监督检查是法律赋予食品安全监管工作的重要职责。国家市场监督管理总局负责监督指导全国食品生产经营监督检查工作，可以根据需要组织开展监督检查。省级市场监督管理部门负责监督指导本行政区域内食品生产经营监督检查工作，重点组织和协调对产品风险高、影响区域广的食品生产经营者的监督检查。设区的市级（以下简称市级）、县级市场监督管理部门负责本行政区域内食品生产经营监督检查工作。

市级市场监督管理部门可以结合本行政区域食品生产经营者规模、风险、分布等实际情况，按照本级人民政府要求，划分本行政区域监督检查事权，确保监督检查覆盖本行政区域所有食品生产经营者。市级以上市场监督管理部门根据监督管理工作需要，可以对由下级市场监督管理部门负责日常监督管理的食品生产经营者实施随机监督检查，也可以组织下级市场监督管理部门对食品生产经营者实施异地监督检查。

市场监督管理部门应当协助、配合上级市场监督管理部门在本行政区域内开展监督检查。市场监督管理部门之间涉及管辖争议的监督检查事项，应当报请共同上一级市场监督管理部门确定。上级市场监督管理部门可以定期或者不定期对下级市场监督管理部门的监督检查工作进行监督指导。

3. 监督检查要点

国家市场监督管理总局根据法律、法规、规章和食品安全标准等有关规定,制定国家食品生产经营监督检查要点表,明确监督检查的主要内容。按照风险管理的原则,检查要点表分为一般项目和重点项目。省级市场监督管理部门可以按照国家食品生产经营监督检查要点表,结合实际细化,制定本行政区域食品生产经营监督检查要点表。省级市场监督管理部门针对食品生产经营新业态、新技术、新模式,补充制定相应的食品生产经营监督检查要点,并在出台后30日内向国家市场监督管理总局报告。

食品生产经营监督检查要点

(1)食品生产环节监督检查要点

食品生产环节监督检查要点应当包括食品生产者资质、生产环境条件、进货查验、生产过程控制、产品检验、贮存及交付控制、不合格食品管理和食品召回、标签和说明书、食品安全自查、从业人员管理、信息记录和追溯、食品安全事故处置等情况。

委托生产食品、食品添加剂的,委托方、受托方应当遵守法律、法规、食品安全标准以及合同的约定,并将委托生产的食品品种、委托期限、委托方对受托方生产行为的监督等情况予以单独记录,留档备查。市场监督管理部门应当将上述委托生产情况作为监督检查的重点。

(2)食品销售环节监督检查要点

食品销售环节监督检查要点应当包括食品销售者资质、一般规定执行、禁止性规定执行、经营场所环境卫生、经营过程控制、进货查验、食品贮存、食品召回、温度控制及记录、过期及其他不符合食品安全标准食品处置、标签和说明书、食品安全自查、从业人员管理、食品安全事故处置、进口食品销售、食用农产品销售、网络食品销售等情况。

(3)特殊食品生产环节监督检查要点

特殊食品生产环节监督检查要点除应当包括上述"食品生产环节监督检查要点"的内容,还应当包括注册备案要求执行、生产质量管理体系运行、原辅料管理等情况。保健食品生产环节的监督检查要点还应当包括原料前处理等内容。特殊食品销售环节监督检查的要点,除应当包括上述"食品销售环节监督检查要点"的内容,还应当包括禁止混放要求落实、标签和说明书核对等内容。

(4)集中交易市场开办者、展销会举办者监督检查要点

集中交易市场开办者、展销会举办者监督检查要点应当包括举办前报告、入场食品经营者的资质审查、食品安全管理责任明确、经营环境和条件检查等情况。对温度、湿度有特殊要求的食品贮存业务的非食品生产经营者的监督检查要点应当包括备案、信息记录和追溯、食品安全要求落实等情况。

(5)餐饮服务环节监督检查要点

餐饮服务环节监督检查要点应当包括餐饮服务提供者资质、从业人员健康管理、原料控制、加工制作过程、食品添加剂使用管理、场所和设备设施清洁维护、餐饮具清洗消毒、食品安全事故处置等情况。餐饮服务环节的监督检查应当强化学校等集中用餐单位供餐的食品安全要求。

4. 监督检查频次

县级以上地方市场监督管理部门应当按照本级人民政府食品安全年度监督管理计划，综合考虑食品类别、企业规模、管理水平、食品安全状况、风险等级、信用档案记录等因素，编制年度监督检查计划。县级以上地方市场监督管理部门按照国家市场监督管理总局的规定，根据风险管理的原则，结合食品生产经营者的食品类别、业态规模、风险控制能力、信用状况、监督检查等情况，将食品生产经营者的风险等级从低到高分为A级风险、B级风险、C级风险、D级风险四个等级。

（1）全覆盖监督检查

市场监督管理部门应当每两年对本行政区域内所有食品生产经营者至少进行一次覆盖全部检查要点的监督检查。

（2）重点监督检查

市场监督管理部门应当对特殊食品生产者，风险等级为C级、D级的食品生产者，风险等级为D级的食品经营者以及中央厨房、集体用餐配送单位等高风险食品生产经营者实施重点监督检查，并可以根据实际情况增加日常监督检查频次。

（3）飞行检查和体系检查

市场监督管理部门可以根据工作需要，对通过食品安全抽样检验等发现问题线索的食品生产经营者实施飞行检查，对特殊食品、高风险大宗消费食品生产企业和大型食品经营企业等的质量管理体系运行情况实施体系检查。

5. 监督检查程序

（1）人员组成

市场监督管理部门组织实施监督检查应当由2名以上（含2名）监督检查人员参加。检查人员较多的，可以组成检查组。市场监督管理部门根据需要可以聘请相关领域专业技术人员参加监督检查。检查人员与检查对象之间存在直接利害关系或者其他可能影响检查公正情形的，应当回避。

（2）出示证件

检查人员应当当场出示有效执法证件或者市场监督管理部门出具的检查任务书。

（3）履行事项

市场监督管理部门实施监督检查，有权采取下列措施，被检查单位不得拒绝、阻挠、干涉：①进入食品生产经营等场所实施现场检查；②对被检查单位生产经营的食品进行抽样检验；③查阅、复制有关合同、票据、账簿以及其他有关资料；④查封、扣押有证据证明不符合食品安全标准或者有证据证明存在安全隐患以及用于违法生产经营的食品、工具和设备；⑤查封违法从事食品生产经营活动的场所；⑥法律法规规定的其他措施。

（4）重点流程

食品生产经营者应当配合监督检查工作，按照市场监督管理部门的要求，开放食品生产经营场所，回答相关询问，提供相关合同、票据、账簿以及前次监督检查结果和整改情况等其他有关资料，协助生产经营现场检查和抽样检验，并为检查人员提供必要的工作条件。

检查人员应当按照《办法》规定和检查要点要求开展监督检查，并对监督检查情况如实记录。除飞行检查外,实施监督检查应当覆盖检查要点所有检查项目。

市场监督管理部门实施监督检查,可以根据需要,依照食品安全抽样检验管理有关规定,对被检查单位生产经营的原料、半成品、成品等进行抽样检验。市场监督管理部门实施监督检查时,可以依法对企业食品安全管理人员随机进行监督抽查考核并公布考核情况。抽查考核不合格的,应当督促企业限期整改,并及时安排补考。

检查人员在监督检查中应当对发现的问题进行记录,必要时可以拍摄现场情况,收集或者复印相关合同、票据、账簿以及其他有关资料。检查人员认为食品生产经营者涉嫌违法违规的相关证据可能灭失或者以后难以取得的,可以依法采取证据保全或者行政强制措施,并执行市场监管行政处罚程序相关规定。检查记录以及相关证据,可以作为行政处罚的依据。

检查人员应当综合监督检查情况来进行判定,确定检查结果。有发生食品安全事故潜在风险的,食品生产经营者应当立即停止生产经营活动。

发现食品生产经营者不符合监督检查要点表重点项目,影响食品安全的,市场监督管理部门应当依法进行调查处理。发现食品生产经营者不符合监督检查要点表一般项目,但情节显著轻微不影响食品安全的,市场监督管理部门应当当场责令其整改。可以当场整改的,检查人员应当对食品生产经营者采取的整改措施以及整改情况进行记录;需要限期整改的,市场监督管理部门应当书面提出整改要求和时限。被检查单位应当按期整改,并将整改情况报告市场监督管理部门。市场监督管理部门应当跟踪整改情况并记录整改结果。

发现食品生产经营者不符合监督检查要点表一般项目,影响食品安全的,市场监督管理部门应当依法进行调查处理。

食品生产经营者应当按照检查人员要求,在现场检查、询问、抽样检验等文书以及收集、复印的有关资料上签字或者盖章。被检查单位拒绝在相关文书、资料上签字或者盖章的,检查人员应当注明原因,并可以邀请有关人员作为见证人签字、盖章,或者采取录音、录像等方式进行记录,作为监督执法的依据。

检查人员应当将监督检查结果现场书面告知食品生产经营者。需要进行检验检测的,市场监督管理部门应当及时告知检验结论。上级市场监督管理部门组织的监督检查,还应当将监督检查结果抄送食品生产经营者所在地市场监督管理部门。

6. 监督管理

(1)依法调查

市场监督管理部门在监督检查中发现食品不符合食品安全法律、法规、规章和食品安全标准的,在依法调查处理的同时,应当及时督促食品生产经营者追查相关食品的来源和流向,查明原因、控制风险,并根据需要通报相关市场监督管理部门。

(2)标签、说明书瑕疵

监督检查中发现生产经营的食品、食品添加剂的标签、说明书存在《食品安全法》第一百二十五条第二款规定的瑕疵的,市场监督管理部门应当责令当事人改正。经食品生产者采取补救措施且能保证食品安全的食品、食品添加剂可以继续销售;销售时应当向消费者明示补救措施。

认定标签、说明书瑕疵，应当综合考虑标注内容与食品安全的关联性、当事人的主观过错、消费者对食品安全的理解和选择等因素。有下列情形之一的，可以认定为《食品安全法》第一百二十五条第二款规定的标签、说明书瑕疵：①文字、符号、数字的字号、字体、字高不规范，出现错别字、多字、漏字、繁体字，或者外文翻译不准确以及外文字号、字高大于中文等的；②净含量、规格的标识方式和格式不规范，或者对有特殊贮存条件要求的食品，未按照规定标注贮存条件的；③食品、食品添加剂以及配料使用的俗称或者简称等不规范的；④营养成分表、配料表顺序、数值、单位标识不规范，或者营养成分表数值修约间隔、"0"界限值、标识单位不规范的；⑤对有证据证明未实际添加的成分，标注了"未添加"，但未按照规定标识具体含量的；⑥国家市场监督管理总局认定的其他情节轻微，不影响食品安全，没有故意误导消费者的情形。

(3) 案件移送

市场监督管理部门在监督检查中发现违法案件线索，对不属于本部门职责或者超出管辖范围的，应当及时移送有权处理的部门；涉嫌犯罪的，应当依法移送公安机关。

(4) 信息公开

市场监督管理部门应当于检查结果信息形成后20个工作日内向社会公开。检查结果对消费者有重要影响的，食品生产经营者应当按照规定在食品生产经营场所醒目位置张贴或者公开展示监督检查结果记录表，并保持至下次监督检查。有条件的可以通过电子屏幕等信息化方式向消费者展示监督检查结果记录表。

(5) 责任约谈

监督检查中发现存在食品安全隐患，食品生产经营者未及时采取有效措施消除的，市场监督管理部门可以对食品生产经营者的法定代表人或者主要负责人进行责任约谈。

(6) 信用档案

监督检查结果，以及市场监督管理部门约谈食品生产经营者情况和食品生产经营者整改情况应当记入食品生产经营者食品安全信用档案。对存在严重违法失信行为的，按照规定实施联合惩戒。

(7) 合规检查

对同一食品生产经营者，上级市场监督管理部门已经开展监督检查的，下级市场监督管理部门原则上三个月内不再重复检查已检查的项目，但食品生产经营者涉嫌违法或者存在明显食品安全隐患等情形的除外。

上级市场监督管理部门发现下级市场监督管理部门的监督检查工作不符合法律法规和本办法规定要求的，应当根据需要督促其再次组织监督检查或者自行组织监督检查。

(8) 培训考核与保障

县级以上市场监督管理部门应当加强专业化职业化检查员队伍建设，定期对检查人员开展培训与考核，提升检查人员食品安全法律、法规、规章、标准和专业知识等方面的能力和水平。

县级以上市场监督管理部门应当按照规定安排充足的经费，配备满足监督检查工作需要的采样、检验检测、拍摄、移动办公、安全防护等工具、设备。

(9)检查纪律

检查人员(含聘用制检查人员和相关领域专业技术人员)在实施监督检查过程中,应当严格遵守有关法律法规、廉政纪律和工作要求,不得违反规定泄露监督检查相关情况以及被检查单位的商业秘密、未披露信息或者保密商务信息。实施飞行检查,检查人员不得事先告知被检查单位飞行检查内容、检查人员行程等检查相关信息。

鼓励食品生产经营者选择有相关资质的食品安全第三方专业机构及其专业化、职业化的专业技术人员对自身的食品安全状况进行评价,评价结果可以作为市场监督管理部门监督检查的参考。

7. 法律责任

食品生产经营者未按照规定在显著位置张贴或者公开展示相关监督检查结果记录表,撕毁、涂改监督检查结果记录表,或者未保持日常监督检查结果记录表至下次日常监督检查的,由县级以上地方市场监督管理部门责令改正;拒不改正的,给予警告,可以并处5 000元以上5万元以下罚款。

食品生产经营者有下列拒绝、阻挠、干涉市场监督管理部门进行监督检查情形之一的,由县级以上市场监督管理部门依照食品安全法第一百三十三条第一款的规定进行处理:①拒绝、拖延、限制检查人员进入被检查场所或者区域的,限制检查时间的;②拒绝或者限制抽取样品、录像、拍照和复印等调查取证工作的;③无正当理由不提供或者延迟提供与检查相关的合同、记录、票据、账簿、电子数据等材料的;④以主要负责人、主管人员或者相关工作人员不在岗为由,或者故意以停止生产经营等方式欺骗、误导检查人员,逃避检查的;⑤以暴力、威胁等方法阻碍检查人员依法履行职责的;⑥隐藏、转移、变卖、损毁检查人员依法查封、扣押的财物的;⑦伪造、隐匿、毁灭证据或者提供虚假情况的;⑧其他妨碍检查人员履行职责的。

食品生产经营者拒绝、阻挠、干涉监督检查,违反治安管理处罚相关规定的;食品生产经营者以暴力、威胁等方法阻碍检查人员依法履行职责,涉嫌犯罪的,由市场监督管理部门依法移交公安机关处理。

发现食品生产经营者有《食品安全法实施条例》第六十七条第一款规定的情形,属于情节严重的,市场监督管理部门应当依法从严处理。对情节严重的违法行为处以罚款时,应当依法从重从严。

食品生产经营者违反食品安全法律、法规、规章和食品安全标准的规定,属于初次违法且危害后果轻微并及时改正的,可以不予行政处罚。当事人有证据足以证明没有主观过错的,不予行政处罚。法律、行政法规另有规定的,从其规定。

市场监督管理部门及其工作人员有违反法律、法规以及本办法规定和有关纪律要求的,应当依据食品安全法和相关规定,对直接负责的主管人员和其他直接责任人员,给予相应的处分;涉嫌犯罪的,依法移交司法机关处理。

8. 其他需注意事项

日常监督检查是指市级、县级市场监督管理部门按照年度食品生产经营监督检查计划,对本行政区域内食品生产经营者开展的常规性检查。

飞行检查是指市场监督管理部门根据监督管理工作需要以及问题线索等,对食品生产经营者依法开展的不预先告知的监督检查。

体系检查是指市场监督管理部门以风险防控为导向,对特殊食品、高风险大宗食品生产企业和大型食品经营企业等的质量管理体系执行情况依法开展的系统性监督检查。

地方市场监督管理部门对食品生产加工小作坊、食品摊贩、小餐饮等的监督检查,省、自治区、直辖市没有规定的,可以参照《办法》执行。

(二)《食品生产经营监督检查要点表》和《食品生产经营监督检查结果记录表》

为落实《办法》,依据食品安全相关法律、法规、规章和食品安全标准等有关规定,国家市场监督管理总局于2022年3月11日印发《食品生产经营监督检查要点表》(以下简称《检查要点表》)和《食品生产经营监督检查结果记录表》(以下简称《结果记录表》),建立以日常监督检查为基础、体系检查和飞行检查为补充的监督检查机制,更好地实现了食品生产经营的监督检查工作。

1. 适用范围

《检查要点表》和《结果记录表》是实施《办法》的配套表格,适用于各级市场监管部门开展的食品生产经营日常监督检查、飞行检查、体系检查工作。《检查要点表》中的表1-1《食品生产监督检查要点表》适用于食品(含特殊食品)、食品添加剂生产环节的监督检查,表1-2《食品销售监督检查要点表》适用于食品(含特殊食品、食用农产品)、食品添加剂销售环节的监督检查,表1-3《餐饮服务监督检查要点表》适用于餐饮服务环节的监督检查。对食品生产经营者开展体系检查,市场监管总局或省级市场监管部门可以制定相关体系检查要点表或指南。《结果记录表》中表2-1《食品生产监督检查结果记录表》适用于食品生产环节监督检查结果及处理情况的记录与公布,表2-2《食品经营监督检查结果记录表》适用于食品销售、餐饮服务环节监督检查结果及处理情况的记录与公布。

2. 使用要求

《检查要点表》的告知页,适用于各种类型食品生产经营者的监督检查。检查人员开展监督检查时,应首先向被检查单位告知相关权利、义务及责任,填写告知相关内容,记录告知、申请回避等情况,并由被检查单位、检查人员签字或盖章确认。《检查要点表》细化了各个环节监督检查的具体项目,明确了检查的重点项目和一般项目,设置了每个检查项目的结果评价。检查人员应对《检查要点表》中规定的项目开展检查,并对检查的项目进行评价,在"备注"栏中填写必要的检查记录信息。评价结果为"否"的,需要在"备注"栏注明原因;发现存在其他问题的,可以在《检查要点表》"其他需要记录的问题"一栏中进行记录。

《结果记录表》包括被检查单位基本信息、检查方式、检查内容、检查结果及处理情况。检查人员应当如实记录监督检查情况,正确勾选采用的监督检查方式与依据的检查要点表。如依据市场监管总局或省级市场监管部门制定的相关体系检查要点表或指南开展体系检查的,在"其他"栏中如实填写。检查人员和被检查单位应当在《结果记录表》上签字或盖章。

3. 监督检查结果及处理情况

检查人员应当按照《结果记录表》中"填写说明"的具体要求如实、逐项填写检查内容、检查结果、结果处理等相关内容。监督检查发现食品生产经营者存在违法行为需要立案调查的,市场监督管理部门应当严格按照行政处罚程序开展调查处理,相关文书可使用《市场监管总局关于印发〈市场监督管理行政处罚文书格式范本(2021年修订版)〉的通知》(国市监法发〔2021〕42号)所附执法文书。

(三)《企业落实食品安全主体责任监督管理规定》

食品生产经营企业是食品安全第一责任人,应当对其生产经营食品的安全负责,承担食品安全主体责任。为进一步建立健全并压实企业食品安全责任制,推动完善主要负责人负总责、食品安全总监和食品安全员分级负责的责任体系,根据《食品安全法》及其实施条例等法律法规制定了《企业落实食品安全主体责任监督管理规定》。2022年9月22日国家市场监督管理总局令第60号公布了《企业落实食品安全主体责任监督管理规定》(以下简称《规定》),自2022年11月1日起施行。

1. 适用范围

《规定》适用于中华人民共和国境内的食品生产经营企业从事食品安全管理工作的有关人员(包括但不限于企业主要负责人、食品安全总监和食品安全员等)。按照《规定》要求,对企业各级食品安全管理人员落实食品安全责任进行监督管理。

2. 重点内容释义

(1)《规定》第三条

条款:食品生产经营企业应当建立健全食品安全管理制度,落实食品安全责任制,依法配备与企业规模、食品类别、风险等级、管理水平、安全状况等相适应的食品安全总监、食品安全员等食品安全管理人员,明确企业主要负责人、食品安全总监、食品安全员等的岗位职责。企业主要负责人对本企业食品安全工作全面负责,建立并落实食品安全主体责任的长效机制。食品安全总监、食品安全员应当按照岗位职责协助企业主要负责人做好食品安全管理工作。

释义:建立健全食品安全管理制度,一般应当包括:设置食品安全管理机构,明确食品安全岗位要求、食品生产经营过程控制要求等,制定食品安全培训考核制度等内容。

如果企业已配备了符合本《规定》食品安全总监任职要求的食品安全管理人员,岗位名称虽然不同,如:质量负责人、质量授权人、质量副总、质量经理、食品安全小组组长、首席质量官等,可不必改变原职务称谓,只要企业以书面形式明确其为食品安全总监、食品安全员并履行法定职责即可。根据企业规模、食品类别、风险等级、管理水平、安全状况等因素和实际需要配备食品安全总监、食品安全员,至少配备1名食品安全员。

建立企业主要负责人负总责,食品安全总监、食品安全员分级负责的食品安全责任体系,企业主要负责人以书面形式明确食品安全总监、食品安全员的职责;食品安全总监、食品安全员应依法履职。

(2)《规定》第四条

条款:食品生产经营企业主要负责人应当支持和保障食品安全总监、食品安全员依法开展食品安全管理工作,在作出涉及食品安全的重大决策前,应当充分听取食品安全总监和食品安全员的意见和建议。食品安全总监、食品安全员发现有食品安全事故潜在风险的,应当提出停止相关食品生产经营活动等否决建议,企业应当立即分析研判,采取处置措施,消除风险隐患。

释义:企业主要负责人或决策机构在作出涉及食品安全的重大决策和决定前,应当充分听取食品安全总监、食品安全员对有关决策的意见建议。

食品安全总监、食品安全员依据食品安全相关法律、法规、规章、标准等组织建立企业食品质量安全管理体系或制度,定期开展食品安全自查,及时发现可能存在的食品安全风险隐患,分析研判风险隐患产生的原因,提出改进措施或停止相关生产经营活动的否决建议,并及时向企业主要负责人或决策机构报告。

企业主要负责人或决策机构收到否决建议时,应立即采取妥善有效的处置措施,快速消除风险隐患。企业拒绝采纳相关意见建议的,应予以记录并存档备查。

(3)《规定》第五条

条款:在依法配备食品安全员的基础上,下列食品生产经营企业、集中用餐单位的食堂应当配备食品安全总监:特殊食品生产企业;大中型食品生产企业;大中型餐饮服务企业、连锁餐饮企业总部;大中型食品销售企业、连锁销售企业总部;用餐人数300人以上的托幼机构食堂,用餐人数500人以上的学校食堂以及用餐人数或者供餐人数超过1000人的单位。县级以上地方市场监督管理部门应当结合本地区实际,指导本辖区具备条件的企业配备食品安全总监。

释义:《食品安全法》第四十四条第三款规定"食品生产经营企业应当配备食品安全管理人员"。即所有食品生产经营企业均应配备食品安全管理人员。

①从企业类别看,特殊食品生产企业必须配备食品安全总监。

②从企业规模看,大中型食品生产企业、大中型餐饮服务企业、大中型食品销售企业应当配备食品安全总监。企业规模按照《统计上大中小微型企业划分办法(2017)》(国统字〔2017〕213号)划分标准执行。

③从经营特点看,连锁餐饮企业总部、连锁销售企业总部必须配备食品安全总监。门店配备食品安全员,总部配备食品安全总监。

④从消费对象看,用餐人数300人以上的托幼机构食堂、用餐人数500人以上的学校食堂以及用餐人数或者供餐人数超过1000人的单位,必须配备食品安全总监。对于同一托幼机构、学校食堂、用餐供餐单位存在两个及以上食堂的,应当以取得食品经营许可证的为主体,结合用餐人数等实际情况配备食品安全总监。

除《规定》明确的五种企业类型外,县级以上地方市场监督管理部门应当结合本地区实际,指导具有一定生产经营规模、从业人员较多或者食品安全风险较高的企业配备食品安全总监。

(4)《规定》第六条

条款:食品安全总监、食品安全员应当具备下列食品安全管理能力:掌握相应的食品安全法律法规、食品安全标准;具备识别和防控相应食品安全风险的专业知识;熟悉本企业食品安全相关设施设备、工艺流程、操作规程等生产经营过程控制要求;参加企业组织的食品安全管理人员培训并通过考核;其他应当具备的食品安全管理能力。食品生产经营企业可以将符合前款规定的企业负责人、食品安全管理人员明确为食品安全总监、食品安全员。

释义:食品安全法律法规包括但不限于《食品安全法》及其实施条例、《农产品质量安全法》等法律法规以及《食品生产许可管理办法》《食品经营许可和备案管理办法》《食品召回管理办法》《网络餐饮服务食品安全监督管理办法》《学校食品安全与营养健康管理规定》《保健食品注册与备案管理办法》《婴幼儿配方乳粉产品配方注册管理办法》《特殊医学用途配方食品注册管理办法》等部门规章。食品安全标准包括但不限于食品安全通用标准,食品、食品添加剂、食品相关产品的产品标准以及食品生产经营过程卫生、要求标准、检验方法标准等。

具备识别生物、化学和物理食品安全危害的能力和风险防控专业知识,能够结合企业实际情况采取预防危害、消除隐患等措施。常见的生物危害包括但不限于致病菌、真菌、病毒及寄生虫等;化学危害包括但不限于化学品、农兽药残留、重金属和各类毒素等危害;物理危害包括有害异物等。

熟悉本企业设施设备运行状况。生产经营的设施设备应当与经营的食品品种、数量相适应,能够满足相应食品生产经营对于消毒、更衣、盥洗、采光、照明、通风、防腐、防尘、防鼠、防虫、洗涤以及处理废水、存放垃圾和废弃物的需要。

熟悉本企业食品生产经营活动全过程的有关要求。包括但不限于原料采购、验收、管理、使用以及食品加工、包装、贮存、运输、装卸、供应、销售、服务等,涉及场所、环境、设施设备、包装材料、工用具、容器、人员、原辅料、用水以及规章制度、设备布局、工艺流程等要求。

熟悉本企业生产经营关键环节。食品生产企业的食品安全管理人员应重点熟悉食品原料采购、原料验收、投料等原料控制,生产工序、设备、贮存、包装等生产关键环节控制,原料检验、半成品检验、成品出厂检验等检验控制以及运输和交付控制。特殊食品生产企业还包括按注册、备案要求执行,生产质量管理体系运行、原辅料管理以及保健食品前处理等要求。食品销售企业、餐饮服务企业食品安全管理人员应熟悉相关要求。

《食品安全法》第四十四条规定,食品生产经营企业应当配备食品安全管理人员,加强对其培训和考核。经考核不具备食品安全管理能力的,不得上岗。《食品安全法》第三十三条第一款第三项规定,企业设立的食品安全总监、食品安全员,可以为专职或兼职人员。

食品安全管理人员配备数量应满足需要,可以按工序、环节配备多名食品安全总监、食品安全员。

(5)《规定》第八条

条款:食品安全总监按照职责要求直接对本企业主要负责人负责,协助主要负责人做好食品安全管理工作,承担下列职责:组织拟定食品安全管理制度,督促落实食品安全责任制,明确从业人员健康管理、供货者管理、进货查验、生产经营过程控制、出厂检验、追溯体系建设、投诉举报处理等食品安全方面的责任要求;组织拟定并督促落实食品安全风险防控措施,定期组织食品安全自查,评估食品安全状况,及时向企业主要负责人报告食品安全工作情况并提出改进措施,阻止、纠正食品安全违法行为,按照规定组织实施食品召回;组织拟定食品安全事故处置方案,组织开展应急演练,落实食品安全事故报告义务,采取措施防止事故扩大;负责管理、督促、指导食品安全员按照职责做好相关工作,组织开展职工食品安全教育、培训、考核;接受和配合监督管理部门开展食品安全监督检查等工作,如实提供有关情况;其他食品安全管理责任。

食品生产经营企业应当按照前款规定,结合企业实际,细化制定《食品安全总监职责》。

释义:《食品安全法》第四十四条第二款规定,食品生产经营企业的主要负责人应当落实企业食品安全管理制度,对本企业的食品安全工作全面负责。

食品生产经营企业的主要负责人是指在本企业的生产经营中承担全面领导责任的法定代表人、实际控制人等主要决策人。对主要负责人的判定依据是当事人在生产经营中是否承担全面领导责任,而不是职务名称。食品安全总监不是替代食品生产经营企业主要负责人履行企业食品安全管理职责,而是由其协助食品生产经营企业主要负责人建立并落实本企业的食品安全责任制,开展风险隐患排查和整改、食品安全管理工作,直接向企业主要负责人报告。

食品安全总监具体职责:

①做好食品安全管理工作。组织拟定食品安全管理制度并督促落实。明确本企业从业人员健康管理、供货者管理、进货查验、生产经营过程控制、出厂检验、追溯体系建设、投诉举报处理等食品安全方面的责任要求,督促落实食品安全责任制。

②做好食品安全风险防控工作。组织拟定并督促落实食品安全风险防控措施,定期组织食品安全自查,评估食品安全状况,及时向企业主要负责人报告食品安全工作情况并提出改进措施,阻止、纠正食品安全违法行为,按照规定组织实施食品召回。特殊食品生产企业应组织企业按照良好生产规范的要求建立与所生产食品相适应的生产质量管理体系,定期对体系运行情况进行自查,保证其有效运行,并向所在地县级人民政府食品安全监督管理部门提交自查报告。

③做好食品安全事故处置和应急演练工作。按照《食品安全法》第一百零二条第二款、第一百零三条第一款、第四款要求,根据生产经营特点,组织制定食品安全事故处置方案,并依据方案流程、要求等组织开展应急演练。

④做好食品安全员的组织和管理工作。食品安全总监要管理、督促、指导食品安全员按照职责做好具体食品安全管理工作,并组织开展职工食品安全教育、培训、考核。

⑤配合监管部门做好监督检查工作。配合食品安全监督管理部门开展监督检查、投诉举报调查、舆情核查处置、食品安全事故调查处置、对不安全食品的责令召回等工作。

⑥其他食品安全管理责任。

食品生产企业应当结合企业实际制定《食品安全总监职责》,内容涵盖食品安全总监基本要求、岗位职责(包括但不限于本条第一款的内容)、工作流程、管理要求等,并存档备查。

(6)《规定》第九条

条款:食品安全员按照职责要求对食品安全总监或者企业主要负责人负责,从事食品安全管理具体工作,承担下列职责:督促落实食品生产经营过程控制要求;检查食品安全管理制度执行情况,管理维护食品安全生产经营过程记录材料,按照要求保存相关资料;对不符合食品安全标准的食品或者有证据证明可能危害人体健康的食品以及发现的食品安全风险隐患,及时采取有效措施整改并报告;记录和管理从业人员健康状况、卫生状况;配合有关部门调查处理食品安全事故;其他食品安全管理责任。

食品生产经营企业应当按照前款规定,结合企业实际,细化制定《食品安全员守则》。

释义:

第一种情形:同时设置食品安全总监和食品安全员,食品安全员从事具体食品安全管理工作,对食品安全总监负责,协助食品安全总监做好食品安全管理工作;食品安全总监直接对企业主要负责人负责。第二种情形:仅设置食品安全员,食品安全员直接对企业主要负责人负责,协助企业主要负责人做好食品安全管理工作。

食品安全员具体职责:

①督促落实食品生产经营过程控制要求。监督企业生产经营过程落实相关控制要求(包括但不限于原料控制、生产经营过程关键环节控制、检验控制、运输和交付控制等管理要求),持续保持食品生产经营许可发证条件,生产加工、食品销售、餐饮服务符合相关卫生规范要求。特殊食品还应保持与注册或备案的要求相一致。

②检查食品安全管理制度执行情况,管理维护食品安全生产经营过程记录材料,按照要求保存相关资料。食品安全管理制度包括但不限于采购管理及进货查验记录、生产经营过程控制、检验管理及出厂检验记录、运输和交付管理、食品安全追溯管理、食品安全自查、不合格品管理及不安全食品召回等制度。特殊食品生产企业还应按良好生产规范的要求建立与所生产食品相适应的生产质量管理体系。食品安全生产经营过程应形成记录材料,并按有关法律、法规等要求保存。

③对不符合食品安全标准的食品或者有证据证明可能危害人体健康的食品以及发现的食品安全风险隐患,及时采取有效措施整改并报告。食品安全员发现食品不符合食品安全标准或者有证据证明可能危害人体健康的,应当立即向食品安全总监或者企业主要负责人报告,按照《食品安全法》第六十三条的规定停止生产、经营,实施食品召回,并报告相关情况。排查风险隐患原因,及时采取有效措施整改并进行记录;不能当场处理的风险隐患,应当立即采取防范措施,按照程序及时上报食品安全总监或者企业主要负责人。

④记录和管理从业人员健康状况、卫生状况。食品安全员应当依据《食品安全法》第三十三条第一款第八项和第四十五条要求检查食品生产经营人员当日健康状况、卫生状况。

⑤配合有关部门调查处理食品安全事故。按要求提供相关资料和样品等,配合食品安全事故调查部门。

⑥其他食品安全管理责任。

食品生产企业应当结合企业实际制定《食品安全员守则》,内容涵盖食品安全员基本要求、岗位职责(包括但不限于本条第一款的内容)、工作流程、管理要求等,并存档备查。

(7)《规定》第十条

条款:食品生产经营企业应当建立基于食品安全风险防控的动态管理机制,结合企业实际,落实自查要求,制定食品安全风险管控清单,建立健全日管控、周排查、月调度工作制度和机制。

释义：食品生产经营企业应结合本企业实际，建立健全食品安全风险防控制度机制，明确食品安全风险排查责任分工及程序、形式、内容、对象、频次、记录等具体规定，对食品生产经营全过程关键环节风险控制措施落实情况进行排查，定期分析报告，并及时改进发现的问题。

原则上每家企业均应建立日管控、周排查、月调度工作机制，并做好相关记录。如果企业有类似制度机制的，可以将原有制度与日管控、周排查、月调度工作机制相结合，继续执行，如婴幼儿配方乳粉生产企业可以将HACCP体系的实施与日管控、周排查、月调度工作机制相结合，开展食品安全风险控制；如果企业的生产经营方式不允许日、周、月方式划分，也可以结合企业生产经营实际建立班次管控、双日排查、双周调度等类似制度。企业停工、停产后可暂不执行日管控、周排查、月调度，相关情况应存档备查。

(8)《规定》第十一条

条款：企业应当建立食品安全日管控制度。食品安全员每日根据风险管控清单进行检查，形成《每日食品安全检查记录》，对发现的食品安全风险隐患，应当立即采取防范措施，按照程序及时上报食品安全总监或者企业主要负责人。未发现问题的，也应当予以记录，实行零风险报告。

释义：食品生产企业的风险管控清单应当包括：生产环境条件、设备设施管理、进货查验、生产过程控制、产品检验、贮存及交付控制、不合格食品管理和食品召回、标签和说明书、从业人员管理、信息记录和食品安全追溯体系、食品安全事故调查处置等环节可能存在的食品安全风险。

特殊食品生产企业风险管控清单还应当包括是否按注册或者备案的产品配方、生产工艺等技术要求组织生产、是否按照良好生产规范的要求建立了与其生产食品相适应的生产质量管理体系，生产质量管理体系是否有效运行、原辅料管理等内容。婴幼儿配方乳粉生产企业的清单还应当包括从原料进厂到成品出厂的全过程质量控制，如对出厂的婴幼儿配方乳粉实施逐批检验，生产使用的生鲜乳、辅料等食品原料、食品添加剂等符合法律、行政法规和食品安全国家标准的规定并保证婴幼儿生长发育所需的营养成分，食品原料、食品添加剂、产品配方和标签事项向省级市场监督管理部门备案等环节可能存在的食品安全风险。保健食品生产企业的清单还应当包括原料前处理等环节可能存在的食品安全风险。

食品销售企业的风险管控清单应当包括：一般规定、禁止性规定、经营场所环境卫生、设施设备、购销过程控制、进货查验、食品贮存、食品召回、温度控制和记录、过期及其他不符合食品安全标准的食品处置、标签和说明书、从业人员管理、食品安全事故处置、进口食品销售、食用农产品销售、网络食品销售等环节可能存在的食品安全风险。特殊食品销售企业的清单还应当包括落实禁止与普通食品或者药品混放销售的要求、核对标签和说明书是否与注册或者备案的一致等环节可能存在的食品安全风险以及保健食品"消费提示"标识等。

餐饮服务企业的风险管控清单应当包括：餐饮服务提供者资质、信息公示、从业人员健康管理、原料控制、加工制作过程控制、食品添加剂使用管理、备餐供餐与配送、场所和设施设备清洁维护、餐用具清洗消毒、食品安全事故处置等环节可能存在的食品安全风险。

食品安全员每日根据风险管控清单进行检查,发现存在风险隐患立即采取措施进行处理,不能当场处理的,应当立即采取防范措施,按照程序及时上报食品安全总监或者企业主要负责人,有发生食品安全事故潜在风险的应提出立即停止生产经营建议,并向所在地县级人民政府食品安全监督管理部门报告。

每日检查形成的《每日食品安全检查记录》,应当记录检查时间、范围、项目,发现的问题及处理情况,提出的整改意见建议,重大问题报告等情况。每日检查未发现问题的,也应当予以记录,实行零风险报告。《每日食品安全检查记录》应存档备查。

食品安全员在日管控检查中应关注前期已发现问题的整改结果,直至整改完毕验收合格,形成工作闭环。

(9)《规定》第十二条

条款:企业应当建立食品安全周排查制度。食品安全总监或者食品安全员每周至少组织 1 次风险隐患排查,分析研判食品安全管理情况,研究解决日管控中发现的问题,形成《每周食品安全排查治理报告》。

释义:食品安全总监或者食品安全员根据《食品安全法》第四章相关内容具体要求,对照企业制定的风险管控清单,每周至少开展一次食品安全风险隐患排查。每周食品安全风险排查形成的《每周食品安全排查治理报告》,应当记录食品安全风险排查时间、范围、内容,发现的问题及处理情况,风险分析研判情况,日管控发现问题的解决情况等。每周食品安全风险排查未发现问题的,也应当予以记录,实行零风险报告。《每周食品安全排查治理报告》应存档备查。

(10)《规定》第十三条

条款:企业应当建立食品安全月调度制度。企业主要负责人每月至少听取 1 次食品安全总监管理工作情况汇报,对当月食品安全日常管理、风险隐患排查治理等情况进行工作总结,对下个月重点工作作出调度安排,形成《每月食品安全调度会议纪要》。

释义:本条是依据《食品安全法》第四条、第四十四条对企业主要负责人责任的具体要求。

企业主要负责人每月调度形成的《每月食品安全调度会议纪要》,应当记录调度时间、范围、内容,当月食品安全日常管理情况,风险隐患排查治理等情况以及对下个月重点工作的调度安排情况等。《每月食品安全调度会议纪要》应存档备查。

食品生产经营企业应当按照要求建立《每日食品安全检查记录》、《每周食品安全排查治理报告》和《每月食品安全调度会议纪要》,文件名称可根据企业生产经营实际状况调整。

(11)《规定》第十四条

条款:食品生产经营企业应当将主要负责人、食品安全总监、食品安全员等人员的设立、调整情况,《食品安全总监职责》、《食品安全员守则》以及食品安全总监、食品安全员提出的意见建议和报告等履职情况予以记录并存档备查。

释义：

①记录食品安全管理人员设立及调整情况。将企业主要负责人、食品安全总监和食品安全员设立、调整情况予以记录，把每个时间段的食品安全管理人员与食品安全责任对应起来，确保出了食品安全问题能找得到人、查得清事、落得了责。

②记录《食品安全总监职责》《食品安全员守则》。将企业食品安全总监职责、食品安全员守则以制度文件的形式固化下来，明确岗位人员及其职责，确保各司其职、各负其责，为履职尽责、失职追责提供企业制度依据。

③记录食品安全管理人员履职情况。记录食品安全总监、食品安全员提出的意见建议和报告等履职情况，为进一步推进落实食品安全主体责任、有效解决企业食品安全管理存在的"人到位而责任不到位"问题提供有效抓手。

(12)《规定》第十六条

条款：食品生产经营企业应当组织对本企业职工进行食品安全知识培训，对食品安全总监、食品安全员进行法律、法规、标准和专业知识培训、考核，并对培训、考核情况予以记录，并存档备查。

县级以上地方市场监督管理部门按照国家市场监督管理总局制定的食品安全管理人员考核指南，组织对本辖区食品生产经营企业的食品安全总监、食品安全员随机进行监督抽查考核并公布考核结果。监督抽查考核不得收取费用。抽查考核不合格，不再符合食品生产经营要求的，食品生产经营企业应当立即采取整改措施。

释义：食品生产经营企业要对本企业全体职工进行食品安全知识培训，对食品安全总监、食品安全员进行法律、法规、标准和专业知识培训、考核，并对培训、考核情况予以记录，存档备查。考核不合格组织补考，不合格导致不符合生产经营要求的，企业应当立即采取整改措施。

食品生产经营培训考核的内容主要为食品生产经营安全有关的法律、法规、规章、标准和规范性文件，食品安全基础知识及本单位的食品安全管理制度和体系，加工制作规程、岗位职责等。培训可采用专题讲座、实际操作、现场演示等方式。考核可采用询问、观察实际操作、答题等方式。

《市场监管总局办公厅关于印发餐饮服务食品安全管理人员必备知识参考题库的通知》(市监食监二〔2018〕5号)、《市场监管总局关于开展食品安全管理人员监督抽查考核有关事宜的公告》(国检市场监督管理总局公告2019年第33号)、《市场监管总局特殊食品司关于特殊食品生产经营者食品安全管理人员抽查考核小程序上线运行的通知》(市监特食司(函)〔2022〕25号)。供各地市场监管部门对企业食品安全管理人员考核参考使用。

(13)《规定》第十七条

条款：食品生产经营企业应当为食品安全总监、食品安全员提供必要的工作条件、教育培训和岗位待遇，充分保障其依法履行职责。鼓励企业建立对食品安全总监、食品安全员的激励机制，对工作成效显著的给予表彰和奖励。

释义：食品生产经营企业应保障食品安全总监、食品安全员正常履职所必需的工作条件、工作待遇等。鼓励企业建立相应的激励机制，对食品安全管理工作成效显著的食品安全总监、食品安全员给予表彰和奖励。可以是精神鼓励、物质奖励、职务晋升、评先评优等。

(14)《规定》第十九条

条款：食品生产经营企业等单位有食品安全法规定的违法情形，除依照食品安全法的规定给予处罚外，有下列情形之一的，对单位的法定代表人、主要负责人、直接负责的主管人员和其他直接责任人员处以其上一年度从本单位取得收入的1倍以上10倍以下罚款：故意实施违法行为；违法行为性质恶劣；违法行为造成严重后果。

食品生产经营企业及其主要负责人无正当理由未采纳食品安全总监、食品安全员依照本规定第四条第二款提出的否决建议的，属于前款规定的故意实施违法行为的情形。食品安全总监、食品安全员已经依法履职尽责的，不予处罚。

释义：本条是关于查处食品生产经营企业食品安全违法行为中"处罚到人"的规定。本条规定的"处罚到人"是指食品生产经营企业等单位存在违法行为且有本条规定的三种情形之一的，应当对单位的法定代表人、主要负责人、直接负责的主管人员和其他直接责任人员予以罚款。对于一些食品生产经营集团、连锁经营企业等，应区分集团与子公司、总部与门店的关系，"处罚到人"应落实到具体违法主体的相应人员。

本条明确规定，为强化食品安全总监、食品安全员作用，食品生产经营企业及其主要负责人无正当理由未采纳食品安全总监、食品安全员提出的否决建议的，属于故意实施违法行为的情形；为激发食品安全总监、食品安全员工作积极性，食品安全总监、食品安全员已经依法履职尽责的，不予处罚。

(15)《规定》第二十条

条款：食品生产经营企业主要负责人是指在本企业生产经营中承担全面领导责任的法定代表人、实际控制人等主要决策人。直接负责的主管人员是指在违法行为中负有直接管理责任的人员，包括食品安全总监等。其他直接责任人员是指具体实施违法行为并起较大作用的人员，既可以是单位的生产经营管理人员，也可以是单位的职工，包括食品安全员等。

释义：在食品生产经营实践中，企业主要负责人、直接负责的主管人员、其他直接责任人员，存在多种情况，需要具体问题具体分析；应根据相关人员在食品安全管理中的职责权力确定，不能仅凭职务名称确定。

很多食品生产经营企业的法定代表人因各种情况，不实际承担食品安全管理责任，也不具备承担全面领导责任的能力。当企业出现违法行为时，落实"处罚到人"的规定，需要追溯企业实际控制人等主要决策人。

> **思考与梳理**
>
> 1.请分项目说明监督检查的要点。

思考与梳理

2. 监督检查程序的步骤有哪些？请制作简明易懂的程序流程图。
_____
_____
_____
_____

3. 请解读《企业落实食品安全主体责任监督管理规定》第三条。
_____
_____
_____
_____

4. 请解读《企业落实食品安全主体责任监督管理规定》第十一条。
_____
_____
_____
_____

实践训练

食品生产和经营监督检查结果记录表填写

一、案例：无证从事火锅食材生产加工

2023年1月8日，荣昌区市场监管局在川渝协作联合执法检查中对位于重庆市荣昌区盘龙镇永陵村6组2号的场所开展日常监督检查中，发现当事人在未取得营业执照、食品生产或经营许可证的情况下，从事火锅食材（鸭肠、鱿鱼、毛肚）生产加工。

经查，当事人在场所内自建原料冻库、购买食品生产加工设备以及鸭肠原料、鱿鱼原料等火锅食材原料，于2022年10月中旬开始从事食品生产经营活动，直至2023年1月8日被荣昌区市场监管局查获。其间，当事人未办理营业执照、食品生产或经营许可证，经与当事人现场共同清点、确认，现场查获毛肚、鸭肠等食品、食品原料、半成品累计货值金额共计17 260元。同时查明，当事人生产加工鱿鱼食品时使用印有"产地：四川省遂宁市，生产商：四川天添牛食品有限公司，地址：四川省遂宁市经济技术开发区南强镇天星坝村"等内容的包装袋进行包装，涉案鱿鱼食品货值金额共计3 360元。

荣昌区市场监管局依法对当事人作出没收相关涉案物品、罚款38.379 6万元的行政处罚。

请依据案例信息和查找相关法规等资料，填写食品生产监督检查结果记录表。

食品生产监督检查结果记录表

被检查单位名称		地址	
联系人		联系方式	
许可证编号或备案编号		检查次数	本年度第_____次检查

检查内容:
　　(市场监督管理部门全称)检查人员_____根据《中华人民共和国食品安全法》及其实施条例、《食品生产经营监督检查管理办法》等规定,于_____年_____月_____日至_____年_____月_____日。
　　对你单位进行了　　☒日常监督检查　　☒飞行检查　　☒体系检查
　　本次监督检查依据　　☒食品生产监督检查要点表　　☒其他:
　　共检查(　　)项,其中重点项(　　)项,一般项(　　)项。

检查结果:
　　本次检查发现不符合项(　　)项,其中:
　　重点项(　　)项,项目序号分别是(　　　　　　　　　　　　　　)。
　　一般项(　　)项,项目序号分别是(　　　　　　　　　　　　　　)。

结果处理:
　　☒通过检查　　☐责令整改　　☒调查处理
说明(可附页):

检查人员(签名): 　　　　　　　　　　　　　　　　　年 月 日	被检查单位意见: 　　　　　　　法定代表人或负责人: 　　　　　　　　　　　　　　年 月 日(章)

编号:

填表说明

1.编号:由四位年度号+1位要点表序号+六位流水号组成,如2022－1－000001。生产、销售、餐饮服务各环节对应的要点表序号分别为"1、2、3"。

2.被检查单位名称:填写食品生产经营许可证或备案文书上的食品生产经营者名称。

3.地址:填写食品生产经营许可证或备案文书上载明的生产经营地址。

4.联系人、联系方式:填写法人代表或者负责人的姓名及联系方式。

5.许可证编号或备案编号:与食品生产经营许可证或备案文书上载明的内容一致。如果检查对象为食品生产加工小作坊、食品摊贩等,填写负责人的身份证号码,并隐藏身份证号码中第11位到第14位的数字,以"****"替代。

6.检查次数:填写本次检查属于本年度对企业开展的监督检查的次数。

7.检查内容:检查人员应为两名或两名以上,正确勾选采用的监督检查方式与依据的检查要点表。每次检查,日常监督检查、体系检查应当覆盖全部检查项目,飞行检查可以针对问题线索确定部分项目进行检查。体系检查也可依据市场监管总局或省级市场监管部门制定的相关体系检查要点表或指南。

8.检查结果:填写发现的不符合项目数量,包括重点项和一般项,并按照依据的《检查要点表》注明不符合项的项目序号。

9.结果处理:对未发现不符合项的,勾选"通过检查"一栏;对发现不符合项,但情节显著轻微不影响食品安全的,勾选"责令整改"一栏;对发现不符合项,影响食品安全的,勾选"调查处理"一栏。

10.说明:逐项描述发现的问题并详细记录处置措施,可附页。

11.本表一式三份,一份反馈企业,一份留存,一份用于张贴公布。

二、案例：大米包装生产日期模糊不清

2021年9月13日，垫江县市场监管局开展食品安全监督检查时，发现某学校食堂贮存的80袋高山油米和已使用的34袋高山油米的包装袋上标注的生产日期模糊不清，无法辨认和识别。

经查，当事人丰都县某农业发展有限公司通过招投标取得了向垫江县中小学（幼儿园）配送扶贫大米的资格。当事人为节省交易成本遂委托垫江县某有限责任公司负责涉案大米的生产配送。

垫江区市场监管局在垫江县某学校查获的生产日期模糊不清的高山油米是垫江县某有限责任公司受当事人委托于2021年8月24日生产的，实际生产地址位于垫江县鹤游镇，共生产910袋，共计22 750 kg。大米包装袋上标注的生产日期模糊不清的原因是垫江县某有限责任公司使用的喷码机问题和印油问题造成喷码不清或印油不持久，上述910袋标签中生产日期模糊不清、无法辨识的高山油米在案发前已经全部销售至垫江县内8所中小学（幼儿园）。当事人未按规定履行好监督义务。

垫江县市场监管局依法对当事人作出没收违法所得78 098.25元、罚款10万元的行政处罚。

请依据案例信息和查找相关法规等资料，填写食品经营监督检查结果记录表。

食品经营监督检查结果记录表

编号：

被检查单位名称		经营地址	
联系人		联系方式	
许可证编号或备案编号		检查次数	本年度第_____次检查

检查内容：
　　（市场监督管理部门全称）检查人员_____根据《中华人民共和国食品安全法》及其实施条例、《反食品浪费法》《未成年人保护法》，以及《食品生产经营监督检查管理办法》等规定，于_____年_____月_____日至_____年_____月_____日，对你单位进行了☒ 日常监督检查　☒ 飞行检查　☒ 体系检查。本次监督检查依据☒ 食品销售监督检查要点表　☒ 餐饮服务监督检查要点表
☒ 其他：_____，共检查了（　）项内容，其中重点项（　）项，一般项（　）项。

检查结果：本次检查发现不符合项（　）项，其中：
　　重点项（　）项，需重点跟踪整改，项目序号及具体内容如下：

　　一般项（　）项，项目序号分别是：

结果处理：
　　☒ 此次检查未发现违法违规行为和风险隐患问题。
　　☐ 此次检查发现不符合监督检查要点表一般项目，存在轻微风险隐患，不涉及违法行为，责令当场改正，且已整改到位。
　　☒ 此次检查发现不符合监督检查要点表相关项目，存在轻微违法违规行为，实施简易程序行政处罚，并作出责令限期整改决定。
　　☐ 此次检查发现不符合监督检查要点表相关项目，涉嫌违法违规，建议立案查处。
　　说明（可附页）：

检查人员（签名）： 检查（执法）证件编号： 　　　　　　　　　年　月　日	被检查单位意见： 法定代表人或负责人： 　　　　　　　　　年　月　日（章）

备注：已提醒食品经营者落实《安全生产法》主体责任义务。

填表说明

1. 编号：由四位年度号＋1位要点表序号＋六位流水号组成，如2022－1－000001。生产、销售、餐饮服务各环节对应的要点表序号分别为"1、2、3"。

2. 名称：填写食品经营许可证（或仅销售预包装食品备案信息采集表）上的食品经营者名称。如店铺实际展示名称与食品经营许可证（或仅销售预包装食品备案信息采集表）上的食品经营者名称不一致的，还应以括号加注其实际展示名称。

3. 经营地址：填写食品经营许可证（或仅销售预包装食品备案信息采集表）上载明的经营地址。

4. 联系人、联系方式：填写法人或者负责人的姓名及联系方式。

5. 许可证编号或备案编号：与食品经营许可证（或仅销售预包装食品备案信息采集表）上载明的内容一致。食用农产品销售者填写统一社会信用代码。

6. 检查次数：填写本次检查属于本年度对食品经营者开展的监督检查的次数。

7. 检查内容：正确勾选采用的监督检查方式与依据的检查要点表。每次检查，日常监督检查、体系检查应当覆盖全部检查项目，飞行检查可以针对问题线索确定部分项目进行检查。体系检查也可依据市场监管总局或省级市场监管部门制定的相关体系检查要点表或指南。

8. 检查结果：发现问题的重点项目应逐项填写，并明确填写存在的具体问题。

9. 结果处理：几种情形并存的，应当根据不同情形处理要求，同时作出处理。如存在需要调整安全风险等级情形的，还需及时调整食品安全风险等级。

10. 说明：对发现问题及处置措施进行详细描述，可附页。

11. 本表一式三份，一份反馈食品经营者，一份监管部门留存，一份用于在经营场所醒目位置张贴公开。

拓展资源

1.《食用农产品市场销售质量安全监督管理办法》。
2.《盲盒经营行为规范指引（试行）》。

项目测试

一、单选题

❶ 省级市场监督管理部门针对食品生产经营新业态、新技术、新模式，补充制定相应的食品生产经营监督检查要点，并在出台后（　　）日内向国家市场监督管理总局报告。
A. 5　　　　B. 10　　　　C. 15　　　　D. 30

❷ 市场监督管理部门应当每两年对本行政区域内所有食品生产经营者至少进行（　　）次覆盖全部检查要点的监督检查。
A. 1　　　　B. 2　　　　C. 3　　　　D. 5

二、多选题

❶ 县级以上地方市场监督管理部门应当按照规定在覆盖所有食品生产经营者的基础上，结合食品生产经营者信用状况，随机选取、随机选派（　　）实施监督检查。
A. 法定代表人　　　　　　　　B. 食品生产经营者
C. 监督检查人员　　　　　　　D. 食品安全管理员

❷ 按照风险管理的原则,检查要点表分为(　　)。
A. 一般项目　　　　　　　　B. 重点项目
C. 主要项目　　　　　　　　D. 次要项目

❸ 食品生产环节监督检查要点应当包括(　　)、产品检验、贮存及交付控制、不合格食品管理和食品召回、标签和说明书、食品安全自查、从业人员管理、信息记录和追溯、食品安全事故处置等情况。
A. 食品生产者资质　　　　　B. 生产环境条件
C. 进货查验　　　　　　　　D. 生产过程控制

❹ 县级以上地方市场监督管理部门按照国家市场监督管理总局的规定,根据风险管理的原则,结合食品生产经营者的食品类别、业态规模、风险控制能力、信用状况、监督检查等情况,将食品生产经营者的风险等级从低到高分为(　　)四个等级。
A. A级风险　　　　　　　　B. B级风险
C. C级风险　　　　　　　　D. D级风险

三、判断题

❶ 市场监督管理部门之间涉及管辖争议的监督检查事项,应当报请共同上一级市场监督管理部门确定。(　　)

❷ 市场监督管理部门应当对特殊食品生产者,风险等级为C级、D级的食品生产者,风险等级为D级的食品经营者以及中央厨房、集体用餐配送单位等高风险食品生产经营者实施重点监督检查,并可以根据实际情况增加日常监督检查频次。(　　)

❸ 市场监督管理部门组织实施监督检查应当由2名以上(含2名)监督检查人员参加。检查人员较多的,可以组成检查组。市场监督管理部门根据需要可以聘请相关领域专业技术人员参加监督检查。(　　)

❹ 检查人员在监督检查中应当对发现的问题进行记录,必要时可以拍摄现场情况,收集或者复印相关合同、票据、账簿以及其他有关资料。(　　)

项目八
特殊食品安全监管

学习目标

知识与技能目标

1. 熟悉各类食品的监管法律依据。
2. 熟悉保健食品、婴幼儿食品、特殊医学用途配方食品、进出口食品、新食品原料及转基因食品的基本理论。
3. 掌握保健食品、婴幼儿食品、特殊医学用途配方食品、进出口食品、新食品原料及转基因食品的管理办法和管理要求。
4. 能够完成保健食品、婴幼儿食品、特殊医学用途配方食品、进出口食品、新食品原料及转基因食品的注册申请等资料填写。

素养目标

1. 树立较强的法治、诚信和行业政策法规意识。
2. 树立严格执法、严肃认真的工作作风，强化职业责任意识。

预习导图

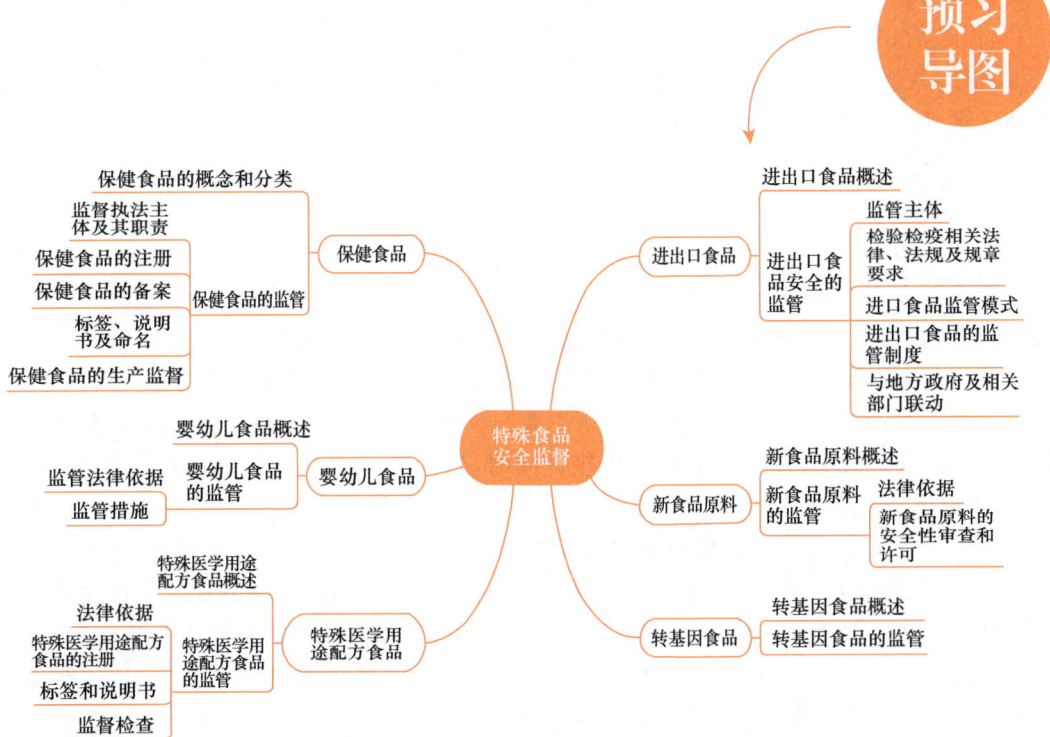

基础知识

一、保健食品

(一)保健食品的概念和分类

1996年我国原卫生部颁布并施行的《保健食品管理办法》中第一次明确了保健食品的定义:"保健食品是指具有特定保健功能的食品,即适用于特定人群食用,具有调节机体功能,不以治疗疾病为目的的食品。"2005年国家食品安全监督管理总局颁布并实施的《保健食品注册管理办法(试行)》中规定:"保健食品是指声称具有特定保健功能或者以补充维生素、矿物质为目的的食品,即适用于特定人群食用,具有调节机体功能,不以治疗疾病为目的,并且对人体不产生任何急性、亚急性或者慢性危害的食品。"

保健食品首先必须是食品,必须无毒无害。其所具有的"特定保健"作用必须明确、具体,而且经过科学实验证实。同时,不能取代人体正常膳食摄入和对各类营养素的需要。

目前我国允许注册的保健食品共有27种功能:①增强免疫力;②辅助降血脂;③辅助降血糖;④抗氧化;⑤辅助改善记忆;⑥缓解视疲劳;⑦促进排铅;⑧清咽;⑨辅助降血压;⑩改善睡眠;⑪促进泌乳;⑫缓解体力疲劳;⑬提高缺氧耐受力;⑭对辐射危害有辅助保护功能;⑮减肥;⑯改善生长发育;⑰增加骨密度;⑱改善营养性贫血;⑲对化学性肝损伤有辅助保护功能;⑳去痤疮;㉑祛黄褐斑;㉒改善皮肤水分;㉓改善皮肤油分;㉔调节肠道菌群;㉕促进消化;㉖通便;㉗对胃黏膜有辅助保护功能。

此外,我国的保健食品还包括营养素补充剂,即以维生素、矿物质为主要原料,以补充人体微量营养素为目的的保健食品。

(二)保健食品的监管

2015年实施的新《食品安全法》明确提出,将保健食品注册制改为注册与备案双轨制。该法第七十八条还规定:"保健食品的标签、说明书不得涉及疾病预防、治疗功能,内容应当真实,与注册或者备案的内容相一致,载明适宜人群、不适宜人群、功效成分或者标志性成分及其含量等,并声明'本品不能代替药物'。保健食品的功能和成分应当与标签、说明书相一致。"新法还规定保健食品标签要写明成分含量。以法律的形式要求标明含量,能有效保障保健食品消费者的知情权。同时,这一条款要求保健食品的说明书、标签声明"本品不能代替药物"。

2016年原国家食品药品监督管理总局第22号令发布并实施《保健食品注册与备案管理办法》,《保健食品注册管理办法(试行)》同时废止。新办法对保健食品实行注册与备案相结合的分类管理制度,开创了我国对特定保健食品实施备案审批的新时代。此外,新办法明确了保健食品注册与备案的定义,细化了总局、省局及基层局等部门职责,严格申请人和备案人义务,完善保健食品注册及延续资料要求,增设保健食品注册批件补办程序。新办法对保健食品实行注册与备案相结合的分类管理制度。

具体而言,国家对使用保健食品原料目录以外原料的保健食品和首次进口的保健食品实行注册管理,对使用的原料已经列入保健食品原料目录的和首次进口的属于补充维生素、矿物质等营养物质的保健食品实行备案管理。省级以上人民政府食品安全监督管理部门应当及时向社会公布已注册或者备案的保健食品目录。2018年国务院行政机构改革,国家市场监督管理总局食品安全监管部门承担保健食品注册审批管理等职能。

1. 监督执法主体及其职责

国家市场监督管理总局负责保健食品注册管理以及首次进口的属于补充维生素、矿物质等营养物质的保健食品备案管理,并指导监督省、自治区、直辖市食品安全监督管理部门承担的保健食品注册与备案相关工作。省、自治区、直辖市食品安全监督管理部门负责接收本行政区域内相关保健食品的备案材料和备案管理,并配合国家市场监督管理总局开展保健食品注册现场核查等工作。市、县级食品安全监督管理部门负责本行政区域内注册和备案保健食品的监督管理,承担上级食品安全监督管理部门委托的其他工作。国家市场监督管理总局行政受理机构负责受理保健食品注册和接收相关进口保健食品备案材料;保健食品审评机构负责组织保健食品审评,管理审评专家,并依法承担相关保健食品备案工作;审核查验机构负责保健食品注册现场核查工作。

2. 保健食品的注册

保健食品注册是指食品安全监督管理部门根据注册申请人申请,依照法定程序、条件和要求,对申请注册的保健食品的安全性、保健功能和质量可控性等相关申请材料进行系统评价和评审,并决定是否准予其注册的审批过程。下列产品应当申请保健食品注册:①使用保健食品原料目录以外原料(以下简称目录外原料)的保健食品;②首次进口的保健食品(属于补充维生素、矿物质等营养物质的保健食品除外),即非同一国家、同一企业、同一配方申请中国境内上市销售的保健食品。

保健食品的注册

保健食品(包括首次进口保健食品)注册申请需要提交以下十类材料,由国家市场监督管理总局行政受理机构负责受理。

(1)保健食品注册申请表以及申请人对申请材料真实性负责的法律责任承诺书。

(2)注册申请人主体登记证明文件复印件。

(3)产品研发报告,包括研发人员、研发时间、研制过程、中试规模以上的验证数据,目录外原料及产品安全性、保健功能、质量可控性的论证报告和相关科学依据以及根据研发结果综合确定的产品技术要求等。

(4)产品配方材料,包括原料和辅料的名称及用量、生产工艺、质量标准,必要时还应当按照规定提供原料使用依据、使用部位的说明、检验合格证明、品种鉴定报告等。

(5)产品生产工艺材料,包括生产工艺流程简图及说明,关键工艺控制点及说明。

(6)安全性和保健功能评价材料,包括目录外原料及产品的安全性、保健功能试验评价材料,人群食用评价材料,功效成分或者标志性成分、卫生学、稳定性、菌种鉴定、菌种毒力等试验报告以及涉及兴奋剂、违禁药物成分等的检测报告。

(7)直接接触保健食品的包装材料种类、名称、相关标准等。

(8)产品标签、说明书样稿,产品名称中的通用名与注册的药品名称不重名的检索材料。

(9)3个最小销售包装样品。

(10)其他与产品注册审评相关的材料。

申请首次进口保健食品注册,除提交以上规定的材料外,还应当提交下列材料:

(1)产品生产国(地区)政府主管部门或者法律服务机构出具的注册申请人为上市保健食品境外生产厂商的资质证明文件。

(2)产品生产国(地区)政府主管部门或者法律服务机构出具的保健食品上市销售一年以上的证明文件,或者产品境外销售以及人群食用情况的安全性报告。

(3)产品生产国(地区)或者国际组织与保健食品相关的技术法规或者标准。

(4)产品在生产国(地区)上市的包装、标签、说明书实样。

申请材料不齐全或者不符合法定形式的,受理机构当场或者在5个工作日内一次性告知注册申请人需要补充的全部内容。以受理为注册审批起点,将生产现场核查和复核检验调整至技术审评环节,并对审评内容、审评程序、总体时限和判定依据等提出具体严格的限定和要求。技术审评按申请材料核查、现场核查、动态抽样、复核检验等程序开展,对申请材料真实,产品科学、安全、具有声称的保健功能,生产工艺合理、可行和质量可控,技术要求和检验方法科学、合理的,提出予以注册的建议。任一环节不符合要求均可终止审评,提出不予注册建议。国家市场监督管理总局对审评程序和结论的合法性、规范性及完整性进行审查,作出准予注册或者不予注册的决定。保健食品注册证书载明产品名称、注册人名称和地址、注册号、颁发日期及有效期、保健功能、功效成分或者标志性成分及含量、产品规格、保质期、适宜人群、不适宜人群、注意事项等内容。国产保健食品的注册号格式为:国食健注 G+4位年代号+4位顺序号;进口保健食品的注册号格式为:国食健注 J+4位年代号+4位顺序号。注册证书有效期5年,可以延续、变更或申请补发,补发的保健食品注册证书应当标注原批准日期,并注明"补发"字样。

3. 保健食品的备案

保健食品备案是指保健食品生产企业依照法定程序、条件和要求,将表明产品安全性、保健功能和质量可控性的材料提交食品安全监督管理部门进行存档、公开、备查的过程。生产和进口下列保健食品应当依法备案:①使用的原料已经列入保健食品原料目录的保健食品;②首次进口属于补充维生素、矿物质等营养物质的保健食品,其营养物质应当是列入保健食品原料目录的物质。备案的产品配方、原辅料名称及用量、功效、生产工艺等应当符合法律、法规、规章、强制性标准及保健食品原料目录技术要求的规定。

国产保健食品的备案人应当是保健食品生产企业,原注册人可以作为备案人,进口保健食品的备案人应当是上市保健食品境外生产厂商,申请保健食品备案,除应当提交保健食品注册申请的第4条、5条、6条、7条、8条规定的材料外,还应提交以下材料,由国家市场监督管理总局行政受理机构负责受理。

(1)保健食品备案登记表以及备案人对提交材料真实性负责的法律责任承诺书。

(2)备案人主体登记证明文件复印件。

(3)产品技术要求材料。

(4)具有合法资质的检验机构出具的符合产品技术要求的全项目检验报告。

(5)其他表明产品安全性和保健功能的材料。

申请进口保健食品备案的,除提交以上规定的材料外,补充的材料同申请首次进口保健食品注册及其他材料文件。

食品安全监督管理部门收到备案材料后,不符合要求的,应当一次性告知备案人补全相关材料。备案材料符合要求的,当场备案,完成备案信息的存档备查工作,并发放备案号。国产保健食品备案号格式为:食健备G+4位年代号+2位省级行政区域代码+6位顺序编号;进口保健食品备案号格式为:食健备J+4位年代号+00+6位顺序编号。此外,还应当按照相关要求的格式制作备案凭证,并将备案信息表中登载的信息在其网站上公布。保健食品备案信息应当包括产品名称、备案人名称和地址、备案登记号、登记日期及产品标签、说明书和技术要求。如备案信息变更,应当将变更情况登载于变更信息中,将备案材料存档备查。

4. 标签、说明书及命名

申请保健食品注册或者备案,其产品标签、说明书样稿须包括产品名称、原料、辅料、功效成分或者标志性成分及含量、适宜人群、不适宜人群、保健功能、食用量及食用方法、规格、贮存方法、保质期、注意事项等内容及相关制定依据和说明等,且不得涉及疾病预防、治疗功能,并声明"本品不能代替药物"。

保健食品的名称由商标名、通用名和属性名组成。商标名是指保健食品使用依法注册的商标名称或者符合《中华人民共和国商标法》规定的未注册的商标名称,用以表明其产品是独有的、区别于其他同类产品;通用名是指表明产品主要原料等特性的名称;属性名是指表明产品剂型或者食品分类属性等的名称。新办法对保健食品的名称和通用名均提出了若干禁止性情形。

5. 保健食品的生产监管

(1)生产许可

生产具有特定保健功能食品的企业在生产前必须向所在地的省级食品安全监督管理部门提出申请,经省级食品安全监督管理部门审查同意后,在申请者的食品生产许可证上加注"××保健食品"的许可项目方可进行生产。未经国家市场监督管理总局行政受理机构审查批准的食品,不得以保健食品名义生产经营。

(2)保健食品良好生产规范

保健食品的生产过程和生产条件必须符合原卫生部制定的《保健食品良好生产规范》(GB 17405—1998)。《保健食品良好生产规范》的主要内容包括厂房设计与设施、原料、生产过程、品质管理、成品贮存与运输、人员、卫生管理等七部分内容,具备较好的实用性和可操作性。《保健食品良好生产规范》明确了保健食品生产过程的卫生要求和质量规格要求,既包括生产过程的质量控制,又包括防止污染。

生产保健食品使用的原料应当对人体安全、无害。保健食品声称的保健功能,应当具有科学依据。保健食品生产者必须按照批准内容进行组织生产,不得改变产品配方、生产工艺、企业产品质量标准以及产品的名称、标签、说明书等。对生产工艺执行情况的监督应重点放在对原材料的投放和监督检查上,尤其是对那些贵重或稀有原料的使用情况以及有无滥加违禁物质现象的监督。保健食品的生产工艺应能保持产品功效成分的稳定性。加工过程中功效成分不损失、不破坏和不产生有害的中间体。应采用定型包装,直接与保健食品接触的包装材料或容器必须符合有关卫生标准或卫生要求;包装材料或容器及包装方式应有利于保持保健食品功效成分的稳定。成品的贮存和运输应符合《食品安全国家标准　食品生产通用卫生规范》(GB 14881—2013)的卫生要求。成品出厂应采用"先产先销"的原则。对标签说明书的监督着重检查是否有虚假、夸大的功效宣传。

食品安全监督管理部门还应当依照《保健食品良好生产规范》和相关规定,对保健食品生产经营企业进行跟踪检查,并有权采取下列措施:①进入生产经营场所实施现场检查;②对生产经营的保健食品进行抽样检验,确保原料安全无毒,产品功能确切,配方科学,工艺合理;③查阅、复制有关合同、票据、账簿、批生产记录、检验报告及其他有关资料;④责令停止生产经营并召回不符合保健食品标准的产品;⑤查封、扣押假冒及有证据证明不符合保健食品标准的产品,违法使用的保健食品原料、食品添加剂、食品相关产品以及用于违法生产经营或者被污染的工具设备;⑥查封违法从事保健食品生产经营的场所。

国家食品安全监督管理部门和省、自治区、直辖市食品安全监督管理部门应当根据保健食品质量抽查检验情况,发布保健食品抽验结果。可用于保健食品生产但不得用于其他食品生产的物质目录以及用量和允许保健食品声称的保健功能的目录,由国务院食品安全监督管理部门会同国务院卫生行政部门、国家中医药管理部门制定、调整并公布。

此外,还可以加强市场监督保证保健食品的质量。包括:①功效成分的监督检测;②功能验证;③对违法加入药物行为的监督,如对具有减肥功能的产品开展加入药物等违禁物质的检测等。

> **思考与梳理**
>
> 1. 可用与禁用于保健食品的物品有哪些?请制作具体名单。
>
> 2. 请根据保健食品的分类,列举典型保健食品,阐明其主要成分与功效,制作简明易懂的思维导图。

二、婴幼儿食品

(一)婴幼儿食品概述

婴幼儿是一个特殊的人群,婴儿是0~12月龄,幼儿是12~36月龄。婴幼儿食品是一类专门供给出生至3周岁婴幼儿的食品,可分为婴儿配方食品、较大婴儿和幼儿配方食品、婴幼儿转奶期食品。

按照配方不同,婴幼儿配方食品主要可分为三大类:①配方乳粉;②配方豆粉;③特殊配方食品。配方豆粉通常以大豆蛋白为主要原料配制而成,对于乳糖不耐受或对牛乳蛋白过敏的婴幼儿较适用;特殊配方食品是专门针对早产儿、低体重儿或代谢紊乱的婴儿的特殊营养需要而设计的。

婴幼儿辅助食品又称婴幼儿断奶食品、婴幼儿转奶食品。根据原料、适应年龄段和包装形式的差异,婴幼儿辅助食品可分为两大类:①婴幼儿谷物食品,即以谷物或豆类为原料加工成粉状、薄片状或饼干等食品,用液体(水或牛乳等)冲调成糊状喂食的食品;②灌装婴幼儿食品,即以各种蔬菜、水果、鱼、禽、肉、肝等为原料加工制成的汁、泥、酱、糊状类即食食品。

(二)婴幼儿食品的监管

1. 监管法律依据

我国高度重视婴幼儿配方食品的安全保障,研究制定了《关于进一步加强婴幼儿配方乳粉质量安全的工作意见》《婴幼儿配方乳粉的生产许可审查细则》《关于不准委托贴牌分装等婴幼儿配方乳粉的公告》等法律文件。2015年实施的新《食品安全法》对婴幼儿食品的注册、生产及销售作了严格规定。

婴幼儿食品标准基于科学证据而制定,目的是为婴幼儿提供安全充足的营养素,满足婴幼儿生长发育的需求。婴幼儿食品标准是保证婴幼儿食品质量的基石,不仅是婴幼儿辅助食品和婴幼儿配方食品检验方法标准,还涉及食品添加剂标准、食品营养强化剂标准、包装材料标准,还有检验方法以外的其他检验方法标准。目前,我国针对婴幼儿食品的标准主要有《食品安全国家标准 婴幼儿罐装辅助食品》(GB 10770—2010)、《食品安全国家标准 婴幼儿谷类辅助食品》(GB 10769—2010)、《食品安全国家标准 幼儿配方食品》(GB 10767—2021)、《食品安全国家标准 婴儿配方食品》(GB 10765—2021)、《食品安全国家标准 特殊医学用途婴儿配方食品通则》(GB 25596—2010)等。

2. 监管措施

2015年实施的新《食品安全法》中规定国家对婴幼儿配方食品应实行严格监督管理。婴幼儿配方食品生产企业应当实施从原料进厂到成品出厂的全过程质量控制,对出厂的婴幼儿配方食品实施逐批检验,保证食品安全。

新《食品安全法》提出对婴幼儿配方乳粉的配方实行备案管理,婴幼儿

婴幼儿食品的监管措施

配方食品生产企业应当将食品原料、食品添加剂、产品配方及标签等事项向省、自治区、直辖市人民政府食品安全监督管理部门备案。规定婴幼儿配方乳粉的产品配方应当经国务院食品安全监督管理部门注册,注册时应当提交配方研发报告和其他表明配方科学性、安全性的材料,并对相关材料的真实性负责。婴幼儿配方乳粉生产企业应当按照注册或者备案的产品配方、生产工艺等技术要求组织生产。对婴幼儿配方乳粉的配方实行注册管理,有利于保证这类特殊食品的安全。

新《食品安全法》明确规定不得以分装方式生产婴幼儿配方乳粉,同一企业不得用同一配方生产不同品牌的婴幼儿配方乳粉。生产婴幼儿配方食品使用的生鲜乳、辅料等食品原料、食品添加剂等,应当符合法律、行政法规的规定和食品安全国家标准,保证婴幼儿生长发育所需的营养成分。

此外,提高婴幼儿食品生产许可证颁发条件,是婴幼儿食品质量安全得到有效保证的重要方面。一方面对婴幼儿食品加工企业实行严格审核,对于质量不合格、不具备生产条件、技术装备无保证的企业,取消其生产资格;另一方面,对婴幼儿食品生产企业营业执照审批制度制定严格标准,从生产条件上保证婴幼儿食品质量安全。

同时,国际组织和我国均制定了婴幼儿食品中使用食品添加剂的相应法律法规。根据婴幼儿这一特定人群的暴露量及 ADI 等资料,联合食品添加剂专家委员会(JECFA)对食品添加剂进行危险性评估,确定某种食品添加剂在婴幼儿食品中允许的最大使用量或残留。婴幼儿食品中使用的营养素建议列表(CAC/GL10),详细列出了婴幼儿食品中允许使用的营养物质,并标明了物质来源及使用范围,主要包括:矿物质和微量元素、维生素、氨基酸、肉碱、牛磺酸、胆碱、肌醇、核苷酸等多种营养素的参考清单以及用作营养素载体的食品添加剂名单和限量要求。

新《食品安全法》规定,用于婴幼儿配方食品的添加剂,生产企业应当向省、自治区、直辖市人民政府食品安全监督管理部门备案,严格监管。《食品安全国家标准 食品添加剂使用标准》(GB 2760—2024)规定了食品添加剂的使用品种、使用范围和使用量等,关于婴幼儿食品中使用的食品添加剂规定在各类食品添加剂的条款中。营养强化剂是食品添加剂的一类,广泛用于婴幼儿食品的营养强化,《食品安全国家标准 食品营养强化剂使用标准》(GB 14880—2012)及卫生相关公告对婴幼儿食品中营养强化剂的来源、品种、使用范围及使用量等作了详细规定。我国允许在婴幼儿食品中使用的食品添加剂品种:①婴幼儿配方食品(婴儿配方食品、较大婴儿配方食品和幼儿配方食品):乳化剂(单甘油脂肪酸酯、双甘油脂肪酸酯、三甘油脂肪酸酯)、酸度调节剂、抗氧化剂(维生素 C、棕榈酸酯)、其他(主要为钙和铁促进吸收剂);②婴幼儿断奶期食品:乳化剂(单甘油脂肪酸酯、双甘油脂肪酸酯、三甘油脂肪酸酯)、酸度调节剂、抗氧化剂(维生素 C、棕榈酸酯)、水分保持剂、膨松剂(磷酸氢钙)、其他(主要为钙促进吸收剂)。

> **思考与梳理**
>
> 利用食品伙伴网,查找关于婴幼儿配方食品的国家标准有哪些。

三、特殊医学用途配方食品

(一)特殊医学用途配方食品概述

特殊医学用途配方食品(Food for Special Medical Purposes,FSMP)就是为了满足进食受限、消化吸收障碍、代谢紊乱或特定疾病状态人群对营养素或膳食的特殊需要,专门加工配制而成的配方食品,包括适用于0~12月龄的特殊医学用途婴儿配方食品和适用于1岁以上人群的特殊医学用途配方食品。

特殊医学用途配方食品必须在医生或临床营养师指导下,单独食用或与其他食品配合食用。在疾病状况下,无法进食普通膳食或无法用日常膳食满足目标人群的营养需求时,可使用特殊医学用途配方食品提供营养支持。相较于保健食品,特殊医学用途配方食品主要为了满足疾病人群对部分营养素或膳食的特殊要求,经过医学验证,具有充分的理论基础和临床证据,必须在医生或者营养师的指导下给予选择。特殊医学用途配方食品的色泽、滋味、气味、组织状态、冲调性应符合相应产品的特性,不应有正常视力可见的外来异物。

适用于0~12月龄的特殊医学用途婴儿配方食品包括无乳糖配方食品或者低乳糖配方食品、乳蛋白部分水解配方食品、乳蛋白深度水解配方食品或者氨基酸配方食品、早产或者低出生体重婴儿配方食品、氨基酸代谢障碍配方食品和母乳营养补充剂等。

《食品安全国家标准 特殊医学用途配方食品通则》(GB 29922—2013)将适用于1岁以上人群的特殊医学用途配方食品分为三类,即全营养配方食品、特定全营养配方食品和非全营养配方食品。全营养配方食品适用于需对营养素进行全面补充且对特定营养素没有特别要求的人群;特定全营养配方食品适用于特定疾病或医学状况下需对营养素进行全面补充的人群,并可满足人群对部分营养素的特殊需求,如糖尿病全营养配方食品,呼吸系统疾病全营养配方食品,肾病全营养配方食品,肿瘤全营养配方食品等;非全营养配方食品则适用于需要补充单一或部分营养素的人群,如蛋白质组件、脂肪组件、糖类组件等专用于提供某一营养素,不适用于作为单一营养来源。

(二)特殊医学用途配方食品的监管

1. 法律依据

为满足特殊医学婴儿的营养需求,指导和规范我国特殊医学用途婴儿配方食品的生产经营,原卫生部颁布了《食品安全国家标准　特殊医学用途婴儿配方食品通则》(GB 25596—2010),适用于0~12月龄婴儿的特殊医学用途婴儿配方食品,对其营养素含量、标签标识等方面进行规定。原国家卫生和计划生育委员会颁布了《食品安全国家标准　特殊医学用途配方食品通则》(GB 29922—2013)和《食品安全国家标准　特殊医学用途配方食品良好生产规范》(GB 29923—2013)两项国家标准。

《食品安全国家标准　特殊医学用途配方食品通则》(GB 29922—2013)标准中明确了1岁以上人群特殊医学用途配方食品的定义及全营养配方食品、特定全营养配方食品和非全营养配方食品三种分类,制定了特殊医学用途配方食品的各项限量要求,并要求企业慎重使用食品添加剂和营养强化剂,最大限度地保护适宜人群健康。

《食品安全国家标准　特殊医学用途配方食品良好生产规范》(GB 29922—2013)对特殊医学用途配方食品的生产过程提出要求。标准对厂房和车间的设计布局、建筑内部结构与材料、设施、设备、清洁和消毒、验收、包装、运输、贮存等各个环节进行了详细的规定,适用于特殊医学用途配方食品(包括特殊医学用途婴儿配方食品)的生产企业。

2015年实施的新《食品安全法》重点指出国家应对保健食品、特殊医学用途配方食品和婴幼儿配方食品等特殊食品实行严格监督管理。《特殊医学用途配方食品注册管理办法》是根据《食品安全法》等法律法规,由国家食品安全监督管理部门制定的,适用在中华人民共和国境内生产销售和进口的特殊医学用途配方食品,自2016年7月1日起施行。2018年国务院行政机构改革,国家市场监督管理总局承担食品监管的职能,同时承担了特殊医学用途配方食品的监管。

2. 特殊医学用途配方食品的注册

特殊医学用途配方食品的注册申请和审批

特殊医学用途配方食品的注册是指国家市场监督管理总局根据申请,依照《特殊医学用途配方食品注册管理办法》规定的程序和要求,对特殊医学用途配方食品的产品配方、生产工艺、标签、说明书以及产品安全性、营养充足性和特殊医学用途临床效果进行审查,并决定是否准予注册的过程。新《食品安全法》也对特殊医学用途配方食品应当经国务院食品安全监督管理部门注册作出规定。注册时,应当提交产品配方、生产工艺、标签、说明书以及表明产品安全性、营养充足性和特殊医学用途临床效果的材料。特殊医学用途配方食品广告适用《中华人民共和国广告法》和其他法律、行政法规关于药品广告管理的规定。

(1)注册申请

拟在我国境内生产并销售特殊医学用途配方食品的生产企业和拟向我国境内出口的特殊医学用途配方食品的境外生产企业应当具备与所生产特殊医学用途配方食品相适应的研发、生产能力,设立特殊医学用途配方食品研发机构,配备专职的产品研发人员、食品安全管理人员和食品安全专业技术人员,按照良好生产规范要求建立与所生产食品相适应的生产质量管理体系,具备按照特殊医学用途配方食品国家标准规定的全部项目逐批检验的能力。

申请注册时,应当向国家食品安全监督管理部门提交的材料包括:①特殊医学用途配方食品注册申请书;②产品研发报告和产品配方设计及其依据;③生产工艺资料;④产品标准要求;⑤产品标签、说明书样稿;⑥试验样品检验报告;⑦研发、生产和检验能力证明材料；⑧其他表明产品安全性、营养充足性以及特殊医学用途临床效果的材料；⑨申请特定全营养配方食品注册，还应当提交临床试验报告。

（2）审批

受理：国家食品安全监督管理部门负责特殊医学用途配方食品注册申请的受理工作。如果申请材料不齐全或者不符合法定形式，应当当场或者5个工作日内一次告知申请人需要补正的全部内容，逾期不告知的，自收到申请材料之日起即为受理。

现场核查与检验：审评机构应当对申请材料进行审查，并根据实际需要组织对申请人进行现场核查、对试验样品进行抽样检验、对临床试验进行现场核查和对专业问题进行专家论证。核查机构应当通知申请人所在地省级食品安全监督管理部门参与现场核查，省级食品安全监督管理部门应当派人员参与现场核查，应当自接到审评机构通知之日起20个工作日内完成对申请人的研发能力、生产能力、检验能力等情况的现场核查，40个工作日内完成对临床试验的真实性、完整性、准确性等情况的现场核查，并出具核查报告。

审查决定：审评机构应当委托具有法定资质的食品检验机构进行抽样检验，30个工作日内完成。审评机构应当自收到受理材料之日起60个工作日内根据核查报告、检验报告及专家意见完成技术审评工作，并作出审查结论，即认为申请材料真实，产品科学、安全，生产工艺合理、可行和质量可控，技术要求和检验方法科学、合理的，应当提出予以注册的建议，受理机构自决定之日起10个工作日内颁发、送达特殊医学用途配方食品注册证书，且应当载明下列事项：产品名称、企业名称、生产地址、注册号及有效期、产品类别、产品配方、生产工艺、产品标签、说明书。

特殊医学用途配方食品注册证书有效期限为5年。特殊医学用途配方食品注册证书有效期届满，需要继续生产或者进口的，应当在有效期届满6个月前，向国家食品安全监督管理部门提出延续注册申请，并提交下列材料：①特殊医学用途配方食品延续注册申请书；②特殊医学用途配方食品质量安全管理情况；③特殊医学用途配方食品质量管理体系自查报告；④特殊医学用途配方食品跟踪评价情况。如果审评机构提出不予注册建议的，应当向申请人发出拟不予注册的书面通知。申请人对通知有异议的，应当自收到通知之日起20个工作日内向审评机构提出书面复审申请并说明复审理由。

3. 标签和说明书

特殊医学用途配方食品的标签应符合《食品安全国家标准 预包装特殊膳食用食品标签》（GB 13432—2013）和产品标准中对标签的特殊要求，其标签和说明书的内容应当一致，涉及特殊医学用途配方食品注册证书内容的，应当与注册证书内容一致，并标明注册号。特殊医学用途配方食品标签、说明书应当按照食品安全国家标准的规定在醒目位置标识下列内容：请在医生或者临床营养师指导下使用；不适用于非目标人群；本品禁止用于肠外营养支持和静脉注射。

生产企业对其提供的标签、说明书的内容负责，不得含有虚假内容，不得涉及疾病预防、治疗功能。同时特殊医学用途配方食品应在标签中对产品的配方特点、配方原理或营养学特征进行描述或说明，包括对产品与适用人群疾病或医学状况的说明、产品中能量和营养成分的特征描述、配方原理的解释等，其目的是便于医生或临床营养师指导患者正确使用。

4. 监督检查

特殊医学用途配方食品生产企业应当按照批准注册的产品配方、生产工艺等技术要求组织生产,保证特殊医学用途配方食品安全。

下列任何一条出现时,国家食品安全监督管理部门根据利害关系人的请求或者依据职权,可以撤销特殊医学用途配方食品注册:①工作人员滥用职权、玩忽职守作出准予注册决定的;②超越法定职权作出准予注册决定的;③违反法定程序作出准予注册决定的;④对不具备申请资格或者不符合法定条件的申请人准予注册的;⑤食品生产许可证被吊销的;⑥依法可以撤销注册的其他情形。

下列任何一条出现时,国家食品安全监督管理部门应当依法办理特殊医学用途配方食品注册注销手续:①企业申请注销的;②有效期届满未延续的;③企业依法终止的;④注册依法被撤销、撤回,或者注册证书依法被吊销的;⑤法律法规规定应当注销注册的其他情形。

> **思考与梳理**
>
> 1.特殊医学用途配方食品的注册流程是怎样的?请制作简明易懂的注册流程图。
>
> _____
> _____
> _____
> _____
>
> 2.特殊医学用途配方食品分类及组成有哪些?请制作简明的思维导图。
>
> _____
> _____
> _____
> _____

四、进出口食品

(一)进出口食品概述

进口食品是指非本国品牌的食品,即其他国家和地区食品,包含在其他国家和地区生产并在国内分包装的食品。目前我国较为常见的进口食品种类包括:①休闲食品:糖果、巧克力、糕点、饼干、曲奇、干果蜜饯、肉脯干货、膨化食品等;②冲调饮品:果蔬汁、纯净/矿物质水、碳酸饮料、养生冲饮、茶饮、咖啡等;③粮油/调味品:橄榄油、速食/面类、罐头、调味品、意大利面/面酱等;④水果类:进口水果;⑤母婴用品:进口奶粉、进口辅食、进口营养品等。

出口食品,是指由我国生产加工的,并出口销售至其他国家和地区的食品。目前,我国较为常见的出口食品种类包括:饮料饮品、餐饮食品、果蔬饮料、植物蛋白饮料、茶饮料(绿茶、红茶、乌龙茶等)、休闲食品、方便食品、糖果糕点、调味品、水产品、海产品、酒类(白酒、啤酒、葡萄酒、黄酒、果酒等)、地理标志产品、土特产、食用油、花生油、棕榈油、山茶油、橄榄油、玉米油、优质大米、有机大米、有机食品、新鲜蔬菜、脱水蔬菜、新鲜水果、鲜活农产品等。

食品安全事件是影响我国出口食品占国际市场份额的重要因素,目前我国是世界上遭受反倾销最严重的国家之一,其中食品反倾销案件更是不在少数,这给我国的食品出口企业造成了巨大损失。一些国家和国家集团,通过提高检验检测标准,利用技术性贸易壁垒封杀我国出口食品,也是我国食品出口的一大阻碍。因此,国家出入境检验检疫部门对进出口食品安全实施严格监督管理显得尤为重要。

(二)进出口食品安全的监管

进出口食品安全的主管机构是原国家质量监督检验检疫总局,职能部门是进出口食品安全局、中国国家认证认可监督管理局、动植物检疫监管司等。各地出入境检验检疫局由原国家质量监督检验检疫总局直接领导垂直管理,负责进出口食品的监管,进口食品实行商品最终检验,出口食品实行全程监管检验。管理体系主要包括食品安全标准体系、食品安全风险评价体系、食品安全检验检测体系、食品认证认可体系。2010年原国家质量监督检验检疫总局局务会议审议通过的《进出口食品安全管理办法》以及2015年实施的新《食品安全法》在此基础上对进出口食品的监管进行了一定调整。2018年国务院行政机构改革,出入境检验检疫划入海关总署,但依旧承担进出口食品监管职能。

1. 监管主体

国家出入境检验检疫部门是进出口食品的监管主体。进口食品进入国内流通环节的监管主体为县级以上食品安全监督管理部门。县级以上人民政府食品安全监督管理部门对国内市场上销售的进口食品实施监督管理,发现存在严重食品安全问题的,国务院食品安全监督管理部门应当及时向国家出入境检验检疫部门通报,该部门应当及时采取相应措施。此举明确划分了各职能部门对进口食品的监管界限,有利于各食品监管部门各司其职,避免互相推诿,提高监管效能。

2. 检验检疫相关法律、法规及规章要求

进口的食品、食品添加剂应当经出入境检验检疫机构依照进出口商品检验相关法律、行政法规的规定检验合格且随附合格证明材料。境外出口商、境外生产企业应当保证向我国出口的食品、食品添加剂、食品相关产品符合新《食品安全法》规定以及我国其他有关法律、法规的规定和食品安全国家标准的要求,并对标签、说明书的内容负责。

3. 出口食品监管模式

新《食品安全法》第九十九条"出口食品生产企业应当保证其出口食品符合进口国(地区)的标准或者合同要求"改变了原《食品安全法》第六十八条"出口的食品由出入境检验检疫机构进行监督、抽检,海关凭出入境检验检疫机构签发的通关证明放行",为此检验检疫部门要及时调整对出口食品的监管方式,通过境外通报、群众举报等方式加强对出口食品的后续监管,及时发现企业的不法行为,对相关企业实行监管。

4. 进出口食品的监管制度

向我国境内出口食品的境外出口商或者代理商、进口食品的进口商应当向国家出入境检验检疫部门备案。进口商应当建立食品、食品添加剂进口和销售记录制度,如实记录食品、食品添加剂的名称、规格、数量、生产日期、生产或者进口批号、保质期、境外出口商和购货者名称、地址及联系方式、交货日期等内容,并保存相关凭证。

向我国境内出口食品的境外食品生产企业应当在国家出入境检验检疫部门注册。此外,国家出入境检验检疫部门应当对进出口食品的进口商、出口商和出口食品生产企业实施信用管理,建立信用记录并予以公布。对有不良记录的进口商、出口商和出口食品生产企业,应当加强对其进出口食品的检验检疫。

国家出入境检验检疫部门可以对向我国境内出口食品的国家(地区)的食品安全管理体系和食品安全状况进行评估和审查,并根据评估和审查结果,确定相应检验检疫要求。已经注册的境外食品生产企业提供虚假材料,或者因其自身致使进口食品发生重大食品安全事故的,国家出入境检验检疫部门应当撤销注册,并予以公告且应当定期公布已经备案的境外出口商、代理商、进口商和已经注册的境外食品生产企业名单。

5. 与地方政府及相关部门联动

新《食品安全法》第九十五条不仅规定了国家出入境检验检疫部门应当向国务院食品安全监督管理、卫生行政、农业行政部门通报境外发生的食品安全事件或者在进口食品中发现的严重食品安全问题,而且还规定了国务院食品安全监督管理部门应当及时向国家出入境检验检疫部门通报国内市场上销售的进口食品中发现存在的严重食品安全问题,明确了检验检疫部门与相关部门间的互联互通。通过与相关政府部门的互动,出入境检验检疫部门就能及时掌握进口食品的安全状况,更好地进行风险性评估,提高进出口食品的监管成效。

国家出入境检验检疫部门应当收集、汇总下列进出口食品安全信息,并及时通报相关部门、机构和企业:①出入境检验检疫机构对进出口食品实施检验检疫发现的食品安全信息;②食品行业协会、消费者反映的进口食品安全信息;③国际组织、境外政府机构发布的食品安全信息、风险预警信息以及境外食品行业协会等组织、消费者反映的食品安全信息;④其他食品安全信息。

> **思考与梳理**
>
> 1. 进出口食品应当符合哪些标准?请罗列。
>
> 2. 请详述进出口食品的监管制度。

五、新食品原料

(一)新食品原料概述

2013年我国《新食品原料安全性审查管理办法》颁布生效,实行了近30年的新资源食品制度发展为新食品原料制度,新资源食品概念被新食品原料代替。新食品原料在范围上涵盖了过去新资源食品的内容。

《新食品原料安全性审查管理办法》指出新食品原料是指在我国无传统食用习惯的以下物品:①动物、植物和微生物;②从动物、植物和微生物中分离的成分;③原有结构发生改变的食品成分;④其他新研制的食品原料,但不包括转基因食品、保健食品、食品添加剂新品种。

新食品原料应当具有食品原料的特性,符合应当有的营养要求,且无毒、无害,对人体健康不造成任何急性、亚急性、慢性或者其他潜在性危害。《新食品原料安全性审查管理办法》明确指出,新食品原料不包括转基因食品。《新食品原料安全性审查管理办法》删除了2007年《新资源食品管理办法》中"加工过程中使用的微生物新品种",因无此类产品申报,也因存在合成等新科技产品,所以增加了"其他新研制的食品原料"。

(二)新食品原料的监管

1. 法律依据

中国是世界上较早制定新资源食品管理制度的国家。1987年原卫生部根据《食品卫生法(试行)》第二十二条规定出台《食品新资源卫生管理办法》,1990年对此办法进行了修订,规定了新资源食品的试生产制度、新资源食品在正式生产前必须进行试生产,试生产期限为2年。随着《食品卫生法》的正式实施,2006年原卫生部部务会议讨论通过《新资源食品管理办法》,以加强对新资源食品的监督管理,保障消费者身体健康。2009年《食品安全法》发布,其中第四十四条规定"申请利用新的食品原料从事食品生产或者从事食品添加剂新品种、食品相关产品新品种生产活动的单位或者个人,应当向国务院卫生行政部门提交相关产品的安全性评估材料"。2009年《食品安全法》把"新食品资源"概念更改为"新的食品原料",新食品原料在2015年修订时继续沿用。

为与之相衔接,更为了解决《新资源食品管理办法》实施过程中存在的有关问题:实质等同问题(无量化指标,缺乏实际可操作性)、现场核查问题(无具体规定,缺乏可操作性)、交叉管理问题、与其他产品的界定问题、判定难问题等,2013年原国家卫生和计划生育委员会令第1号公布《新食品原料安全性审查管理办法》,废止原卫生部2007年公布的《新资源食品管理办法》。2014年原国家卫生和计划生育委员会在"新食品原料、普通食品和保健食品有关问题的说明"中,明确新食品原料、普通食品的界定与管理。

从1987年的《食品新资源卫生管理办法》,到2007年《新资源食品管理办法》,再到2013年《新食品原料安全性审查管理办法》,我国的新食品原料管理完成了从产品管理向原料管理的过渡,体现了法律的演变、与国际接轨、从源头管理。

新办法修改了定义、范围,增加了新食品原料的属性要求、网上申报内容和征求意见的程序、风险评估报告要求,补充并完善了新食品原料现场核查要求,调整了实质等同判定主体,完善了评审结论的处理程序,删除了生产经营和卫生监督相关内容。更好地贯彻落实了《食品安全法》对新食品原料管理的要求,进一步明确了新食品原料许可职责、程序和要求。

2. 新食品原料的安全性审查和许可

《新食品原料安全审查管理办法》针对新食品原料要落实管理办法,强化管理。新办法第四条和第五条规定:新食品原料应当经过国家行政部门安全性审查后,方可用于食品生产经营,国家卫生行政部门负责新食品原料安全性评价材料的审查和许可工作。国家卫生行政部门所属卫生监督中心承担新食品原料安全性评估材料的申报受理、组织开展安全性评估材料的审查等具体工作。

拟从事新食品原料生产、使用或者进口的单位或者个人,应当提出申请并提交以下材料,申请者对材料的真实性负责,并承担相应的法律责任:①申请表;②新食品原料研制报告;③安全性评估报告;④生产工艺;⑤执行的相关标准(包括安全要求、质量规格、检验方法等);⑥标签及说明书;⑦国内外研究利用情况和相关安全性评估资料;⑧有助于评审的其他资料。

另附未启封的产品样品1件或者原料30 g。申请进口新食品原料的,除提交以上规定的材料外,还应当提交出口国(地区)相关部门或者机构出具的允许该产品在本国(地区)生产或者销售的证明材料以及生产企业所在国(地区)有关机构或者组织出具的对生产企业审查或者认证的证明材料。

国家卫生行政部门受理新食品原料申请后,向社会公开征求意见(充分体现"一家申报、多家受益"),并组织专家对新食品原料安全性评估材料(包括卫生学检验报告、毒理学检验报告和风险评估报告等)进行审查,必要时对生产工艺进行现场核查,根据其安全性作出审查结论,对符合食品安全要求的,准予许可并予以公告。新食品原料安全性评估材料审查和许可的具体程序按照《行政许可法》及《卫生行政许可管理办法》等有关法律、法规的规定执行。

《新食品原料安全性审查管理办法》规定,有下列情形之一的,国家卫生行政部门应当及时组织对已公布的新食品原料进行重新审查:①随着科学技术的发展,对新食品原料的安全性产生怀疑的;②有证据表明新食品原料的安全性可能存在问题的;③其他需要重新审查的情形。对重新审查不符合食品安全要求的新食品原料,国家卫生行政部门可以撤销许可。

《新食品原料安全性审查管理办法》指出,相关申请人隐瞒有关情况或者提供虚假材料申请新食品原料许可的,国家卫生行政部门将不予受理或者不予许可,并给予警告,且申请人在一年内不得再次申请该新食品原料许可。以欺骗、贿赂等不正当手段通过新食品原料安全性评估材料审查并取得许可的,国家卫生行政部门将撤销许可。

> **思考与梳理**
>
> 新食品原料申报流程是什么？请制作流程图。
>
> _____
>
> _____
>
> _____

六、转基因食品

（一）转基因食品概述

转基因食品（Genetically Modified Food，GMF）指通过转基因技术将有利的基因转移到另外一种特定生物上去而得到转基因生物，目的是使其获得有利特性，如增强动植物的抗病虫害能力、提高营养成分等，由此可增加食品的种类、提高产量、改变营养成分的构成、延长货架期等。由此类生物制成的食品或食品添加剂就是转基因食品。

目前对转基因食品尚无明确分类，依据的标准不同分类也不同。根据转基因食品来源不同可分为：①植物性转基因食品：即含有以转基因的植物为原料的转基因食品，这类食品比较多。例如，为了培育抗虫玉米，向玉米中转入一种来自苏云金杆菌的基因，它仅能导致鳞翅目昆虫死亡，因为只有鳞翅目昆虫有这种基因编码的蛋白质的特异受体，而人类及其他动物、昆虫均没有这样的受体，所以培育出的玉米对人无毒害作用，但能抗虫。②动物性转基因食品：即含有以转基因的动物为原料的转基因食品。例如，在牛体内转入某些具有特定功能的人的基因，就可以利用牛乳生产基因工程药物，用于人类疾病的治疗。③微生物转基因食品：即含有以转基因的微生物为原料的转基因食品。例如，生产奶酪的凝乳酶，以往只能从杀死的小牛的胃中取出，现在利用转基因微生物已能够使凝乳酶在体外大量产生，避免了小牛的无辜死亡，也降低了生产成本。④转基因特殊食品：例如，科学家利用生物遗传工程，将普通的蔬菜、水果、粮食等农作物，变成能预防疾病的神奇的"疫苗食品"，使人们在品尝鲜果美味的同时，达到防病的目的。

根据食品中转基因的不同功能分类：①增产型转基因食品；②控熟型转基因食品；③高营养型转基因食品；④保健型转基因食品；⑤新品种型转基因食品。目前批量化生产的转基因食品中，转基因植物及其衍生品占90%以上，因此现阶段所提及的转基因食品实际上主要指转基因植物性食品。

（二）转基因食品的监管

我国一直非常重视转基因作物和转基因食品的管理。20世纪80年代，国务院有关部门相继颁布了一系列的相关规定，使农业转基因生物的安全管理工作走上了法治化轨道。1993年原国家科学技术委员会(现科技部)发布了《基因工程安全管理办法》，主要从技术角度对转基因生物进行宏观管理，用于指导全国的基因工程研究和开发工作，为我国的基因工程管理建立了一个明确而有效的管理框架。办法按照潜在的危险程度将基因工程分为对人类健康和生态环境尚不存在危险、具有低度危险、具有中度危险、具有高度危险四个等级。规定从事基因工程实验研究的同时，还应当进行安全性评价，其重点是目的基因、载体、宿主和遗传工程体的致病性、致癌性、抗药性、转移性和生态环境效应以及确定生物控制和物理控制等级。

2000年原国家环境保护总局制定了《中国国家生物安全框架》，提出了我国在生物安全方面的政策体系、法规框架、风险评估、风险管理技术准则等。同年7月第九届全国人民代表大会常务委员会第十六次会议通过的《中华人民共和国种子法》对转基因植物作出了规定，如转基因植物品种的选育、试验、审定和推广应该进行安全性评价，应采取严格的安全性控制措施，销售转基因植物品种种子的必须用明显方式标注，并应提示使用的安全控制措施。该法于2004年、2013年进行了两次修正。新修订的《中华人民共和国种子法》已由第十二届全国人民代表大会常务委员会第十七次会议于2015年11月4日修订通过，自2016年1月1日起施行。

2001年国务院以304号令发布了《农业转基因生物安全管理条例》，条例中对农业转基因生物进行了定义，规定了生产、加工要取得生产许可证；经营要取得经营许可证。要求在中国境内销售列入目录的农业转基因生物有明显的标志，并要进行标识。对进口与出口作了相应的规定。国家对农业转基因生物安全实行分级管理评价制度，从事农业转基因生物研究或进行中间试验的报告及审批制度，农业转基因生物投入生产和应用前申请转基因生物的审批制度以及农业转基因生物在经营过程中的标识制度。所有出口到中国的转基因生物以及加工的原料，都需要我国颁布的转基因生物安全证书，如果不符合要求，要退货或者销毁处理。

2002年原农业部发布三个配套细则：《农业转基因生物进口安全管理办法》《农业转基因生物标识管理办法》《农业转基因生物安全许可管理办法》，从实验研究、中间试验、环境释放、商业化生产等方面进行全面管理。其中《农业转基因生物标识管理办法》规定，对转基因食品及含有转基因成分的食品实行产品标识制度。第一批被贴上标签的食品包括大豆种子、大豆、大豆粉、大豆油、玉米种子、玉米油、玉米粉、油菜种子、油菜籽、油菜籽油、油菜籽粕、棉花种子、番茄种子、鲜番茄、番茄酱。

2006年原农业部审议通过《农业转基因生物加工审批办法》，它明确了从事农业转基因生物加工应具备的条件，并提出从事农业转基因生物加工的单位和个人应当取得加工所在地省级人民政府农业行政主管部门颁发的《农业转基因生物加工许可证》，才能生产加工。

截至目前，我国转基因食品安全制度经历了快速的变迁。我国政府非常关注生物技术食品的安全，采取了一系列的严格管理措施，对转基因食品从实验研究到商品化生产的全过程进行了安全性评价和监控管理，随着2005年加入联合国《卡塔赫纳生物安全议定书》，我国转基因食品安全制度正逐步朝着国际普遍标准规范化的方向发展，对保障人类和环境安全有重要意义。

> **思考与梳理**
>
> 在我国被批准的转基因食品有哪些？请列举其中一种，详细阐述其监管措施。
> _____
> _____
> _____
> _____

实践训练

婴幼儿配方乳粉产品注册申请资料填写

一、国产婴幼儿配方乳粉产品配方注册申请书

填写国产婴幼儿配方乳粉产品配方注册申请书，填写过程中注意避免标识的常见错误。

受理编号：国食注申 YP
受理日期：　　年　　月　　日

国产婴幼儿配方乳粉产品配方
注册申请书

产品名称（中文）××婴儿配方乳粉（0～6月龄，1段）

> 为不规范的汉字，或是字母、图形、符号等。如含有 A、+、©等

填表说明

1. 申请人登录国家市场监督管理总局网站,按规定格式和内容填写并打印本申请书。
2. 本申请书及所有申请材料均须打印。
3. 本申请书内容应完整、清楚、不得涂改。
4. 填写本申请书前,请认真阅读有关法规及申请与受理规定。未按要求申请的产品,将不予受理。

产品情况			
产品名称	商品名称	×××——为不规范的文字	
	通用名称	婴儿配方乳粉(0～6月龄,1段)	
适用月龄	0～6月龄		
工艺类别	×××工艺		
申请人情况			
申请人	××公司——与营业执照不一致		
□申请人组织机构代码	×××——填写非有效期内组织机构代码证编号		
□申请人统一社会信用代码	×××——填写非有效期内统一社会信用代码		
法定代表人	张××——与营业执照登记内容不一致		
生产地址	××——不是申请企业的试剂生产场地详细地址,许可证上有省份,未填写省份		
通信地址	×××——不是实际通信地址		
电子邮编	×××@×××		
联系人	王×××	联系电话——不是办理注册事务工作人员的真实联系方式及信息	手机或固定电话
传真	×××	邮编	×××

(续表)

其他需要说明的问题

（说明产品配方是否为已经上市销售产品的配方，如为已上市销售产品的配方，应当说明产品名称、上市销售时间、销售国家或者区域等情况。）

> 已上市产品未填报相关信息

申请人承诺书

本产品申请人保证：1.本申请遵守《中华人民共和国食品安全法》《中华人民共和国食品安全法实施条例》《婴幼儿配方乳粉产品配方注册管理办法》等法律、法规和规章的规定。2.申请书内容及所附材料均真实、合法，未侵犯他人的权益。其中试验研究的方法和数据均为本产品所采用的方法和由检测本产品得到的试验数据。一并提交的电子文件与打印文件、复印件内容完全一致。如查有不实之处，我们承担由此导致的一切法律后果。

申请人（签章）　　　　申请人法定代表人（签字）　　　　　　年　月　日

所附材料（请在所提供材料前的□内打"√"）
□1.婴幼儿配方乳粉产品配方注册申请书；
□2.申请人主体资质证明文件；
□3.原辅料的质量安全标准；
□4.产品配方；
□5.产品配方研发论证报告；
□6.生产工艺说明；
□7.产品检验报告；
□8.研发能力、生产能力、检验能力的证明材料；
□9.说明书和标签样稿及其声称的说明、证明材料。

二、进口婴幼儿配方乳粉产品配方注册申请书填写

填写进口婴幼儿配方乳粉产品配方注册申请书,填写过程中注意避免标识的常见错误。

进口婴幼儿配方乳粉产品配方
注册申请书

产品名称(中文)××婴儿配方乳粉(0~6月龄,1段)

> 为不规范的汉字,或是字母、图形、符号等。如含有A、+、©等

填表说明

1. 申请人登录国家市场监督管理总局网站,按规定格式和内容填写并打印本申请书。
2. 本申请书及所有申请材料均须打印。
3. 本申请书内容应完整、清楚、不得涂改。
4. 填写本申请书前,请认真阅读有关法规及申请与受理规定。未按要求申请的产品,将不予受理。

产品情况		
产品名称	商品名称	××× ——为不规范的文字
	通用名称	婴儿配方乳粉(0~6月龄,1段)
	英文名称	××× ——与中文名称没有对应关系
适用月龄	0~6月龄	
工艺类别	×××工艺	
申请人情况		
申请人	中文	填写实际生产企业的中文名称
	英文	填写实际生产企业的名称
申请人国家/地区	填写实际生产企业所在的国家或地区	
法定代表人	×××	

(续表)

生产地址	填写申请企业的实际生产场地的详细地址		
联系电话	×××		

境内申报机构

申报机构名称	填写申报机构营业执照上的注册名称		
法定代表人	张×× ——与申报机构营业执照填写的不一致		
通信地址	填写申报机构的详细地址		
电子邮箱	×××@×××		
联系人	李××	联系电话——不是办理注册事务工作人员的真实联系方式及信息	手机或固定电话
传真	×××	邮编	×××

其他需要说明的问题

申请人承诺书

　　本产品申请人保证:1.本申请遵守《中华人民共和国食品安全法》《中华人民共和国食品安全法实施条例》《婴幼儿配方乳粉产品配方注册管理办法》等法律、法规和规章的规定。2.申请书内容及所附材料均为真实、合法,未侵犯他人的权益。其中试验研究的方法和数据均为本产品所采用的方法和由检测本产品得到的试验数据。一并提交的电子文件与打印文件、复印件内容完全一致。如查有不实之处,我们承担由此导致的一切法律后果。

申请人(签章)　　　　　　　申请人法定代表人(签字)

　　　　　　　　　　　　　　　　　　　　　　年　月　日

境内申报机构(签章)　　　　境内申报机构法定代表人(签字)

　　　　　　　　　　　　　　　　　　　　　　年　月　日

所附材料(请在所提供材料前的□内打"√")
□1.婴幼儿配方乳粉产品配方注册申请书;
□2.申请人主体资质证明文件;
□3.原辅料的质量安全标准;
□4.产品配方;
□5.产品配方研发论证报告;
□6.生产工艺说明;
□7.产品检验报告;
□8.研发能力、生产能力、检验能力的证明材料;
□9.说明书和标签样稿及其声称的说明、证明材料。

拓展资源

1.《食品安全国家标准 特殊医学用途婴儿配方食品通则》。
2.《新食品原料安全性审查管理办法》(2017年修正版)。

项目测试

一、单选题

❶ 配方豆粉通常以大豆蛋白为主要原料配制而成,对于(　　)或对牛乳蛋白过敏的婴幼儿较适用。

A. 消化不良　　　　　　　　B. 营养不良
C. 乳糖不耐受　　　　　　　D. 生长缓慢

❷ 特殊医学用途配方食品的审评机构应当自收到受理材料之日起(　　)个工作日内根据核查报告、检验报告及专家意见完成技术审评工作,并作出审查结论。

A. 60　　　　　　　　　　　B. 30
C. 40　　　　　　　　　　　D. 10

二、多选题

❶ 下列属于特殊食品的有(　　)。

A. 保健食品　　　　　　　　B. 转基因食品
C. 特殊医学用途配方食品　　D. 婴幼儿食品
E. 新食品原料　　　　　　　F. 进出口食品

❷ 根据转基因食品来源不同,转基因食品可分为(　　)。

A. 植物性转基因食品　　　　B. 动物性转基因食品
C. 微生物转基因食品　　　　D. 转基因特殊食品

❸ 新食品原料包括(　　)。

A. 动物、植物和微生物
B. 从动物、植物和微生物中分离的成分
C. 原有结构发生改变的食品成分
D. 其他新研制的食品原料临时检验方法

❹ 按照配方不同,婴幼儿配方食品主要可分为(　　)。

A. 配方乳粉　　　　　　　　B. 配方豆粉
C. 特殊配方食品

三、判断题

❶ 保健食品首先必须是食品,必须无毒无害。其所具有的"特定保健"作用必须明确、具体,而且经过科学实验所证实。可以取代人体正常膳食摄入和对各类营养素的需要。（　　）

❷ 出口食品,是指由我国生产加工的,并出口销售至其他国家和地区的食品。（　　）

❸ 保健食品备案是指保健食品生产企业依照法定程序、条件和要求,将表明产品安全性、保健功能和质量可控性的材料提交食品安全监督管理部门进行存档、公开、备查的过程。（　　）

项目九
食品安全监督抽检

学习目标

知识与技能目标

1. 了解食品安全监督抽检的目的和意义。
2. 熟悉食品安全监督抽样检验的重点食品。
3. 掌握食品安全监督抽样检验的方法。
4. 熟悉食品安全监督抽检的相关法规。
5. 能够正确填写食品安全抽样检验样品移交确认单和食品安全抽样检验抽样单等规范性资料。

素养目标

1. 养成认真负责、一丝不苟的工作态度。
2. 内化实事求是、求真务实的工作作风,提升职业责任感和使命感。

预习导图

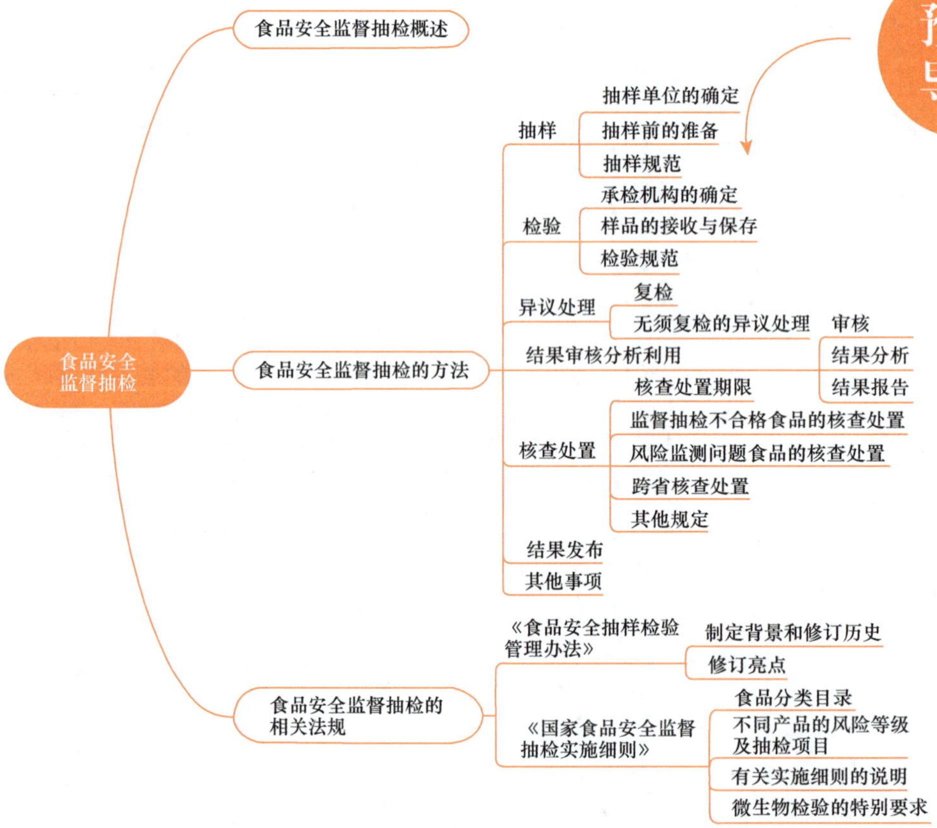

- 食品安全监督抽检
  - 食品安全监督抽检概述
  - 食品安全监督抽检的方法
    - 抽样
      - 抽样单位的确定
      - 抽样前的准备
      - 抽样规范
    - 检验
      - 承检机构的确定
      - 样品的接收与保存
      - 检验规范
    - 异议处理
      - 复检
      - 无须复检的异议处理
    - 结果审核分析利用
      - 审核
      - 结果分析
      - 结果报告
    - 核查处置
      - 核查处置期限
      - 监督抽检不合格食品的核查处置
      - 风险监测问题食品的核查处置
      - 跨省核查处置
      - 其他规定
    - 结果发布
    - 其他事项
  - 食品安全监督抽检的相关法规
    - 《食品安全抽样检验管理办法》
      - 制定背景和修订历史
      - 修订亮点
    - 《国家食品安全监督抽检实施细则》
      - 食品分类目录
      - 不同产品的风险等级及抽检项目
      - 有关实施细则的说明
      - 微生物检验的特别要求

基础知识

一、食品安全监督抽检概述

抽检制度一是长期用于政府的常规性检查,如在生产、流通、餐饮的现场,对环境因素和最终产品进行抽检;二是用于非常规监管,如案件稽查、专项整治、事故调查和应急处置等。同时,鉴于风险管理中"预防胜于治疗"的前瞻性理念,风险监测制度的引入也借助抽检来开展工作。

对于食品安全保障工作而言,抽检的意义在于:一是确认食品生产经营者自我控制和官方检查的实效,即终产品确实在公私合作规制下符合了食品安全标准的要求。否则,应当对违法行为进行处罚,包括行刑衔接的配合。二是通过抽检也可以发现风险隐患和安全问题,进而及时告知相关部门,并通过核查,防止危害扩大,同时终止及惩戒违规行为。三是将抽检的结果告知消费者,也可以保障消费者的知情权,并通过他们的力量倒逼企业的合规行为。比较而言,风险监测及对抽检的应用更符合当下预防为主的原则要求。

《食品安全抽样检验管理办法》规定,下列食品应当作为食品安全抽样检验工作计划的重点:①风险程度高以及污染水平呈上升趋势的食品;②流通范围广、消费量大、消费者投诉举报多的食品;③风险监测、监督检查、专项整治、案件稽查、事故调查、应急处置等工作表明存在较大隐患的食品;④专供婴幼儿和其他特定人群的主辅食品;⑤学校和托幼机构食堂以及旅游景区餐饮服务单位、中央厨房、集体用餐配送单位经营的食品;⑥有关部门公布的可能违法添加非食用物质的食品;⑦已在境外造成健康危害并有证据表明可能在国内产生危害的食品;⑧其他应当作为抽样检验工作重点的食品。

> **思考与梳理**
>
> 哪些食品是食品安全抽样检验的重点?
>
> _____
> _____
> _____
> _____

二、食品安全监督抽检的方法

(一)抽样

1. 抽样单位的确定

抽样单位由组织抽检监测工作的市场监管部门根据有关食品安全法律法规要求确定,可以是市场监管部门的执法监管机构,或委托具有法定资质的食品检验机构(以下称承检机构)承担。

抽样单位应建立食品抽样管理制度,明确岗位职责、抽样流程和工作纪律,加强对抽样人员的培训和指导,保证抽样工作质量。承检机构应当尊重科学,恪守职业道德,保证出具的检验数据和结论客观、公正,不得出具虚假检验报告;市场监管部门应当对承检机构的抽样检验工作进行监督检查。

2. 抽样前的准备

(1)抽样人员的确定

随机确定抽样人员,抽样人员应当熟悉食品安全法律、法规、规章和食品安全标准等相关规定。抽检监测工作实施抽检分离,抽样人员与检验人员不得为同一人。地方承担的抽检监测开展抽样工作前,各抽样单位应确定抽样人员名单,并将《国家食品安全抽检监测抽样人员名单上报表》报相关省级市场监管部门,由省级市场监管部门汇总后报国家市场监督管理总局(以下简称总局)食品安全抽检监测工作秘书处(以下简称秘书处)。总局本级开展的抽检监测由抽样单位将《国家食品安全抽检监测抽样人员名单上报表》报秘书处。

(2)抽样前培训

抽样单位应对抽样人员进行培训,培训内容包括《食品安全法》《食品安全抽样检验管理办法》《国家食品安全监督抽检实施细则》等相关法律法规及要求,并做好相关培训记录。

3. 抽样规范

(1)抽样

抽样工作不得预先通知被抽样食品生产经营者(包括进口商品在中国依法登记注册的代理商、进口商或经销商,以下简称被抽样单位)。

抽样人员不得少于2名,抽样时应向被抽样单位出示《国家食品安全抽样检验告知书》和抽样人员有效身份证件,告知被抽样单位阅读文书背面的被抽样单位须知,并向抽样单位告知抽检监测性质、抽检监测食品范围等相关信息。抽样单位为承检机构的,还应向被抽样单位出示《国家食品安全抽样检验任务委托书》。

抽样人员应当从食品生产者的成品库待销产品中或者从食品经营者仓库和用于经营的食品中随机抽取样品。至少有2名抽样人员同时现场抽取,不得由被抽样单位自行提供。抽样数量原则上应当满足检验和复检的要求。

(2)不予抽样的情形

抽样时,抽样人员应当核对被抽样单位的营业执照、许可证等资质证明文件。有下列情况之一且能提供有效证明的,不予抽样:①食品标签、包装、说明书标有"试制"或者"样品"等字样的;②有充分证据证明拟抽检监测的食品为被抽样单位全部用于出口的;③食品已经由食品生产经营者自行停止经营并单独存放、明确标注进行封存待处置的;④超过保质期或已腐败变质的;⑤被抽样单位有明显不符合有关法律法规和部门规章要求的情况;⑥法律、法规和规章规定的其他情形。

(3)封样

现场抽样的,样品一经抽取,抽样人员应在现场采取有效的防拆封措施,对检验样品和复检备份样品分别封样,并由抽样人员和被抽样食品生产经营者签字或者盖章确认,注明抽样日期。封条的材质、格式(横式或竖式)、尺寸大小可由抽样单位根据抽样需要确定。

开展网络食品安全抽样检验时,应当记录买样人员以及付款账户、注册账号、收货地址、联系方式等信息。买样人员应当通过截图、拍照或者录像等方式记录被抽样网络食品生产经营者信息、样品网页展示信息以及订单信息、支付记录等。抽样人员收到样品后,应当通过拍照或者录像等方式记录拆封过程,对递送包装、样品包装、样品贮运条件等进行查验,并对检验样品和复检备份样品分别封样。

(4)抽样单填写

抽样人员应当使用规定的《国家食品安全抽样检验抽样单》,详细完整记录抽样信息。抽样文书应当字迹工整、清楚,容易辨认,不得随意更改。如需要更改信息应当由被抽样单位签字或盖章确认。记录保存期限不得少于2年。

抽样单上被抽样单位名称应严格按照营业执照或其他相关法定资质证书填写。被抽样单位地址按照被抽样单位的实际地址填写,若在批发市场等食品经营单位抽样时,应记录被抽样单位摊位号。被抽样单位名称、地址与营业执照或其他相关法定资质证书上名称、地址不一致时,应在抽样单备注栏中注明。

抽样单上样品名称应按照食品标识信息填写。若无食品标识的,可根据被抽样单位提供的食品名称填写,须在备注栏中注明"样品名称由被抽样单位提供",并由被抽样单位签字确认。若标注的食品名称无法反映其真实属性,或使用俗名、简称时,应同时注明食品的"标称名称"和"(标准名称或真实属性名称)",如"稻花香(大米)"。

被抽样品为委托加工的,抽样单上被抽样单位信息应填写实际被抽样单位信息,标称的食品生产者信息填写被委托方信息,并在备注栏中注明委托方信息。

必要时,抽样单备注栏中还应注明食品加工工艺等信息。抽样单填写完毕后,被抽样单位应当在抽样单上签字或盖章确认。《国家食品安全监督抽检实施细则》中规定需要企业标准的,抽样人员应索要食品执行的企业标准文本复印件,并与样品一同移交承检机构。

(5)现场信息采集

抽样人员可通过拍照或录像等方式对被抽样品状态、食品库存及其他可能影响抽检监测结果的情形进行现场信息采集,包括:①被抽样单位外观照片,若被抽样单位悬挂厂牌的,应包含在照片内;②被抽样单位营业执照、许可证等法定资质证书复印件或照片;③抽样人员从样品堆中取样照片,应包含抽样人员和样品堆信息(可大致反映抽样基数);④从不同部位抽取的含有外包装的样品照片;⑤封样完毕后,所封样品码放整齐后的外观照片和封条近照;⑥同时包含所封样品、抽样人员和被抽样单位人员的照片;⑦填写完毕的抽样单、购物票据等在一起的照片;⑧其他需要采集的信息。

(6)样品的获取方式

抽样人员应向被抽样单位支付样品购置费并索取发票(或相关购物凭证)及所购样品明细,可现场支付费用或先出具《国家食品安全抽样检验样品购置费用告知书》随后支付费用。样品购置费的付款单位由组织抽检监测工作的市场监管部门指定。

(7)样品运输

抽取的样品应由抽样人员携带或寄送至承检机构,不得由被抽样单位自行寄送样品,原则上被抽样品应在5个工作日内送至承检机构,对保质期短的食品应及时送至承检机构。对于易碎品、冷藏、冷冻或其他特殊贮运条件等要求的食品样品,抽样人员应当采取适当措施,保证样品运输过程符合标准或样品标识要求的运输条件。

(8)拒绝抽样

被抽样单位拒绝或阻挠食品安全抽样工作的,抽样人员应认真取证,如实做好情况记录,告知拒绝抽样的后果,填写《国家食品安全抽样检验拒绝抽样认定书》,列明被抽样单位拒绝抽样的情况,报告有管辖权的市场监管部门进行处理,并及时报被抽样单位所在地级市场监管部门。

(9)抽样文书的交付

抽样人员应将填写完整的《国家食品安全抽样检验告知书》、《国家食品安全抽样检验抽样单》和《国家食品安全抽样检验工作质量及工作纪律反馈单》交给被抽样单位,并告知被抽样单位如对抽样工作有异议,将《国家食品安全抽样检验工作质量及工作纪律反馈单》填写完毕后寄送至组织抽检监测工作的省级市场监管部门,总局本级开展的抽检监测,将《国家食品安全抽样检验工作质量及工作纪律反馈单》寄送至秘书处。

(10)特殊情况的处置和上报

抽样中发现被抽样单位存在无营业执照、无食品生产许可证等法定资质或超许可范围生产经营等行为的,或发现被抽样单位生产经营的食品及原料没有合法来源或者存在违法行为的,应立即停止抽样,及时依法处置并上报被抽样单位所在地省级市场监管部门。抽样单位为承检机构的,应报告有管辖权的市场监管部门进行处理,并及时报被抽样单位所在地省级市场监管部门;总局本级实施的抽检监测抽样过程中发现的特殊情况还需报送秘书处。

另外,对仅用于风险监测的食品样品抽样不受抽样数量、抽样地点、被抽样单位是否具备合法资质等限制,并可简化告知被抽样单位抽样性质、现场信息采集等执行相关的程序。鼓励应用先进的信息化技术填写并交付相关抽样文书。

(二)检验

1. 承检机构的确定

承检机构应为获得食品检验资质认定的机构,具备与承检任务中食品品种、检测项目、检品数量相适应的检验检测能力,由组织抽检监测工作的省级市场监管部门按照有关规定确定。在开展抽检监测工作前应将《国家食品安全抽检监测承检机构上报表》报秘书处备案。承担总局本级的抽检监测任务的承检机构由总局遴选确定。

未经组织抽检监测工作的市场监管部门同意,承检机构不得分包或者转包检验任务。各级市场监管部门应积极支持配合承检机构开展工作,在样品采集、运输等方面提供必要的帮助。

2. 样品的接收与保存

承检机构接收样品时应当确认样品的外观、状态、封条完好,并确认样品与抽样文书的记录相符后,对检验和复检备份样品分别加贴相应标识。样品存在对检验结果或综合判定产生影响的情况,或与抽样文书的记录不符的,承检机构应拒收样品,并填写《国家食品安全抽样检验样品移交确认单》,告知抽样单位拒收原因。

承检机构应当建立样品保管制度,由2人以上负责样品的保管,严禁样品被随意调换、拆封。对于复检备份样品的调取或使用,应经相关负责人签字后方可进行。

3. 检验规范

（1）检验与记录

承检机构应严格按照国家安全抽检实施细则规定的项目和检验方法开展检验工作,不得擅自增加或者减少检验项目,不得擅自修改《国家食品安全监督抽检实施细则》中确定的检验方法,确保检验数据准确,在不影响样
品检验结果的情况下,承检机构应当尽可能将样品进行分装或者重新包装编号,以保证不会发生人为原因导致不公正的情况。检验原始记录必须如实填写,保证真实、准确、清晰;不得随意更改,更改处应当经检验员签字或盖章确认。

食品安全抽检的检验规范

（2）结果质量控制

承检机构应采取加标回收、人员比对、设备比对或实验室间比对等多种质控方式确保数据的准确性。

（3）检验报告

承检机构应当按规定的报告格式分别出具国家食品安全监督抽检检验报告和风险监测检验报告,检验报告的内容应当真实齐全、数据准确。原则上承检机构应在收到样品之日起20个工作日内出具检验报告。组织抽检监测工作的市场监管部门与承检机构另有约定的,从其约定。承检机构对其出具的检验报告的真实性和准确性负责。

（4）检验过程的特殊情况

检验过程中遇有样品失效或者其他情况致使检验无法进行的,承检机构必须如实记录有关情况,提供充分的证明材料,并将有关情况上报组织抽检监测工作的市场监管部门。

检验过程中发现被检样品可能对身体健康和生命安全造成严重危害的,承检机构应在发现问题并经确认无误后24小时内填写《食品安全抽样检验限时报告情况表》,将问题或有关情况报告被抽样单位所在地省级市场监管部门和秘书处,并抄报总局稽查局。在食品经营单位抽样的,还应报告标称食品生产者住所地的省级市场监管部门。承检机构同时将《食品安全抽样检验限时报告情况表》上传至中国市场检定研究院"食品安全抽检监测信息管理系统"（以下简称信息系统）,通过信息系统发送至相关单位。承检机构信息报告时,应确保对方收悉,并做好记录备查。

（5）检验报告发送

食品安全监督抽检的检验结论合格的,承检机构应当在检验结论作出后7个工作日内将检验结论报送组织抽检监测工作的市场监管部门。

食品安全监督抽检的检验结论不合格或发现问题样品的,承检机构应当在检验结论作出后2个工作日内,将不合格样品或问题样品检验报告及《国家食品安全抽样检验告知书》《国家食品安全抽样检验抽样单》《国家食品安全抽样检验结果通知书》等有关材料上传至信息系统。由秘书处负责通过信息系统实时发送给相关省级市场监管部门。

地方承担的抽检监测任务,当标称食品生产者与被抽样单位不在同一省级行政区域的,由组织抽检监测工作的省级市场监管部门通过信息系统及时将不合格样品信息或问题样品信息通报标称食品生产者住所地的省级市场监管部门,必要时可正式发文函告。省级市场监管部门收到监督抽检不合格检验结论后应在5个工作日内通知相关食品生产经营者,同时启动核查处置工作。

组织抽检监测工作的市场监管部门对检验报告发送有特殊要求的,按照其规定执行。

县级以上地方市场监管部门组织的监督抽检,检验结论表明不合格食品含有违法添加的非食用物质,或者存在致病性微生物、农药残留、兽药残留、重金属以及其他危害人体健康的物质严重超出标准限量等情形的,应当逐级报告至总局。

(6)复检备份样品的处理

对于未检出问题的样品,承检机构应当自检验结论作出之日起3个月内妥善保存复检备份样品;复检备份样品剩余保质期不足3个月的,应当保存至保质期结束。

检出问题的样品,应当自检验结论作出之日起6个月内妥善保存复检备份样品;复检备份样品剩余保质期不足6个月的,应当保存至保质期结束。

对超过保存期的复检备份样品,应进行妥善处理,并保留样品保存和处理记录。

(三)异议处理

食品安全抽检的复检

1. 复检

(1)复检申请

对检验结论有异议的被抽样食品生产经营者(以下简称"复检申请人")可以自收到食品安全监督抽检不合格检验结论之日起7个工作日内提出书面复检申请,并说明理由。在食品经营单位抽样的,被抽样单位或标称的食品生产者对检验结论有异议的,需双方协商统一后由其中一方提出。涉及委托加工关系的,委托方或被委托方对检验结论有异议的,需双方协商统一后由其中一方提出。

(2)复检受理

市场监管部门应当自收到复检申请材料之日起5个工作日内,出具受理或者不予受理通知书。不予受理的,应当书面说明理由。市场监管部门应当自出具受理通知书之日起5个工作日内,在公布的复检机构名录中,遵循便捷高效原则,随机确定复检机构进行复检。复检机构不得与初检机构为同一机构。客观原因导致不能及时确定复检机构的,可以延长5个工作日,并向申请人说明理由。复检机构与复检申请人存在日常检验业务委托等利害关系的,不得接受复检申请。

(3)复检规范

初检机构应当自复检机构确定后3个工作日内,将备份样品移交至复检机构。复检样品的递送方式由初检机构和申请人协商确定。

复检机构收到复检备份样品后,应当通过拍照或者录像等方式对备份样品外包装、封条等的完整性进行确认,填写《复检备份样品确认单》。复检备份样品如出现封条、包装被破坏,或其他对结果判定产生影响的情况,复检机构应在《复检备份样品确认单》上如实记录,并书面告知复检申请人及市场监管部门,终止复检。

复检机构应按照与初检机构一致的检验方法使用复检备份样品,对提出异议的项目进行复检,复检报告须给出食品是否合格的复检结论,并注明该结论是针对复检备份样品作出的。复检结论为最终检验结论。

必要时,初检机构可到复检机构实验室直接观察复检实施过程。

复检机构应当自收到备份样品之日起10个工作日内,向市场监管部门提交复检结论。市场监管部门与复检机构对时限另有约定的,从其约定。市场监管部门应当自收到复检结论之日起5个工作日内,将复检结论通知申请人。

(4) 复检费用

复检相关费用由复检申请人先行垫付,复检结论与初检机构检验结论一致的,复检费用由复检申请人自行承担;复检结论与初检机构检验结论不一致的,复检费用由抽样检验的部门承担,复检费用包括检验费用和样品递送产生的相关费用。

(5) 不予复检的情形

有下列情形之一的,复检机构不得予以复检:①检验结论显示微生物指标超标的;②复检备份样品超过保质期的;③逾期提出复检申请的;④其他原因导致备份样品无法实现复检目的的。

2. 无须复检的异议处理

被抽样单位对其生产经营食品的抽样过程、样品真实检验方法、标准适用等事项存在异议的可以依法提出异议处理申请。

对抽样过程有异议的,申请人应当在抽样完成后7工作日内;或对样品真实性、检验方法、标准适用等事项有异议的,应当自收到不合格检验结论通知之日起7个工作日内,向组织开展抽检监测的市场监管部门提出书面异议审核申请,并提交相关证明材料。总局本级开展的抽检监测,异议审核申请及相关证明材料应提交给异议提出单位所在地省级市场监管部门。省级市场监管部门应及时将异议审核申请及相关证明材料通过信息系统上传。省级市场监管部门组织对异议审核申请进行审核,并及时答复;当标称食品生产者与被抽样单位不在同一省级行政区域的,两地省级市场监管部门可针对异议审核申请协同审核。

异议申请材料不符合要求或者证明材料不齐全的,市场监管部门应当当场或者在5个工作日内一次告知申请人需要补正的全部内容。市场监管部门应当自收到申请材料之日起5个工作日内,出具受理或者不予受理通知书。不予受理的,应当书面说明理由。

逾期未提出异议的或者未提供有效证明材料的,视同无异议。

(四) 结果审核分析利用

1. 审核

各省级市场监管部门应及时组织审核地方承担的抽检监测的抽样信息、检验数据,总局本级的抽检监测结果数据由秘书处组织审核。

2. 结果分析

各省级市场监管部门应及时分析研判抽检监测结果,对可能存在区域性、系统性食品安全苗头性问题的,研究完善针对性监管措施或开展本行政区域范围内专项治理。

各省级市场监管部门应报送监督抽检和风险监测年度工作总结。总结中应至少包括抽检监测工作开展情况、食品安全抽检监测结果、发现的主要问题、数据分析利用情况以及工作经验和建议等。

3. 结果报告

秘书处应及时整理监督抽检、风险监测数据,组织食品安全抽检监测工作组牵头单位进行数据分析,按要求将数据结果和分析报告报送总局。对经分析认为可能存在系统性、行业性、区域性食品安全苗头性问题的,应及时报告总局。

(五)核查处置

1. 核查处置期限

省级市场监管部门收到不合格样品(问题样品)的检验报告(含总局本级抽检监测工作中发现和外省省级市场监管部门通报的检验报告)后,应于5个工作日内依法依职责启动对不合格食品(问题食品)生产经营者的核查处置。

2. 监督抽检不合格食品的核查处置

负责不合格食品核查处置的市场监管部门应监督食品生产经营者依法采取封存库存不合格食品,暂停生产、销售和使用不合格食品,召回不合格食品等措施控制食品安全风险。

对不合格食品生产经营者进行调查,并据调查情况立案,依法实施行政处罚;涉嫌犯罪的,应当依法及时移送公安机关。

监督不合格食品生产者开展问题原因的分析排查,限定期限完成整改,并在规定期限内提交整改报告。根据不合格食品生产者提交的整改报告开展复查,并加强对不合格食品及同种食品的跟踪抽检监测。

3. 风险监测问题食品的核查处置

省级市场监管部门可以组织相关领域专家对问题食品存在的风险隐患进行分析评价,分析评价结论表明相关食品存在安全隐患的,须向问题食品生产经营者发出《国家食品安全抽样检验风险隐患告知书》,并采取措施化解食品安全风险。

负责问题食品核查处置的部门可以监督食品生产经营者依法采取封存库存问题食品,暂停生产、销售和使用问题食品,召回问题食品等措施控制食品安全风险。

可以对问题食品生产经营者进行调查,存在违法行为的应当立案查处,必要时开展执法检查;涉嫌犯罪的,应当依法及时移送公安机关。可以监督问题食品生产者开展问题原因的分析排查,限定期限完成整改,并在规定期限内提交整改报告。根据问题食品生产者提交的整改报告开展复查,并加强对问题食品及同种食品的跟踪监测。

4. 跨省食品的核查处置

抽样地与标称的食品生产者住所地不在同一省级行政区域的,抽样地省级市场监管部门和标称的食品生产者住所地省级市场监管部门应根据工作需要及时互相通报核查处置情况。

核查处置中发现不合格食品(问题食品)流入外省,或者原辅料、食品添加剂等涉及外省的,发现地省级市场监管部门要及时通报相关省级市场监管部门,提出协助调查请求,并作为处置的主办单位,主动通报情况,积极沟通协调,跟踪处置进展;涉及的其他省级市场监管部门应积极协办,按要求时限反馈协查结果。

办理行政处罚案件时,需要其他地区市场监管部门协助调查、取证的,应当出具协助调查函。协助部门一般应当在接到协助调查函之日起15个工作日内完成相关工作;需要延期完成的,应当及时告知提出协查请求的部门。

各省级市场监管部门应建立健全核查处置联动机制,及时开展协查,通报核查处理情况。

5. 其他规定

(1) 从严查处

对监督抽检和风险监测过程中发现被检样品可能对身体健康和生命安全造成严重危害的,核查处置工作应当在24小时之内启动,并依法从严查处。

(2) 记入信用档案

不合格食品和问题食品核查处置工作应在3个月内完成,核查处置相关情况应记入食品生产经营者食品安全信用档案。

(3) 上报

各省级市场监管部门应将核查处置情况及时填报信息系统,并按月汇总后上报总局,对食品安全违法案件处置情况随时上报。

(六) 结果发布

国家和省级市场监管部门应当汇总分析食品安全监督抽检结果,并定期或者不定期对外公布。各级市场监管部门按照相关要求,认真做好结果发布工作。地方各级市场监管部门和参与抽检监测工作的单位未经总局授权,不得擅自发布国家食品安全监督抽检和风险监测结果。

(七) 其他事项

各省级市场监管部门可根据需要补充制定适用于本地工作的文书和表单,并报秘书处备案。

总局本级的抽检监测是指总局组织承检机构开展的食品抽检监测工作;地方承担的抽检监测是指各省级市场监管部门按照总局工作的部署和要求,组织承检机构按计划开展的本行政区域内食品抽检监测工作。

承担抽检监测任务的单位和人员应当遵守国家相关保密规定,抽检结果未经管理部门许可,不得向任何单位和个人泄露。

> **思考与梳理**
>
> 1. 食品安全监督抽检的抽样流程是怎样的?请制作简明易懂的抽样流程图。

> **思考与梳理**
>
> 2. 食品安全监督抽检的复检流程是怎样的,请制作简明易懂的复检流程图。
>
> _____
> _____
> _____
> _____

三、食品安全监督抽检的相关法规

(一)《食品安全抽样检验管理办法》

1. 制定背景和修订历史

2014 年原国家食品药品监督管理总局令第 11 号发布了《食品安全抽样检验管理办法》,自 2015 年 2 月 1 日起施行。《食品安全抽样检验管理办法》共七章五十三条,规定了食品安全抽样检验的原则、计划、抽样、检验、处理、法律责任等方面的内容。

为贯彻党中央、国务院决策部署,落实《关于深化改革加强食品安全工作的意见》和《地方党政领导干部食品安全责任制规定》的要求,进一步规范食品安全抽样检验工作,加强食品安全监管,保障公众身体健康和生命安全,根据《食品安全法》等法律法规,国家市场监督管理总局对《食品安全抽样检验管理办法》进行了修订。新《食品安全抽样检验管理办法》经 2019 年国家市场监管总局第 11 次常务会议审议通过,自 2019 年 10 月 1 日起实施。

2. 修订亮点

(1)完善食品安全抽样检验的含义和范围

着力提高监管的靶向性,根据工作目的和工作方式的不同,将食品安全抽检工作分为监督抽检、风险监测和评价性抽检。首次明确评价性抽检是指依据法定程序和食品安全标准等规定开展抽样检验,对市场上食品总体安全状况进行评估的活动,并明确可以参照本办法有关规定组织开展评价性抽检。同时,坚持原则性和灵活性相结合,对于评价性抽检以及餐饮食品、食用农产品的抽检,规定市场监管部门可以参照本办法关于食品安全监督抽检的规定组织开展。

(2)坚持问题导向,完善抽样程序要求

一是落实"双随机、一公开"要求,明确食品安全抽样工作应当遵守随机选取抽样对象、随机确定抽样人员的要求。二是针对现场抽样和网络抽样在权利义务告知、现场信息采集、封样、签字盖章确认等方面的区别,分别完善了现场抽样和网络抽样应当履行的程序要求,并对网络食品抽检方式、费用支付、信息采集、样品收集等作出规定。三是着力解决实践中的突出问题,对涉及抽样、检验、样品移交等各环节时限依法作了进一步明确和完善。四是坚持包容审慎监管,明确市场监管部门可以参照本办法关于网络食品安全监督抽检的规定对自动售卖机、无人超市等没有实际经营人员的食品经营者组织实施抽样检验。

(3)完善复检程序规定

调整了申请复检时限、复检机构确定方式,明确复检备份样品移交、报告提交、结果通报等各环节工作时限。规定复检备份样品确认由复检机构实施并记录,改变既往复检机构、初检机构、复检申请人三方确认的做法,提高工作效率。

(4)完善抽样异议处理程序

依法保障食品生产经营者权益,将抽样、检验及判定依据纳入异议申请范围,针对不同的异议情形明确异议提出主体。同时,补充完善了异议提出、受理、审核、结果通报等各环节时限和程序等相关规定要求,提高工作效率。

(5)强化核查处置措施

落实属地监管责任,完善监督抽检信息通报机制,进一步明确总局组织的抽检、涉及跨省级行政区域、地方组织的抽检以及网络抽检不合格食品的通报程序,并明确通过食品安全抽样检验信息系统进行通报,提高通报时效性,使监管部门及时处置、控制风险。

(6)落实"四个最严"要求

严格抽样管理,要求抽样单位建立食品抽样管理制度,明确岗位职责、抽样流程和工作纪律,加强对抽样人员的培训和指导,保证抽样工作质量。严格检验标准,明确监督抽检应当采用食品安全标准规定的检验项目和检验方法。严格承检机构管理,明确承检机构进行检验应当尊重科学,恪守职业道德,保证出具的检验数据和结论客观、公正,不得出具虚假检验报告。同时,落实《食品安全法》及其实施条例,规定没有食品安全标准的,应当采用依照法律法规制定的临时限量值、临时检验方法或者补充检验方法。

(7)强化法律责任

一是依法加大了对食品生产经营者无正当理由拒绝、阻挠或者干涉抽样检验、风险监测和调查处理、拒不召回或者停止经营以及提供虚假证明材料申请异议的处罚力度。二是强化信用惩戒,规定监督抽检结果和不合格食品核查处置的相关信息除依法公示外,还要按要求记入食品生产经营者信用档案;受到的行政处罚等信息还要依法归集至国家企业信用信息公示系统。对存在严重违法失信行为的,按规定实施联合惩戒。三是强化承检机构管理责任,对存在违法行为的,除依法处理外,规定市场监管部门五年不得委托其承担抽样检验任务;调换样品、伪造检验数据或者出具虚假检验报告的,终身不再委托。四是强化复检机构承担复检任务的约束,明确无正当理由一年内两次拒绝承担复检任务的,撤销其复检机构资质并向社会公布。

(二)《国家食品安全监督抽检实施细则》

国家市场监管总局每年都会出台《国家食品安全监督抽检实施细则》,发布当年的食品安全监督抽检计划和各品类食品抽检的项目,每年都会有些变化。

1. 食品分类目录

抽检项目是按照食品的分类来进行的,食品的大类共分为 34 类,分别是:粮食加工品;食用油、油脂及其制品;调味品;肉制品;乳制品;饮料;方便食品;饼干;罐头;冷冻饮品;速冻食品;薯类和膨化食品;糖果制品;茶叶及相关制品;酒类;蔬菜制品;水果制品;炒货食品及坚果制品;蛋制品;可可及焙烤咖啡产品;食糖;水产制品;淀粉及淀粉食品;糕点;豆制品;蜂产品;保健食品;特殊膳食食品;特殊医学配方食品;婴幼儿配方食品;餐饮食品;食用农产品;食品添加剂;食盐。

2. 不同产品的风险等级及抽检项目

为提升食品安全水平,提高食品安全监督抽检工作的靶向性和可操作性,市场监管总局每年会组织印发食品安全监督抽检计划,其中规定了该年度食品安全抽检品种和食用农产品抽检品种等,并且每年还出台《国家食品安全监督抽检实施细则》,详细介绍各品种的检测项目、检测方法及判定标准等,对监督抽检的适用范围、产品种类、检验依据、抽样、检验要求、判定原则与结论提出统一要求。

3. 有关实施细则的说明

在依据基础标准如《食品安全国家标准 食品添加剂使用标准》(GB 2760—2024)、《食品安全国家标准 食品中真菌毒素限量》(GB 2761—2017)、《食品安全国家标准 食品中污染物限量》(GB 2762—2022)、《食品安全国家标准 食品中农药最大残留限量》(GB 2763—2021)、《食品安全国家标准 预包装食品中致病菌限量》(GB 29921—2021)、《食品安全国家标准 食品中兽药最大残留限量》(GB 31650—2019)等判定时,食品分类应按基础标准的食品分类体系判断。例如对芝麻酱的污染物进行判定时,应依据《食品安全国家标准 食品中污染物限量》(GB 2762—2022)的食品分类体系,将其归属于坚果与籽类食品;又如对芹菜的污染物进行判定时,应依据《食品安全国家标准 食品中污染物限量》(GB 2762—2022)的食品分类体系,将其归属为茎类蔬菜,而对其农药残留项目进行判定时,应依据《食品安全国家标准 食品中农药最大残留限量》(GB 2763—2021)的食品分类体系,将其归属为叶菜类蔬菜。

食品安全国家标准有指定检验方法的,按照食品安全国家标准指定检验方法实施,如《食品安全国家标准 食品中污染物限量》(GB 2762—2022)、《食品安全国家标准 食品中农药最大残留限量》(GB 2763—2021)等标准中相关检验项目的检验方法等;对于检验方法有食品安全国家标准检验方法的,应采用适用的食品安全国家标准检验方法,如酱油氨基酸态氮项目应采用《食品安全国家标准 食品中氨基酸态氮的测定》(GB 5009.235—2016);没有食品安全国家标准检验方法的,原则上应采用本细则规定的检验方法标准,如《食品安全国家标准 食品添加剂使用标准》(GB 2760—2024)、《食品安全国家标准 食品中兽药最大残留限量》(GB 31650—2019)等标准中部分检验项目的检验方法;本细则规定的检验方法标准定量限(检出限、测定低限等)不满足产品明示标准限量要求时,使用产品明示标准规定的配套检验方法,如执行《绿色食品食用盐》(NY/T 1040—2021)、生产日期在2021年11月1日之前的产品其亚铁氰化钾/亚铁氰化钠项目的检验方法应选择《制盐工业通用试验方法亚铁氰根的测定》(GB/T 13025.10—2012)。细则中有特别规定的从其规定,如保健食品中"功效/标志性成分"检验方法的规定。

蔬菜、水果监督抽检范围应为细则规定的蔬菜、水果品种。蔬菜(除豆芽外)、水果的分类和品种名称以《食品安全国家标准　食品中农药最大残留限量》(GB 2763—2021)中的食品类别为准。例如紫包菜在《食品安全国家标准　食品中农药最大残留限量》(GB 2763—2021)中为赤球甘蓝,与结球甘蓝是不同品种的蔬菜,不在本细则抽检范围。

以罐头工艺加工或经商业无菌生产的食品,其微生物项目仅检测商业无菌,食品安全标准中另有规定的,如番茄酱罐头、番茄酱与番茄汁婴幼儿罐装辅助食品等按其食品安全标准规定执行。

在销售环节和餐饮环节,从大包装食品中分装取出的样品不进行微生物检验。在生产环节,从大包装食品中分装取出的样品,有微生物检验要求的应检测,抽样时应注意以下几点:①应由企业在抽样人员在场的情况下,在包装车间或企业自行选择的其他清洁作业区内进行样品分装并密封,样品盛装于企业用于销售的包装或清洁卫生的容器中。②对于二级或三级采样方案,应从5个大包装中分别取出样品用于微生物检验。对于液态大包装样品,应在采样前摇动液体,使其达到均质;对于固态大包装样品,应从同一包装的不同部位分别取出适量样品混合。③在抽样单上注明"样品由企业在清洁作业区分装"等类似文字。各类食品细则中另有规定的,按其规定执行。

《食品安全国家标准　食品中铝的测定》(GB 5009.182—2017)第二法和第三法适用于面制品、豆制品、虾味片、烘焙食品等样品中铝残留量的检测,相关干样制备参照第一法中相应的干燥条件进行。

防腐剂或相同色泽着色剂混合使用时各自用量占其最大使用量的比例之和,结果超过1,且检出两种及以上防腐剂或相同色泽着色剂(均为标准中允许使用的)时,在检验报告中出具该项目。除此之外,不在检验报告中出具该项目。

4. 微生物检验的特别要求

食品安全监督抽检微生物检验原始记录须包含以下信息:①样品编号;②以"年、月、日"格式记录的检测起始日期;③检测地点;④检测项目、检测依据;⑤培养箱、天平、均质器(适用时)、细菌生化鉴定系统(适用时)、pH计(适用时)等关键检测设备的名称和编号;⑥检测关键培养基名称,并可追溯至培养基具体品牌、批号及配制记录;⑦生化鉴定试剂、诊断血清等关键试剂的名称、品牌和批号;⑧检测过程中所使用标准菌株的菌种名称、编号、来源可追溯;⑨检测样品具体取样量及所使用稀释液名称;⑩按检测项目相应方法标准要求提供培养温度、培养时间;⑪按检测标准方法规定进行详细结果记录,如使用公式计算,须提供具体计算公式;⑫按检测标准方法规定,提供空白、阴性和阳性对照结果记录;⑬对致病菌检出阳性结果附典型培养结果及生化反应结果图片,按标准采用自动生化反应的除外。

> **思考与梳理**
>
> 分别查找巴氏杀菌乳、灭菌乳和调制乳的监督检验项目,填写表9-1、表9-2和表9-3。

表 9-1　巴氏杀菌乳检验项目

序号	检验项目	依据法律法规或标准	检测方法
1			
2			
3			
4			
5			
6			
7			
8			

表 9-2　灭菌乳检验项目

序号	检验项目	依据法律法规或标准	检测方法
1			
2			
3			
4			
5			
6			
7			

表 9-3　调制乳检验项目

序号	检验项目	依据法律法规或标准	检测方法
1			
2			
3			
4			
5			

实践训练

食品安全抽样检验相关单据填写

一、填写食品安全抽样检验样品移交确认单（表9-4）

表9-4　　　　　　　　　食品安全抽样检验样品移交确认单

抽样单位名称：_____

收样时间	年　　月　　日　　时
样品件数（含备用样品）	
样品抽样单编号	
样品检查记录	封条：□完好 □有破损 样品包装：□完好 □有破损 样品数量：□满足要求 □不满足 样品状态：□正常 □异常
文书检查记录	文书数量：□齐全 □不齐全 文书信息：□与样品相符 □与样品不符
样品移交确认结果	□接收 □拒收 拒收理由：
抽样单位样品移交人签字：	承检机构样品确认人签字（盖章）：

注：本文书一式两联，由承检机构、抽样单位分别存留。

二、填写食品安全抽样检验抽样单（表9-5）

表9-5　　　　　　　　　食品安全抽样检验抽样单

任务来源				任务类别	监督抽检
被抽样单位信息	单位名称				
	单位地址				
	抽样环节		抽样地点		
	区域类型		经营许可证		
	法人代表		营业执照号/社会信用代码		
	联系人		联系电话		

(续表)

样号信息	样品名称						
	商标			条形码			
	样品类型			样品来源			
	样品属性			生产日期			
	样品批号			规格型号			
	质量等级			保质期			
	抽样基数		抽样数量	备样数量		单价	
	抽样方式		抽样日期	贮存条件			
	是否进口		原产地	包装分类			
	执行标准/技术文件						
(标称)生产者信息	生产者名称						
	生产者地址						
	生产许可证号			联系电话			
(标称)第三方企业信息	企业名称			企业性质			
	企业地址						
	企业许可证号			联系电话			
(标称)样品贮存条件	□常温 □冷藏 □冷冻 □避光 □密闭 □其他			寄、送样品截止日期			
				寄送样品地址			
抽样单位信息	单位名称						
	单位地址						
	联系人		联系电话	传真			
备注	(需要说明的其他问题)						

被抽样单位对抽样程序、过程、封样状态及上述内容无异议。   抽样人(签名)：
被抽样单位签名(盖章)：   抽样单位(公章)：

　　　　　　　　　　　　　　　年 月 日　　　　　　　　　　　　　　　　　年 月 日

注：本文书一式五联,第一联交组织抽样检验的市场监管部门；第二联交承检机构；第三联交(标称)食品生产者；第四联抽样单位留存；第五联交被抽样单位。

拓展资源

1.《食品安全抽样检验管理办法》。
2.《国家食品安全监督抽检实施细则》。

项目测试

一、单选题

❶ 市场监督管理部门应在（　　）日内，完成对不合格食品的核查处置工作。
A. 80　　　　　B. 90　　　　　C. 100　　　　　D. 95

❷ 食品生产经营者对抽检结果有异议时，应在（　　）个工作日内提出复检申请。
A. 5　　　　　B. 7　　　　　C. 3　　　　　D. 10

二、多选题

❶ 下列属于食品安全计划抽检重点的有（　　）。
A. 风险程度高以及污染水平呈上升趋势的食品
B. 流通量小的食品
C. 专供婴幼儿和其他特定人群的主辅食品
D. 学校和托幼机构食堂以及旅游景区餐饮服务单位、中央厨房、集体用餐配送单位经营的食品

❷ 下列属于食品安全抽样流程的有（　　）。
A. 计划　　　　B. 抽样　　　　C. 检验　　　　D. 异议处理

❸ 食品安全监督抽检应当采用食品安全标准规定的检验项目和检验方法，没有食品安全标准的，应当采用（　　）。
A. 依照法律法规制定的临时限量值　　B. 临时检验方法
C. 补充检验方法　　　　　　　　　　D. 中国药典

❹ 当出现（　　）情况时，食品安全抽检结果不予复检。
A. 检验结论为微生物指标不合格
B. 复检备份样品超过保质期
C. 逾期提出复检申请
D. 其他原因导致备份样品无法实现复检

三、判断题

❶ 若食品检验结论为微生物指标不合格，则食品的生产经营者可以申请复检。
（　　）

❷ 食品抽检中，采用非食品安全标准检验方法时，应当遵循技术手段先进的原则。
（　　）

❸ 风险监测是相关部门对已有食品安全标准的风险因素，开展的监测、分析和处理活动。
（　　）

项目十
食品溯源与召回管理

知识与技能目标

1. 熟悉食品安全风险预警体系、食品溯源关键技术等。
2. 掌握食品召回管理和食品安全事故处置。
3. 熟悉食品安全事故处理、食品召回管理等相关法规。
4. 能够制作食品召回计划书。

素养目标

1. 养成认真负责、一丝不苟的工作态度。
2. 内化食品安全风险责任意识,提升职业责任感和使命感。

学习目标

预习导图

- 食品溯源与召回管理
  - 食品安全风险预警
    - 食品安全风险预警概述
      - 食品安全风险预警的内涵
      - 食品安全风险预警系统的功能
    - 食品安全风险预警机制
      - 食品安全风险预警系统的组成
      - 食品安全风险预警调控机制
      - 食品安全风险预警系统框架
    - 食品安全风险预警策略
      - 信息源系统
      - 预警分析系统
      - 预警反应系统
  - 食品溯源关键技术
    - 食品溯源关键技术
      - 电子信息编码系统
      - 近红外光谱溯源技术
      - 物联网及标签溯源技术
      - 同位素溯源技术
      - 矿物元素指纹图谱技术
      - 有机成分溯源技术
      - Dna溯源技术
      - 虹膜特征技术
  - 食品召回管理
    - 食品召回主体及其职责
      - 食品召回的实施主体及职责
      - 食品召回的监督主体及职责
    - 食品召回程序
      - 食品召回分级
      - 食品召回程序
  - 食品安全事故处置
    - 食品安全事故处置概述
    - 食品安全事故处置组织机构及职责
    - 食品安全事故处置
      - 食品安全事故监测预警
      - 食品安全事故处置
      - 食品安全事故检测分析评估
      - 食品安全事故响应级别调整及信息发布
      - 食品安全事故后期处置

基础知识

一、食品安全风险预警

随着食品供应的全球化和食品生产工艺的日益复杂化,食品安全问题层出不穷,给广大消费者带来了巨大的食品安全隐患。食品安全不仅成为一个备受世人瞩目的重大问题,而且也成为一项衡量一个国家文明程度的重要指标。食品安全已经成为人类文明的象征,保障食品安全是全人类共同的责任。如何建立一个科学有效的食品安全风险预警体系,快速反应食品安全风险,是食品安全管理领域亟待解决的问题。

(一)食品安全风险预警概述

1. 食品安全风险预警的内涵

食品安全风险预警是指对食品中有毒、有害物质的扩散与传播进行早期警示和积极防范的过程。食品安全风险预警体系是指通过对食品生产、加工、配送和销售过程中的安全隐患进行监测、追踪、量化分析、信息通报及预报等,而建立起的一套完整的针对食品安全问题的功能系统。

食品安全风险预警是一种预防性的安全保障措施。为了避免食品消费中可能存在的安全风险或潜在危害的影响,应采取积极的态度,应用风险分析方法,有效地辨识食品安全风险,分析食品危害的大小和后果的严重程度,及时发布食品风险信息,尽量将食品安全风险控制在可接受的范围之内。食品安全风险预警系统对于保障食品安全至关重要,是食品安全管理体系中不可或缺的内容。

2. 食品安全风险预警系统的功能

食品安全风险预警系统通过指标体系的运用来解析各种食品安全状态、食品安全风险、食品安全风险演化趋势和突变等现象,揭示食品安全事件的内在发生机制、成因背景、表现方式以及预防控制措施,通过提供警示信息来帮助人们提前采取预防性的应对策略。因此,食品安全风险预警系统具有发布信息、沟通、预测、控制和避险等功能,是实现食品安全控制管理的有效手段。

(1)信息发布功能

通过权威信息传播媒介和渠道,向社会公众快速、准确、及时地发布各类食品安全信息,实现食品安全信息的迅速扩散,使消费者能够定期稳定地获取充分的、有价值的食品安全信息。预警信息的发布不仅可以增强消费者的食品安全理念和自我保护意识,还能增加食品安全信息的价值,节约社会获取食品安全信息的成本。

(2)沟通功能

食品安全管理贯穿于整个食品供应链,涉及食品生产基地、加工企业、配送企业和零售企业等。借助食品安全风险预警系统和透明化的食品安全信息,食品供应各环节之间能够实现有效沟通,实现食品安全风险交流的目的;政府职能部门能够更加有效地制定统一的监管政策,实施有效监管;消费者能够及时了解食品安全信息,选择质量有保证的健康食品。

(3)预测功能

食品安全突发事件具有不可预知性,在事件发生之初,很难在短时间内弄清事件暴发的确切原因,这会给民众造成一定的恐慌。在食品安全风险预警系统收集和分析监测数据的基础上,寻找整个食品供应链运营过程中的不安全因素,对食品不安全现象可能引发的食源性疾病、疫病等进行预测,及时准确地向社会公众发布事件发展概况,采取措施迅速控制局面,减少社会动荡。

(4)控制功能

食品安全风险控制是由政府职能部门强制执行的一种调节活动,能够保障食品在食品供应链全过程中是安全和健康的,以保护消费者的合法权益。借助食品安全风险预警系统,能够全面掌握整个食品供应链的食品安全信息,有效协调食品供应链成员的生产经营活动,形成综合性的预防和控制体系,及早发现问题、解决问题和控制问题,减少不必要的损失。

(5)避险功能

借助食品安全风险预警系统的信息发布、沟通、预测和控制功能,食品安全管理决策者在有限的认知能力和行为能力条件下,能够有效地把握食品风险的状态,从而科学有效地辨识和规避风险。

(二)食品安全风险预警机制

食品安全风险预警机制是指在常态下对可能引起食品安全事件的各种因素及其所呈现出来的危机信号和危机征兆进行科学监测,对其发展趋势、可能发生的食品安全危机类型及其危害程度作出科学合理的评估,并向社会或政府职能部门发出危机警报的管理体系。

1. 食品安全预警系统的组成

食品安全风险预警系统由预警信息采集系统、预警信息评价指标体系、预警分析与决策系统、报警系统、预警防范与处置系统等部分组成,能有效保证预警功能的正常发挥。

(1)预警信息采集系统

预警信息采集系统是整个预警系统的基础,其主要职责是在食品供应链全程全面准确地搜集食品的要素投入、生产加工、包装、配送、销售等方面的动态信息以及消费者食用食品后的反馈信息和有关健康方面的信息,并进行初步整理、加工、贮存及传输。预警信息采集系统是保证预警和应急机构获得高质量信息,充分识别、正确分析突发事件的前提条件。

预警信息采集系统的主要任务是进行原始信息的采集与初步分析工作,其中最重要的是分析和辨析食品安全风险因素。食品安全风险的产生原因各不相同,如食品供应链质量风险,按形成过程可分为生产过程中的质量风险(农药、品种、饲料、土壤、水)、加工环节中的质量风险(杂质、混杂、添加剂)和销售环节的质量风险(过期变质、有害包装物)等;按食品种类分,有粮食食用风险、畜产品(兽药、饲料)食用风险、蔬菜食用风险、水产品食用风险等;按控制政策的要求分,有产区风险、销区风险和整个食品供应链风险等。

(2)预警信息评价指标体系

食品安全风险预警,主要借助一定的指标体系,在对风险信息进行分析的基础上,提供量化考核标准。为了反映观察对象状况的危急程度并进行数据处理,需要利用统计分析、特征提取等技术将各种监测数据转变为能揭示观察对象本质特征的有关指标和指标值,并根据专家论证确定观察对象各指标的权重,计算观察对象危险程度的度量值和危险等级。尽管预警信息评价的具体指标和指标值针对不同的预警信息有所不同,但都应遵循敏感性、独立性、可度量性和规范性原则。

预警信息评价指标通常分为警情指标和警兆指标,警兆指标又分为景气警兆指标和动向警兆指标。警兆指标可以根据事物间的内在联系或因果关系进行挖掘,具体的指标设计要根据预警对象来确定。在指标筛选时不仅要注重指标的测度能力、重要程度和覆盖面,而且要注重指标的准确灵敏和可靠度。

(3)预警分析与决策系统

预警分析与决策系统是利用预警信息采集系统提供的风险信息资料和预警信息评价指标体系,计算出具体的指标值,并根据预先设定的警戒限(阈值),对不同的预警对象进行预测和推断,甄别出高危品种、高危地区、高危人群等。一般警戒限的确定主要参考历史数据、国际通用标准和专家经验知识。由于警戒限的界定带有一定的主观性,所以需要根据实际情况进行动态调整。

食品安全风险预警分析与决策系统的主要职责:根据出现的警情,采用逆向推理寻找食品安全风险警兆,或者根据一些非直接指标的警兆,运用分析模型,采用正向推理判断食品安全风险警情发生的可能性。预警的本质在于确定食品安全风险发生的概率,提供预警信息。因此,预警的关键就是应用预警分析与决策系统,揭示食品供应链运营的状态是否正常,以及异常现象出现的概率和原因。

(4)报警系统

报警系统是建立在预警分析与决策系统基础上的,对食品供应链的食品安全状况及其薄弱环节进行判断,找出食品安全控制中存在的重大问题,并及时预警和通报给应急机构,以便及时采取有效的预防对策。报警系统一般由报警渠道、报警机构、报警制度和报警反馈等组成,其主要职责是及时获得警情信息,自动启动警情上传下达功能,给予不同程度的警情预报,用红、橙、黄、绿等警示灯显示,或者用巨警、重警、中警、轻警和无警表示警度。

(5)预警防范与处置系统

预警防范与处置系统是预警机制形成的最后一个阶段,它根据报警系统的输出信号,针对不同的食品供应链环境、不同产品的食品安全状况,采取不同的解决和消除危机的办法和措施,使消费者处于一定的警戒状态,防范和化解食品安全风险危害。

2. 食品安全风险预警调控机制

食品安全风险预警系统运行的最终目的是要输出警情信息,科学有效地指导人们的风险防范行动。尽管预警系统是预警信息采集、预警信息评价指标体系、预警分析与决策、报警和预警防范与处置等系统的组合,但是为了保证预警目标的实现,食品安全风险预警系统需要在风险信息、各种警素、预警技术和处置策略之间建立起有机联系和约束关系，针对调控目标值及其变化的幅度和强度，采取相应的技术、经济、行政和社会措施，对受控对象进行适当的调节和控制。

食品安全风险预警系统的调控机制包括调节机制和控制机制，它面向整个食品供应链。在"从农田到餐桌"的全过程中，调控机制通过各种调控方式对食品安全风险预警系统的运行过程和发展方向进行调节和控制，以保证食品安全风险预警系统在内外环境的动态变化过程中，仍然能够保障食品安全性这一系统目标的实现。食品安全风险预警系统调控机制建立的关键在于明确调控什么、如何调控；食品安全风险预警系统调控对象的确定，最重要的是明确哪些因素会对消费者的健康造成损害、损害是如何产生的。

食品安全风险预警系统的调控方式主要有调控预期目标、调控影响源以及调控偏差三种。调控目标牵涉食品安全标准的修正，随着食品安全标准的提高，对食品安全风险预警系统调控的要求也将提高；调控影响源是对影响消费者健康的危害因子进行识别与控制，特别是对关键控制点的识别；调控偏差主要强调对偏离预定目标的调整。食品安全风险预警调控需要在三种调控方式中寻求平衡。

（三）食品安全风险预警策略

预警是一种主动对不确定状态下的风险信息进行分析判断的机制。食品安全风险预警是依据食品对消费者健康影响的风险信息作出是否发出危机报警的过程。由于各种因素的作用，食品对消费者健康往往会产生不同程度的影响，特别是不安全食品的消费会产生一定的健康风险。因此，针对频频发生的食品安全事件，实施有效的预警策略，对保证消费者健康、维持社会秩序意义重大，同时也推动着食品安全管理从"消极、被动、事后和弥补"向"积极、主动、事前和预防"的方向转变，有助于降低食品风险对社会的危害。

1. 食品安全风险预警系统框架

食品安全涉及食物是否有毒、添加剂是否违规超标、标签是否规范等一系列问题，需要在超出食品污染界限之前采取措施，预防食品污染和主要危害因素，避免重大食物中毒和食源性疾病的发生。在预警体系中有效实施预警策略，能够对食品安全问题发出预警，防止重大食品安全事件的发生。

食品安全风险预警系统能否正常运行，能否给出正确的预警策略，主要取决于系统的功能模块能否充分发挥作用。食品安全风险预警系统主要由信息源系统、预警分析系统和预警反应系统三部分组成。

2. 信息源系统

信息源管理的功能主要是实现食品安全风险预警系统数据的采集、存贮、更新和补充。信息源管理主要分为监测管理和标准信息管理。监测管理包括数据采集管理和共享交换管理：采集管理的功能主要是实现系统内食品安全监测抽检数据上报、审核等功能；共享交换管理的功能主要是不同部门之间的数据共享。标准信息管理主要是收集与食品安全相关的数据标准、政策等信息，从而实现监测数据的标准化及辅助支撑。信息源系统性能及其保障机制的优劣将直接影响整个预警系统的性能，影响预防控制措施的有效实施，是正确预警的前提和保证。

(1)监测管理

监测管理模块是搜集信息和采集数据的渠道,合理设置和布局可以保障数据信息的科学性。针对食品安全的内涵,监测管理模块主要用于监测营养均衡安全、质量安全和可持续供给安全,在此将重点介绍质量安全监测。质量安全监测可以组建两个网络:第一个网络是食品污染物监测网络,重点开展生物性污染物和化学性污染物的监测。第二个网络是食源性疾病监测网络,主要用于解决公共卫生与安全问题。

(2)标准信息管理

标准信息管理是食品安全数据比对的依据。根据食品安全比对需求,将政策、法规、标准等数据信息汇集形成数据库,积累食品安全数据,将检测模块后的数据与数据库进行比对,通过数据采集、数据维护和数据传输等功能保持数据库中食品安全数据的完整性、一致性,为实现食品安全数据的共享和透明化奠定基础。

3. 预警分析系统

预警分析系统(图 10-1)的管理功能主要是基于监测数据和分析模型的决策支撑,为食品安全预警决策提供科学的保障。预警分析系统输入的是有效数据和信息,输出的是预警分析信息。预警分析系统包括知识管理模块和风险分析管理模块两部分。知识管理模块承担着知识库管理、指标设置和案例库管理等功能,用于完善预警分析所需要的知识体系,知识体系的完善主要依据来自信息源系统的数据;风险分析管理模块主要用于完善风险分析模型和专家评估功能,提高风险分析的可靠性。风险分析模型是一种理论分析方法,通过数据和限定条件进行计算,从而得出分析结果;专家评估依赖于一支稳定的、具有专业实践经验的专家群体,充分利用专家的经验知识进行预警分析,改善风险分析模型的局限性,提高预警质量。

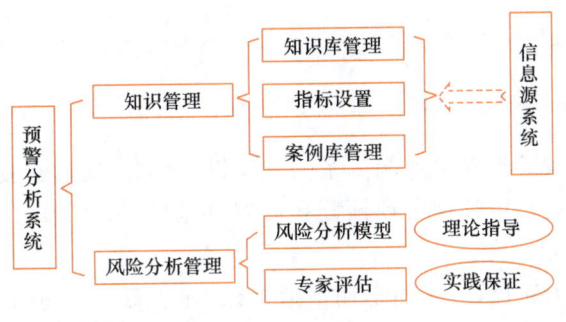

图 10-1 预警分析系统

4. 预警反应系统

预警反应系统的主要功能是按照预警分析结果应对预警危机。根据警情的不同,将给出预测、预报、警示和调控手段等应对措施,应对措施的执行需要一个功能完善、职责清晰、协调及时的反应系统。反应系统输入的是预警分析信息,输出的是预警控制指令。反应系统担负了风险分析体系中的风险交流功能,基本上由报告制度和信息发布制度两部分构成。

(1)报告制度

报告制度主要是运用通信技术、信息技术和网络技术等现代化手段,实现快速、高效、准确的数据分析,及时将有关数据与信息向上一级主管部门报告,并按照有关法律、法规向社会公众告示的制度。

目前,我国涉及食源性疾病管理的法律有两部,即《食品安全法》和《传染病防治法》。我国能够反映食源性疾病危害的数据信息主要有两个报告体系,依据《食品安全法》建立的食品安全事故报告体系,依据《传染病防治法》建立的传染病报告体系,并且这两个报告体系是独立的。

（2）信息发布制度

一旦预警信息生成,预警信号究竟由谁来发布、通过何种渠道发布以及发布的具体办法由谁来制定等,构成了预警信息的发布问题。预警信息发布是一项政策性很强的工作,需要建立一套完善的预警信息发布制度。

另外,反应系统中有一种特殊形式即快速反应系统。相对于一般的应对系统,它增加了协调指挥功能,重在快速防控食品安全重大突发事件的事态发展。快速反应系统输入的是预警分析信息,输出的是紧急应对策略。由于食品安全重大突发事件具有危害性大、时效性要求高等特点,所以需要具备特殊的应对策略。

> **思考与梳理**
>
> 食品安全风险预警框架是怎样的？请制作简明易懂的流程图。

二、食品溯源关键技术

食品溯源是食品质量与安全追溯体系的重要组成部分,通过对食品生产、流通过程中各关键环节信息的有效监控管理实现预警和追溯,预防和减少问题的出现,一旦出现问题即可以迅速追溯至源头。

食品溯源包括两个途径,一是由上而下地追踪,即从源头农场、食品原材料供应环节、加工环节、贮运环节以及销售环节进行追踪,这种方法主要用于查找食品质量问题的原因,确定产品的原产地和特征；二是由下至上的追溯,也就是消费者在销售点购买的食品发现了安全问题,可以向上层进行追溯,最终确定问题所在,这种方法主要用于问题食品召回。实施食品质量安全追溯制,不仅增强了食品生产企业的责任心和食品生产、销售过程的透明度,而且还增强了消费者对食品质量安全的信心。

（一）电子信息编码系统

电子信息编码系统即将动（植）物等的品种、饲养（种植）、加工、贮运、经销等从农田到餐桌的各个环节的记录自动编入条形码,通过条形码可追溯至各个环节。

在信息管理方面，实施跟踪与追溯可以将食品供应链中的产品及其属性信息、参与方信息与实物系统有效地联系起来。这就要求食品供应链中的每一个环节不仅要对自己加工的产品进行标识，还要采集所加工的食品原料上已有的标识信息；并将其全部信息加在产品上，以备下一个加工者或消费者使用；然后采用"全球统一标识系统"（EAN·UCC）对供应链的每一个节点进行有效标识。建立各个环节信息管理、传递和交换的方案，从而对供应链中食品原料、加工、包装、贮藏、运输、销售等环节进行跟踪与追溯，及时发现存在的问题，进行妥善处理。

电子信息编码系统要求记录必须准确无误，但在实际生产过程中，食品要经过复杂的加工、运输、贮藏、销售等过程，产品的每一过程都记录在案很难实现，因此，电子信息编码系统实施时存在一定的困难和问题，这就需要建立一种科学的、独立的技术来追溯产品的产地、来源、真伪等相关的信息，并且这种技术在减少欺诈、以假乱真的行为中也能起到鉴别作用。

（二）食品溯源关键技术

1. 近红外光谱溯源技术

近红外光是光谱范围在 780～2 526 nm 的介于可见光和中红外光之间的电磁波，通过采集光谱信息并借助化学计量法进行建模，通过各个光谱反映样品中有机物的组成成分与含量，再利用有机物成分与含量的不同来进行食品溯源。

2. 物联网及标签溯源技术

物联网是在互联网的基础上发展而来的物与物之间互联的技术。物联网一般由射频识别（Radio Frequency Identification，RFID）系统、产品命名服务器（Object Naming Service，ONS）、信息服务器（Physical Markup Language，PML）和应用管理系统这四部分组成。其中 RFID 是物联网溯源的基本技术，是一种非接触式的自动识别技术，它通过射频信号自动识别目标对象并获取相关数据。标签溯源主要是利用条码技术并结合相应的硬件设备进行溯源。

无线射频识别（RFID）技术是物联网的核心技术之一，是一种应用在信息采集系统的非接触式自动识别技术，它通过无线射频方式自动识别目标对象，获取相关数据信息，实现对 RFID 电子标签的信息获取。无线射频识别（RFID）技术具有准确、适应环境、抗干扰、操作快捷等优点。

RFID 系统包括硬件和软件两部分。硬件系统包括电子标签、读写器、计算机和通信网络。电子标签也称应答器，是一个微型的无线收发装置，由耦合元件及芯片组成，每个标签具有唯一的电子编码，附着在物体上标识目标对象。读写器又称读取装置，可无接触地读取并识别电子标签中所保存的电子数据，从而达到自动识别物体的目的。装有 RFID 系统软件的计算机和读写器控制模块进行通信，控制读写器的读写。RFID 系统中软件的作用是完成数据信息的存储、管理以及对 RFID 电子标签的读写控制。

无线射频识别（RFID）技术的工作原理是：读写器通过发射天线将特定频率的无线电载波信号发射出去；当电子标签进入读写器发射天线的工作区域时产生感应电流，从而获得能量被激活，将自身编码等信息通过其内置天线发送出去；读写器接收天线经天线调节器接收电子标签发送来的载波信号,读写器对此信号进行解调和解码,然后通过通信网络送到装有 RFID 系统软件的计算机系统进行处理;根据逻辑运算判断该电子标签的真伪,针对不同的设定作出相应的处理和控制,发出指令信号控制操作器的动作;通过计算机网络实现多点监控,搭建总控信息平台,根据不同的项目要求,通过设计不同的软件实现不同的功能。

3. 同位素溯源技术

同位素溯源技术的基本原理是同位素的自然分馏效应。稳定的同位素比值可以反映动植物种类及其所在环境,因此,稳定同位素可用来提供食品信息,用作食品溯源研究。在食品溯源中,常用的同位素有 C、H、O、N、S、Sr 和 Pb 等。不同种类同位素的分析技术也不同,C、H、O、N、S 等一般用同位素比率质谱仪(IRMS)和相应的同位素分馏—核磁共振仪(SNIF-NMR)进行分析,而 Sr、Pb 等重同位素一般用热电离质谱(TIMS)和多收集器等离子体质谱(MC-ICP-MS)进行分析。

4. 矿物元素指纹图谱技术

矿物元素指纹图谱技术的原理是不同的土壤质地由不同的地层岩石背景形成,土壤与岩石风化的母质密切相关,从而造成不同地域土壤中矿物元素含量及比例等具有地理地质特异性。生物体内自身不能合成矿物元素,需要从周围环境中摄取,矿物元素受当地水、地质因素、土壤环境等的影响,不同地域生长的生物体内有各自的矿物质指纹特征。矿物元素指纹图谱技术通过分析不同来源生物体中矿物元素的组成和含量,再利用方差分析、聚类分析和判别分析等数理统计方法筛选出有效指标,进而建立判别模型和数据库,实现食品的溯源和确证。

5. 有机成分溯源技术

有机成分主要为脂肪、蛋白质、糖类、维生素和香气成分等,不同来源的同一种食品的有机成分与含量有着明显的差异,这为产地追溯提供了可能性,该技术主要是利用气相色谱法(GC)、气相色谱—质谱联用仪(GC-MS)和高效液相色谱法(HPLC)等方法测定其有机成分的组成与含量。有机成分中的葡萄糖、脂肪酸、维生素和氨基酸等常作为食品产地溯源的指标。

6. DNA 溯源技术

DNA 溯源技术是生物溯源的重要方法之一。DNA 溯源技术源于 DNA 的遗传与变异,每一个个体都有着独一无二的 DNA 序列,因此其对应的 DNA 图谱也独一无二,可以用来标记不同生物个体。DNA 溯源技术主要有 3 种标记方法:扩增片段长度多态性(AFLP)、微卫星标记(SSR)和单核苷酸多态性(SNP)等。

扩增片段长度多态性(AFLP)技术是一项新的分析标记技术,其原理是基于 PCR 技术扩增基因组 DNA 限制性片段,基因组 DNA 先用限制性内切酶切割,然后将双链接头连接到 DNA 片段的末端、接头序列和相邻的限制性位点序列,作为引物结合位点。AFLP 扩增可使某一品种出现特定的 DNA 谱带,而在另一品种中可能无此谱带,这种引物诱导及 DNA 多态性可作为一种分子标记。微卫星标记(SSR)又被称为短串联重复序列或简单重复序列,是均匀分布于真核生物基因组中的简单重复序列,由 2~6 个核苷酸的串联重复片段构成,由于重复单位的重复次数在个体间呈高度变异性并且数量丰富,因此微卫星标记的应用非常广泛。

7. 虹膜特征技术

虹膜识别是一种稳定性好、准确率高的生物识别技术。虹膜位于瞳孔和巩膜之间,是眼球前部包含色素的环形薄膜,由结缔组织细胞、肌纤维组成。虹膜表面有许多条纹、沟壑和小坑,这使虹膜含有极其丰富的纹理信息和结构信息,这些信息在动物的胚胎期已经形成并稳定下来。一般虹膜的结构在个体一生中都保持稳定,对于不同动物个体,其虹膜特征各不相同。

虹膜识别技术的原理是以生物虹膜的纹理作为区分不同个体的独一无二的特征,通过图像采集、图像预处理、特征提取、模式匹配等技术手段,判别两幅虹膜图像样本是否出自同一个体,从而实现个体识别。

高质量的虹膜图像采集是虹膜识别的首要任务,虹膜图像预处理是虹膜识别的关键步骤。虹膜图像预处理以虹膜采集装置所采集到的眼睛图像为处理对象,结合相关的虹膜图像定位算法进行定位处理,定位出虹膜图像的内外边界,提取虹膜区域图像。然后对虹膜图像进行归一化处理及(或)图像增强,为特征提取做准备。

> **思考与梳理**
>
> 1. 食品溯源已经发展成为解决食品安全问题的一种有效手段,并呈现出全球化食品溯源的发展趋势,请列举不少于5种食品溯源技术。
>
> 2. 请举例描述同位素溯源技术在食品溯源中的应用。

三、食品召回管理

随着经济全球化发展以及人口、环境、资源可持续利用战略的推进,食品安全监管受到国内和国际的广泛关注。作为食品安全监督管理的重要手段和食品安全控制体系不可缺少的组成部分,食品召回管理对于保障迅速有效地收回市场上的缺陷食品、消除食品安全危害具有非常重要的作用。

食品召回的对象为"不安全食品"。《食品召回管理规定》对"不安全食品"给出了明确定义,不安全食品是指食品安全法律法规规定禁止生产经营的食品以及其他有证据证明可能危害人体健康的食品。

(一)食品召回主体及其职责

1. 食品召回的实施主体及职责

《国务院关于加强食品等产品安全监督管理的特别规定》第9条第1款规定:生产企业发现其生产的产品存在安全隐患,可能对人体健康和生命安全造成损害的,应当向社会公布有关信息,通知销售者停止销售,告知消费者停止使用,主动召回产品,并向有关监督管理部门报告;销售者应当立即停止销售该产品。销售者发现其销售的产品存在安全隐患,可能对人体健康和生命安全造成损害的,应当立即停止销售该产品,通知生产企业或者供货商,并向有关监督管理部门报告。

《食品安全法》第六十三条明确指出"国家建立食品召回制度"。食品生产经营者应当依法承担食品安全第一责任人的义务,负责建立健全相关管理制度,收集、分析食品安全信息,依法履行不安全食品的停止生产经营、召回和处置义务。

根据我国相关法律法规,食品召回的实施主体为食品生产经营者。作为食品召回的实施主体,当食品生产者发现生产食品不符合食品安全标准或者可能危害人体健康的,应当立即停止生产并召回已经上市销售的食品,并通知相关生产经营者和消费者,同时需记录召回和通知情况。食品经营者发现经营的食品有相关情形的,应立即停止经营并通知相关生产经营者和消费者,同时记录停止经营和通知情况。此外,若食品生产者认为应当召回的应当立即召回。如果因为食品经营者自身造成其经营的食品有相关情形的,食品经营者应当召回。

对于召回的食品,食品生产经营者应该采取无害化处理、销毁等措施,防止其再次流入市场。但是,对因标签、标志或者说明书不符合食品安全标准而被召回的食品,可以在采取补救措施且能保证食品安全的情况下继续销售,在继续销售时,应当向消费者明示补救措施。之后,应将食品召回和处理情况向所在地县级人民政府食品安全监督管理部门报告;对于需要进行无害化处理或销毁处理的,需要提前将时间、地点报给相关部门。

2. 食品召回的监督主体及职责

食品召回监督主体是多元化主体。《食品召回管理规定》指出国家市场监督管理总局负责指导全国不安全食品停止生产经营、召回和处置的监督管理工作。县级以上地方市场监督管理部门负责本行政区域的不安全食品停止生产经营、召回和处置的监督管理工作。县级以上市场监督管理部门负责组织建立由医学、毒理、化学、食品、法律等相关领域专家组成的食品安全专家库为不安全食品的停止生产经营、召回和处置提供专业支持。国家市场监督管理总局负责汇总分析全国不安全食品的停止生产经营、召回和处置信息,根据食品安全风险因素,完善食品安全监督管理措施。县级以上地方市场监督管理部门负责收集、分析和处理本行政区域不安全食品的停止生产经营、召回和处置信息,监督食品生产经营者落实主体责任。此外,食品行业协会也是监督主体之一,鼓励和支持食品行业协会加强行业自律,制定行业规范,引导和促进食品生产经营者依法履行不安全食品的停止生产经营、召回和处置义务;同时也鼓励和支持社会监督。

(二)食品召回程序

1. 食品召回分级

根据食品安全风险的严重和紧急程度,食品召回可分为三级。一级召回:食用后已经或者可能导致严重健康损害甚至死亡的,食品生产者应当在知悉食品安全风险后 24 小时内启动召回,并向县级以上地方市场监督管理部门报告召回计划。二级召回:食用后已经或者可能导致一般健康损害,食品生产者应当在知悉食品安全风险后 48 小时内启动召回,并向县级以上地方市场监督管理部门报告召回计划。三级召回:标签、标识存在虚假标注的食品,食品生产者应当在知悉食品安全风险后 72 小时内启动召回,并向县级以上地方市场监督管理部门报告召回计划。标签、标识存在瑕疵,食用后不会造成健康损害的食品,食品生产者应当改正,可以自愿召回。

2. 食品召回程序

食品生产(经营)者应制订召回计划报县级以上地方市场监督管理部门,由市场监督管理部门组织专家评估召回计划,发布召回公告,食品生产(经营)者应当立即采取措施停止不安全食品的一切生产或经营活动,配合食品召回工作。

食品召回程序

(1)制订食品召回计划

任何食品生产者在发现其生产的食品属于应当召回的范畴时,都应该迅速制订书面召回计划,按计划实施食品召回。具体内容包括:①食品生产者的名称、住所、法定代表人、具体负责人、联系方式等基本情况;②食品名称、商标、规格、生产日期、批次、数量以及召回的区域范围;③召回原因及危害后果;④召回等级、流程及时限;⑤召回通知或者公告的内容及发布方式;⑥相关食品生产经营者的义务和责任;⑦召回食品的处置措施、费用承担情况;⑧召回的预期效果。

(2)启动食品召回

食品生产者是食品召回的第一责任者,负责启动食品召回行动。在启动食品召回程序中应做好以下工作:企业负责人召开食品召回会议并审查有关资料;确认食品召回的必要性;首先进行食品安全风险评估,如需召回相关产品,则确定召回的具体方法;向当地食品召回协调组织报告。

(3)评估食品召回计划

县级以上地方市场监督管理部门收到食品生产经营者的召回计划后,必要时可组织专家对召回计划进行评估。评估结论认为召回计划应当修改的,食品生产者应当立即修改,并按照修改后的召回计划实施召回。

(4)实施食品召回

根据不同食品召回级别确定召回范围、规模和时限。实施一级召回的应当自公告发布之日起 10 个工作日内完成;实施二级召回的,应当自公告发布之日起 20 个工作日内完成;实施三级召回的,应当自公告发布之日起 30 个工作日内完成召回工作。若情况复杂的,需要经县级以上地方市场监督管理部门同意,食品生产经营者方可适当延长召回时间并公布。

根据不安全食品的不同销售区域选择不同媒体进行召回公告发布。若不安全食品在本省、自治区、直辖市销售,选择在省级市场监督管理部门网站和省级主要媒体上发布。省级市场监督管理部门网站发布的召回公告应当与国家市场监督管理总局网站链接。若不安全食品在两个以上省、自治区、直辖市销售的,食品召回公告应当在国家市场监督管理总局网站和中央主要媒体上发布。

若食品生产者发起召回,食品经营者知悉后,应当立即采取停止购进、销售,封存不安全食品,在经营场所醒目位置张贴生产者发布的召回公告等措施,配合食品生产者开展召回工作。食品经营者对因自身产生的不安全食品,应当根据法律法规的规定在其经营的范围内主动召回,需特别注明系因其自身导致食品出现不安全问题,通知告知供应商和生产者。如果因生产者无法确定、破产等无法召回不安全食品,那么食品经营者应当主动召回不安全食品。

(5)食品召回总结评价

食品召回工作完成后,食品生产企业要作总结评价,包括:①编写食品召回进展报告,说明召回工作进度;②审查食品召回的执行程序,如召回计划、召回体系、实施情况、效果分析和人员培训;③向食品安全监督管理部门提交总结报告;④提出保证食品质量安全,防止再次生产、经营不符合食品安全标准的食品的措施。

> **思考与梳理**
>
> 1. 食品召回管理对保障迅速有效地收回市场上的缺陷食品、消除食品安全危害具有非常重要的作用,哪些食品需要进行食品召回处理?
>
> 2. 请绘制食品召回流程图。

四、食品安全事故处置

(一)食品安全事故处置概述

为建立健全应对食品安全事故运行机制,有效预防、积极应对食品安全事故,高效组织应急处置工作,最大限度地减少食品安全事故危害,保障公众健康与生命安全。我国通过《食品安全法》和《国家食品安全事故应急预案》对食品安全事故处置作出了明确规定。

食品安全事故指食物中毒、食源性疾病、食品污染等源于食品,对人体健康有危害或者可能有危害的事故。根据事故严重程度分为四级:即特别重大食品安全事故、重大食品安全事故、较大食品安全事故和一般食品安全事故。

为高效组织食品安全事故处置工作,应遵循以下事故处置原则:

(1)以人为本,减少危害。把保障公众健康和生命安全作为应急处置的首要任务,最大限度减少食品安全事故造成的人员伤亡和健康损害。

(2)统一领导,分级负责。按照"统一领导、综合协调、分类管理、分级负责、属地管理为主"的应急管理体制,建立快速反应、协同应对的食品安全事故应急机制。

(3)科学评估,依法处置。有效使用食品安全风险监测、评估和预警等科学手段;充分发挥专业队伍的作用,提高应对食品安全事故的水平和能力。

(4)居安思危,预防为主。坚持预防与应急相结合,常态与非常态相结合,做好应急准备,落实各项防范措施,防患于未然。建立健全日常管理制度,加强食品安全风险监测、评估和预警;加强宣教培训,提高公众自我防范和应对食品安全事故的意识和能力。

(二)食品安全事故处置组织机构及职责

食品安全事故处置组织机构将根据事故级别进行确定。食品安全事故发生后,卫生行政部门会组织分析评估,核定事故级别。对于特别重大食品安全事故,卫计委将会同食品安全办向国务院提出启动Ⅰ级响应的建议,经国务院批准后,成立国家特别重大食品安全事故应急处置指挥部(以下简称指挥部),统一领导和指挥事故应急处置工作;重大、较大、一般食品安全事故,分别由事故所在地省、市、县级人民政府组织成立相应应急处置指挥机构,统一组织开展本行政区域事故应急处置工作。

指挥部成员单位的设置是根据事故的性质和应急处置工作需要来确定的,主要包括卫健委、农业农村部、商务部、市场监督管理总局、铁路局、粮食和物资储备局、中央宣传部、教育部、工业和信息化部、公安部、监察部、民政部、财政部、生态环境部、交通运输部、海关总署、文化和旅游部、新闻办、民航局和食品安全办等部门以及相关行业协会组织。若事故涉及国外、港澳台时,增加外交部、港澳办、台办等部门为成员单位。由卫健委、食品安全办等有关部门人员组成指挥部办公室。

指挥部负责统一领导事故应急处置工作、研究重大应急决策和部署、组织发布事故的重要信息、审议批准指挥部办公室提交的应急处置工作报告、应急处置的其他工作。

指挥部设有指挥部办公室,承担日常工作。各成员单位将在指挥部统一领导下开展工作。根据事故处置需要,指挥部下设若干工作组,分别开展相关工作,如:事故调查组、危害控制组、医疗救治组、检测评估组、维护稳定组、新闻宣传组、专家组等。另外专业技术机构也会参与其中,如医疗、疾病预防控制以及食品安全相关技术机构等。

(三)食品安全事故处置

1.食品安全事故监测预警

食品安全事故监测预警由国家卫计委会同国务院有关部门根据国家食品安全风险监测工作需要,制定和实施加强国家食品安全风险监测能力建设规划,建立覆盖全国的食源性疾病、食品污染和食品中有害因素监测体系。国家卫计委根据食品安全风险监测结果，对食品安全状况进行综合分析，对可能具有较高程度安全风险的食品，提出并公布食品安全风险警示信息。

2. 食品安全事故处置

食品安全事故信息主要源于以下几个方面：①食品安全事故发生单位与引发食品安全事故、食品的生产经营单位报告的信息；②医疗机构报告的信息；③食品安全相关技术机构监测和分析结果；④经核实的公众举报信息；⑤经核实的媒体披露与报道信息；⑥世界卫生组织等国际机构、其他国家和地区通报我国的信息。

食品安全事故发生后，事故单位应立即采取措施，并在2小时内进行报告，防止事故扩大。根据《食品安全法》第103条规定，事故单位和接收病人进行治疗的单位应当及时向事故发生地县级人民政府食品安全监督管理、卫生行政部门报告。县级以上人民政府质量监督、农业行政等部门在日常监督管理中发现食品安全事故或者接到事故举报，应当立即向同级食品安全监督管理部门通报。发生食品安全事故，接到报告的县级人民政府食品安全监督管理部门应当按照应急预案的规定向本级人民政府和上级人民政府食品安全监督管理部门报告。县级人民政府和上级人民政府食品安全监督管理部门应当按照应急预案的规定上报。任何单位和个人不得对食品安全事故隐瞒、谎报、缓报，不得隐匿、伪造、毁灭有关证据。经初步核实为食品安全事故且需要启动应急响应的，卫生行政部门应当按规定向本级人民政府及上级人民政府卫生行政部门报告；必要时，可直接向国家卫计委报告。根据事故性质、特点和危害程度，立即组织有关部门，依照有关规定采取应急处置措施，最大限度减轻事故危害。

3. 食品安全事故检测分析评估

食品安全事故发生后，应急处置专业技术机构应当对引发食品安全事故的相关危险因素及时进行检测，专家组进行综合分析和评估，为制定事故调查和现场处置方案提供参考。有关部门对食品安全事故相关危险因素消除或控制，事故中伤病人员救治，现场、受污染食品控制，食品与环境，次生、衍生事故隐患消除等情况进行分析评估。

4. 食品安全事故响应级别调整及信息发布

在食品安全事故处置过程中，要遵循事故发生发展的客观规律，结合实际情况和防控工作需要，根据评估结果及时调整应急响应级别，直至响应终止。然后由指挥部或其办公室组织事故信息发布、宣传报告和舆论引导。

5. 食品安全事故后期处置

食品安全事故发生后，由事发地人民政府及有关部门积极稳妥、深入细致地做好善后处置工作，消除事故影响，恢复正常秩序。保险机构、事故责任单位、责任人应分别做好相关理赔或赔偿工作。

对在食品安全事故应急管理和处置工作中的先进集体和个人，给予表彰和奖励。对存在失职、渎职行为的单位或个人，依法追究法律责任；构成犯罪的依法追究刑事责任。

食品安全事故善后处置工作结束后，卫生行政部门应组织有关部门及时对食品安全事故和应急处置工作进行总结，分析事故原因和影响因素，评估应急处置工作的开展情况和效果，提出对类似事故的防范和处置建议，完成总结报告。

> **思考与梳理**
>
> 1.食品安全事故处置由谁负责？它们分别承担怎样的职责？
> _____
> _____
> _____
>
> 2.请绘制食品安全事故监测预警工作流程图。
> _____
> _____
> _____

实践训练

食品召回计划书制定

某酒坊生产的"高粱原浆68度白酒"，规格：500 mL/瓶，批次：2023-6-20，经某市某区市场监督管理局对我酒坊白酒进行的抽样检测，判定不合格产品、不合格项目为：邻苯二甲酸二正丁酯（DBP）物质超标。为了消费者的身体健康，按照《食品召回管理办法》的规定，酒坊决定召回该批次产品，召回起止时间为2023年6月10日至2023年6月12日，请已经购买的消费者申请退货退款。

以上为某酒坊的不安全食品召回公告。请根据相关信息，针对性制定食品召回计划书。

食品召回计划书

食品生产者名称			住所		
许可证号码			法定代表人		
召回事务负责人			联系电话		
电子邮箱			传真		
召回食品信息	品名	食品类别	商品条形码	生产日期	产品批次
	商标	规格	保质期（天）	产地	销售数量
召回原因及危害后果					

（续表）

召回等级		召回起止时间		召回区域范围	
召回处置措施、费用承担					
相关退货及赔偿义务					
召回预期效果					
召回通知或公告内容及发布方式					

报告单位:(盖章)　　　　　法定代表人/负责人:(签字)
报告人:(签字)　　　　　　报告时间:　　年　　月　　日　　时

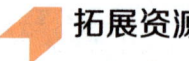
拓展资源

1.《食品召回管理办法》。
2.《国家食品安全事故应急预案》。

项目测试

一、单选题

❶ 为了实现监管效益最大化,我国的食品安全监督管理制度(　　)。
A. 以政府监管为主导　　　　　　B. 以食品生产经营者自身管理为支撑
C. 以社会监督为保障　　　　　　D. 以上都是

❷ 食品安全事故评估是核定食品安全事故级别和确定应采取的措施而进行的评估。评估内容不包括(　　)。
A. 污染食品可能导致的健康损害、所涉及的范围是否已造成健康损害后果及严重程度
B. 事故的影响范围及严重程度
C. 事故发展蔓延趋势
D. 制度实施

❸ 食品召回计划不包含(　　)。
A. 食品生产者的名称、住所、法定代表人、具体负责人、联系方式等基本情况
B. 事故的影响范围及严重程度
C. 召回原因及危害后果
D. 食品名称、商标、规格、生产日期、批次、数量以及召回的区域

❹ 食品安全事故共分为(　　)级。
A. 四　　　　　　B. 五　　　　　　C. 六　　　　　　D. 七

二、多选题

❶ 突发事件应急工作应当遵循(　　)原则。
A. 以人为本,减少危害　　　　　　B. 统一领导,分级负责
C. 科学评估,依法处置　　　　　　D. 居安思危,预防为主

❷ 以下属于食品安全事故信息来源的包括(　　)。
A. 食品安全事故发生单位与引发食品安全事故、食品的生产经营单位报告的信息
B. 医疗机构报告的信息
C. 食品安全相关技术机构监测和分析结果
D. 经核实的公众举报信息

三、判断题

❶ 只有县级以上各级人民政府才有权对突发公共卫生事件应急处理的医疗卫生人员,给予适当补助和保健津贴。(　　)

❷ 对因标签、标识等不符合食品安全标准而被召回的食品,食品生产者可以采取补救措施且能在保证食品安全的情况下继续销售,销售时应向消费者明示补救措施。(　　)

❸ 鼓励和支持公众对不安全食品的停止生产经营、召回和处置等活动进行社会监督。(　　)

❹ 不安全食品是指食品安全法律法规规定禁止生产经营的食品以及其他有证据证明可能危害人体健康的食品。(　　)

参考文献

[1] 孙晓红,李云. 食品安全与监督管理学[M]. 北京:科学出版社,2017.

[2] 于瑞莲,王琴,钱和. 食品安全与监督管理学[M]. 北京:化学工业出版社,2021.

[3] 张冬梅. 食品合规管理.[M]. 北京:北京理工大学出版社,2024.

[4] 张冬梅. 食品安全与卫生.[M]. 北京:中国农业大学出版社,2024.

[5] 胡秋辉,王承明,石嘉怿. 食品标准与法规[M]. 3版. 北京:中国质检出版社,2020.

[6] 钱志伟. 食品标准与法规[M]. 3版. 北京:中国农业出版社,2021.

[7] 钱和,庞月红,于瑞莲. 食品安全法律法规与标准[M]. 2版. 北京:化学工业出版社,2019.

[8] 张冬梅. 食品法律法规与标准[M]. 北京:科学出版社,2021.

[9] 张冬梅. 食品安全与质量控制技术[M]. 北京:科学出版社,2021.

[10] 李宇,曹高峰. 食品合规管理职业技能教材(高级)[M]. 北京:化学工业出版社,2022.

[11] 邓毛程,汤高奇. 食品合规管理职业技能教材(中级)[M]. 北京:化学工业出版社,2022.